O'Reilly精品图书系列

社交网站的数据挖掘与分析

（原书第3版）

［美］Matthew A. Russell

Mikhail Klassen 著

苏统华 郭勇 潘巍 译

Beijing · Boston · Farnham · Sebastopol · Tokyo

O'Reilly Media, Inc. 授权机械工业出版社出版

机械工业出版社

图书在版编目（CIP）数据

社交网站的数据挖掘与分析：原书第 3 版 /（美）马修·A. 罗素（Matthew A. Russell），（美）米哈伊尔·克拉森（Mikhail Klassen）著；苏统华，郭勇，潘巍译 . —北京：机械工业出版社，2021.1

（O'Reilly 精品图书系列）

书名原文：Mining the Social Web: Data Mining Facebook, Twitter, LinkedIn, Instagram, GitHub, and More

ISBN 978-7-111-67404-7

I. 社… II. ①马… ②米… ③苏… ④郭… ⑤潘… III. 数据采集 IV. TP274

中国版本图书馆 CIP 数据核字（2021）第 007432 号

北京市版权局著作权合同登记

图字：01-2019-3103 号

封底无防伪标均为盗版
本书法律顾问
北京大成律师事务所 韩光 / 邹晓东

书　　名 /　社交网站的数据挖掘与分析（原书第 3 版）

书　　号 /　ISBN 978-7-111-67404-7

责任编辑 /　孙榕舒

封面设计 /　Karen Montgomery，张健

出版发行 /　机械工业出版社

地　　址 /　北京市西城区百万庄大街 22 号（邮政编码 100037）

印　　刷 /　三河市宏图印务有限公司

开　　本 /　178 毫米 ×233 毫米　16 开本　21.75 印张

版　　次 /　2021 年 2 月第 1 版　2021 年 2 月第 1 次印刷

定　　价 /　119.00 元（册）

客服电话：(010) 88361066　88379833　68326294
华章网站：www.hzbook.com
投稿热线：(010) 88379604
读者信箱：hzit@hzbook.com

O'Reilly Media, Inc. 介绍

O'Reilly 以"分享创新知识、改变世界"为己任。40 多年来我们一直向企业、个人提供成功所必需之技能及思想，激励他们创新并做得更好。

O'Reilly 业务的核心是独特的专家及创新者网络，众多专家及创新者通过我们分享知识。我们的在线学习（Online Learning）平台提供独家的直播培训、图书及视频，使客户更容易获取业务成功所需的专业知识。几十年来 O'Reilly 图书一直被视为学习开创未来之技术的权威资料。我们每年举办的诸多会议是活跃的技术聚会场所，来自各领域的专业人士在此建立联系，讨论最佳实践并发现可能影响技术行业未来的新趋势。

我们的客户渴望做出推动世界前进的创新之举，我们希望能助他们一臂之力。

业界评论

"O'Reilly Radar 博客有口皆碑。"

　　　　——Wired

"O'Reilly 凭借一系列非凡想法（真希望当初我也想到了）建立了数百万美元的业务。"

　　　　——Business 2.0

"O'Reilly Conference 是聚集关键思想领袖的绝对典范。"

　　　　——CRN

"一本 O'Reilly 的书就代表一个有用、有前途、需要学习的主题。"

　　　　——Irish Times

"Tim 是位特立独行的商人，他不光放眼于最长远、最广阔的领域，并且切实地按照 Yogi Berra 的建议去做了：'如果你在路上遇到岔路口，那就走小路。'回顾过去，Tim 似乎每一次都选择了小路，而且有几次都是一闪即逝的机会，尽管大路也不错。"

　　　　——Linux Journal

译者序

让你决定捧起本书的，极可能是本书的主题。毋庸置疑，社交网络已经深入人心。社交网络引发了交往方式的历史性变化，这是这个时代最大的一次变革。Facebook、Twitter、LinkedIn、Instagram、GitHub 等社交网站的非凡意义在于改变了互联网的生态，将自发、无序状态的互联网引入到一个有组织、有阶层，甚至实名制的社交网络之中。

社交网站数据蕴藏着大量的价值和见解。这些数据随着岁月的流逝，会如同醇酒一般越发芳香。社交网络与物联网也在不断融合，大数据为统计学习方法提供了广阔的舞台。随着数据爆炸的不断升级，庞杂的大数据中夹杂的噪声有可能被放大。只有利用合适的工具，才能准确而快速地挖掘出感兴趣或有意义的知识。

Matthew A. Russell 和 Mikhail Klassen 是挖掘社交网站数据的资深专家，他们深谙数据挖掘的各种工具和技术，同时对数据挖掘初学者的所需所求了如指掌。你正在阅读的本书，是在第 2 版的基础上做了"重要更新"的第 3 版，新增了挖掘 Instagram 的主题，重构了第 5 章，吸收了前两版读者的大量建设性意见。如果你对社交网站数据感兴趣，那么本书是帮助你快速入门的法宝。本书体例完备、特色鲜明，从实用的角度出发，对主流的各种社交网站做了较全面的覆盖。本书各个章节之间也保持着一定的独立性，如果你只对特定章节的技术感兴趣，也可以直接跳到对应章节阅读。不论你关注的是 Facebook、Twitter、LinkedIn、Instagram、GitHub、邮箱、网页还是文本，本书都可以向你传授爬取数据、分析数据以及展示数据的技术。特别值得一提的是，本书配套的代码借助了 Jupyter Notebook，让你可以快速配置自己的开发环境并享受交互式学习的乐趣。强烈建议你配合书中的虚拟机来学习！

本书的翻译工作由苏统华全程组织。本书的前言、第 1～2 章以及第 9 章由苏统华翻译，第 3～5 章由郭勇和苏统华共同翻译，第 6～8 章以及附录由潘巍和苏统华共同翻译。在初稿的基础上，翻译团队进行了交叉核对，并最终由苏统华统一定稿。在本书第 2 版的翻译中，魏通、赵逸雪、王烁行以及刘智月协助做了大量工作，回想当年他们还在卡内基 - 梅隆大学以及南加州大学等攻读硕士学位，现在则奔赴世界各地构建软件基础设施，十分怀念和他们合作的难忘日子，借此致以特别的谢意和祝福！

本书从启动翻译到进入出版流程历时整整一年，在此过程中，得到了很多同事、朋友和编辑的热心帮助，在此表达深深的谢意。另外，本书的翻译还得到了多项项目的资助，在此一并致谢。国家自然科学基金（资助号分别为 61673140 和 81671771）对本书的翻译工作提供了部分支持。

本书涉及的技术较广，鉴于译者水平有限，译文难免存在一些问题，真诚地希望读者将意见发到译者邮箱 *tonghuasu@gmail.com*。

苏统华　郭勇　潘巍

哈尔滨工业大学软件学院

2020 年 4 月 10 日

目录

i

第三部分 附录

前言

与其说网络是一项技术创新，不如说它是一项社交创举。

我设计它意在延伸社交性，帮助大家一起工作，而不是为了制造一种高科技玩具。网络的终极目标是支持并改进现实世界的网络化生存。现实世界中，我们会组成家庭、组织协会、组建公司。现实世界中，我们会跨越空间的樊篱建立信任；我们亦会近在咫尺却心生芥蒂。

——Tim Berners-Lee（万维网之父），《编织万维网》(原书由哈珀·柯林斯出版集团出版)

Matthew A. Russell 的说明

自本书第 2 版出版以来，整个世界发生了很多变化。我经历和学习了许多新事物，技术也以惊人的速度不断发展，社交网络本身已经成熟到一定程度，以至于政府现在正在制定有关如何收集、共享和使用数据的法律政策。

我非常确定当下是本书更新的最佳时刻。但我深知撰写本书新版以更新并扩展内容所需的工作量是巨大的，自己的日程安排可能无法满足。我知道是时候找一位合著者，满足对挖掘社交网站数据充满好奇的下一拨企业家、技术人员和骇客的需要。我花了一年多的时间终于找到合适的合著者，他既对这一主题有着共同的热情，又拥有更新本书所需的技能和决心。

我都不知该如何表达对合著者 Mikhail Klassen 本人和他对本书无与伦比的贡献的感谢了。他做了大量的工作。在后面的章节中，你将看到他在让代码与时俱进，让其运行时环境变得易于访问等方面所做的贡献，他还贡献了全新的一章内容。除此之外，他编辑和润色了整个书稿，吸引企业家、技术人员和骇客掀起了一股了解社交网站数据挖掘的热潮。

读者必读

本书经过精心设计，为特定的目标受众提供一段难以忘怀的学习体验。那些影响心情的电子邮件、糟糕的书评或者其他误导，可能让你对本书的范围和目的产生不必要的误解。为了避免这些混乱，该前言的余下内容试图帮助你了解该书的目标受众。作为一位非常繁忙的职场人士，我们认为时间是最宝贵的财富。尽管我们经常遭遇失败，但是当我们走出这种困境时，我们真的尽力向我们的同行致敬。这个前言是我们试图向你（读者）致敬，我们的致敬方式是清楚地阐释该书能否满足你的期望。

管理你的期望

首先，本书假设你希望学习如何挖掘来自流行社交网络资源中的数据，避免在运行示例代码时遇到技术问题，并且在该过程中获得很多乐趣。尽管你阅读本书仅仅可能是为了了解社交网站数据挖掘可能做什么事情，但你应该知道本书的写作风格。本书的组织结构让你可以跟随本书尝试许多练习，并且一旦完成了一些安装开发环境的简单步骤就能进入数据挖掘者的行列。如果你以前编写过程序，你应该会发现运行这些示例代码是相对轻松的。如果你以前从未编程过但认为自己的技术领悟能力还可以，那么我敢说本书可作为你一次难忘旅程的出发点，它将以你从未想象到的方式扩展你的思想。

为了充分享受本书以及它所提供的内容，你需要对挖掘流行社交网站（如 Twitter、Facebook、LinkedIn 和 Instagram 等）存储的各种数据很感兴趣。你需要主动安装 Docker，利用它运行本书的虚拟机体验并且在 Jupyter Notebook 上实践本书的示例代码。Jupyter Notebook 是一个奇妙的基于网络的工具，每一章的示例代码都基于它。执行这些代码通常和在键盘上按一些键一样容易，因为所有的代码都是以友好的用户接口呈现的。

本书将会教你一些你乐于学习的事物，并且向你的工具箱中加入一些独立的工具，但是可能更加重要的是，它将会为你讲述一个故事并且在途中给你带来快乐。这是一个与社交网站相关的数据科学的故事，它向你展示这些网站中堆积的数据以及一些你能够使用这些数据做到的事。

如果你要从头到尾阅读本书，你会注意到这个故事是按照章节顺序展开的。尽管每一章会大体遵循一个容易理解的模式介绍一种社交网站，教你如何使用它的 API 获取数据，并且介绍一些分析数据的技术，但是该书讲述的更完整故事的复杂度是逐渐增加的。本书的前几章将花一些时间介绍基本概念，然而后面的章会在前几章的基础上系统地介绍一系列挖掘社交网站的工具和技术，你可以将其应用到生活的其他方面。

一些社交网站最近几年已经从流行转变到主流再转变到家喻户晓，改变着我们在线上和线下的生活方式，它能够让技术给我们呈现出最好的（有时是最坏的）一面。总的来说，本书的每一章都将社交网站与数据挖掘、分析和可视化技术的内容组织在一起来探索数据，并且回答以下典型的问题：

- 谁与谁相识，哪些人是他们社交网络中共有的。

- 特定人群之间交流的频率有多高。

- 哪一个社交网络关系为特定的领域产生了最大的价值。

- 在网络世界里，地理位置是如何影响你的社会关系的。

- 谁是某个社交网络里最有影响力的人（最流行的人）。

- 人们在谈论些什么（这些没有价值）。

- 基于人们在数字世界使用的人类语言，人们感兴趣的是什么。

这些基本问题的答案经常会产生一些有价值的见解并且为企业家、社会科学家以及其他急于理解一个问题空间并且寻找解决方案的实践者展现（有时是盈利的）机会。从零开始构建一个一站式杀手级应用程序（killer app）来回答这些问题，探索远远超出经典可视化库的用法，以及构建任何最先进的东西等活动不在本书的范围之内。如果你购买本书是为了做这些事情，那么你真的会非常失望。然而，本书提供了回答这些问题的基本构造单元并且能够为你构建杀手级应用程序或进行学术研究提供助力。自己浏览几章看看，本书涵盖了大量的必备知识。

需要特别注意的一件事是 API 不断变化。社交媒体存在的时间并不是很久，即使是当今看来最成熟的平台也仍在适应人们的使用方式，并面临着对安全和隐私的新威胁。因此，我们的代码与其平台的接口（API）也可能会发生变化，这意味着本书提供的代码示例将来可能无法正常工作。我们尝试创建对一般用途和应用程序开发人员有用的现实示例，因此其中一些示例将需要提交应用程序以供审核和批准。虽然我们会尽力对这类内容予以标注，但 API 的服务条款可能随时更改。不过，只要你的应用遵守服务条款，它就有可能获得批准，因此值得你付出努力。

以 Python 为中心的技术

本书中的所有示例代码利用了 Python 语言的优势。Python 直观的语法、迷人的包生态系统，可以最小化 API 访问和数据操作的复杂性。实际上是 JSON（*http://bit.ly/1a1kFaF*）的核心数据结构使它成为一个出色的教学工具，它不仅强大而且非常容易启动和运行。如果这还不足以让 Python 既成为一个伟大的教学选择又成为挖掘社交网络的选择，那么可以借助 Jupyter Notebook（*http://bit.ly/2LOhGvt*）这个强大、交互式的代码解释器，它在你的 Web 浏览器中提供了一个类似笔记（notebook）的用户体验并且将代码执行、代码输出、文本、数学排版、绘图以及更多的功能结合起来。我们很难想到用户体验更好的学习环境，因为它将提供示例代码的麻烦最小化了，你作为读者就可以跟着它一起执行代码而不会遇到任何麻烦。图 P-1 提供了一个 Jupyter Notebook 体验的图示，它显示了书中每一章 Notebook 的仪表盘展示。图 P-2 显示了其中一个 Notebook 的视图。

图 P-1：Jupyter Notebook 概览，其中为 Notebook 的仪表盘展示

图 P-2："Chapter 1 - Mining Twitter" Notebook

书中的每一章都对应一个附带示例代码的 Jupyter Notebook。这使得学习代码、修改 bug、按照自己的目的进行自定义成为一种乐趣。如果你编写过一些程序但是却从来没有看到过 Python 语法，提前浏览几页一定是你需要的。可以在线获得优秀的文档，如果你正在寻找一个权威的 Python 编程语言的介绍，那么官方的 Python 教程（*http://bit.ly/1a1kDj8*）是很好的起点。本书第 3 版的 Python 源代码彻底升级为使用 Python 3.6 编写。

Jupyter Notebook 无疑是很好用的，但是如果你刚开始接触 Python 编程，那么仅仅建议你跟随网上的说明配置你的开发环境可能会适得其反（甚至可能是无理的）。为了使你尽可能愉快地体验本书，本书提供了一站式虚拟机体验，它包含 Jupyter Notebook 并预装了你跟随本书示例所需的其他所有依赖。你需要做的就是遵循一些简单的步骤，大约花费 15 分钟就可以运行源代码了。如果你有编程背景，你可以配置自己的开发环境，但是我们希望能说服你：虚拟机体验是更好的出发点。

 更多关于本书虚拟机体验的详细信息见附录 A。附录 C 同样值得你注意：它提供了一些 Jupyter Notebook 的提示以及本书源代码中使用的常见 Python 编程惯用法。

无论你是一位 Python 新手还是高手，本书最新修复 bug 的源代码以及附带的用于构建虚拟机的脚本可在 GitHub（*http://bit.ly/Mining-the-Social-Web-3E*）上获得。GitHub 是一个社交 Git（*http://bit.ly/16mhOep*）仓库，它始终反映最新可用的示例代码。我们希望社交编程将会增强那些想要一起工作的志同道合者之间的合作，便于他们扩充示例和不断修改感兴趣的问题。希望你会派生（fork）、扩充（extend）并且改进（improve）这些源代码，甚至可能会在这个过程中认识和熟悉一些新朋友。

 官方 GitHub 库 *http://bit.ly/Mining-the-Social-Web-3E* 包含本书最新最大程度修复 bug 的源代码。

第 3 版的具体改进

如前所述，第 3 版由我和 Mikhail Klassen 合著。

技术日新月异，社交媒体平台也随之而变。很显然，本书的更新将会反映正在发生的所有变化。第一个最明显的变化是将代码从 Python 2.7 升级到 Python 3.0 以后的新版本。尽管仍然有 Python 2.7 的老用户，但迁移到 Python 3 具有很多优点。优点之一便是更好地支持 Unicode 编码。在处理社交媒体数据（通常包括表情符号和其他语种的文本）时，对 Unicode 编码的良好支持至关重要。

在对用户隐私日益关注的气氛中，社交媒体平台正在更改其 API 来更好地保护用户信息，通常通过限制第三方应用程序（甚至包括经过审查和批准的应用程序）对其平台数据的访问程度来进行。

由于数据访问限制发生了更改，因此本书较早版本中的某些代码示例将无法运行。在这些情况下，我们在它们的约束范围内创建了新示例，但仍然揭示了一些有趣的现象。

还有些时候，社交媒体平台更改 API 的方式彻底导致本书中的代码示例失效，但仍然可以用另外的方式访问到相同的数据。我们通过花时间阅读每个平台的开发者文档，使用新的 API 重新编写了第 2 版的代码示例。

第 3 版所做的最大更改可能是增加了有关"挖掘 Instagram"的一章（第 3 章）。Instagram 是一个非常受欢迎的平台，我们认为不能错过它。这也使我们有机会展示一些对图像数据进行数据挖掘的有效技术，特别是深度学习算法的应用。该主题很容易变得极端专业化，但是我们以一种易于理解的方式介绍了基础知识，然后应用功能强大的计算机视觉 API 完成了繁重的工作。最终结果是，只需编写几行 Python 代码，你就拥有了一个可以查看发布到 Instagram 上的照片，并告诉你其中内容的系统。

另一个重大变化来自第 5 章。这一章经过大篇幅改写，从原本只是挖掘 Google+ 重组为挖掘一般文本文件。该章的基础理论保持未变，但内容上可以更明确地泛化为任何返回人类语言数据的 API 响应。

我们还做出了其他一些技术决策，有些读者不一定能够理解。在有关挖掘邮箱的那一章（第 7 章），第 2 版采用了 MongoDB。MongoDB 是一种数据库类型，用于存储和查询电子邮件数据。这种类型的系统很有用，但是除非你在 Docker 容器中运行本书的代码，否则，安装数据库系统会消耗一些额外的精力。另外，我们在第 2 章中期望介绍更多关于如何使用 pandas 库的示例。该库已迅速成为数据科学家工具箱中最重要的工具之一，因为它使表格数据的操作变得如此容易，所以我们决定把它放在一本以数据挖掘为主题的书中。不过，我们同时保留了第 9 章中有关 MongoDB 的示例，并且如果你使用 Docker 容器，那么这对你来说只是小菜一碟。

最后，我们删除了原来的第 9 章（挖掘语义网）。这一章最初是作为 2010 年第 1 版的一部分起草的，考虑到社交网络的总体发展方向，其总体作用在将近十年之后看起来存疑。

 我们始终欢迎建设性的反馈意见，我们很乐意以书评、发给 @SocialWebMining（*http://bit.ly/1a1kHzq*）的推文或发表在本书 Facebook 涂鸦墙（*http://on.fb.me/1a1kHPQ*）的评论等方式看到你们的反馈。本书的官方网站和博客 *http://*

MiningTheSocialWeb.com 会长期扩展本书内容。

数据挖掘的伦理问题

在撰写本书的时候，《通用数据保护条例》（General Data Protection Regulation，GDPR）的规定刚刚在欧盟完全生效。该条例规定了公司必须如何保护欧盟公民和居民的隐私，从而使用户对其数据有更多的控制权。由于世界各地的公司都在欧洲开展业务，因此几乎所有公司都被迫更改其使用条款和隐私政策，否则将面临处罚。GDPR 为隐私设置了新的全球基准，即使世界各地的公司不一定都在欧洲开展业务，也有望对它们产生积极影响。

本书第 3 版的出版正值人们更加关注数据的伦理问题和用户隐私问题。在世界各地，数据代理公司正在收集、整理和转售互联网用户的数据：他们的消费者行为、偏好、政治倾向、邮政编码、收入、年龄等。有时，在某些辖区内，此活动是完全合法的。只要有足够的此类数据，就可以通过高度针对性的营销语、界面设计或误导性信息来利用人的心理影响具体行为。

本书是关于如何从社交媒体和网站中挖掘数据并从中获得乐趣的。作为作者，我们充分意识到了这一讽刺性。我们还知道，合法的东西未必是符合道德的。数据挖掘本身就是使用特定技术进行实践的集合，这些技术本身在道德上是中立的。数据挖掘可以呈现很多有用的使用方式。Mikhail Klassen 经常提到的一个例子是联合国全球脉动（UN Global Pulse）的工作，这是联合国利用大数据造福全世界的一项举措。例如，通过使用社交媒体数据，可以衡量人们对发展计划（如疫苗接种项目）或一个国家的政治进程的情绪。通过分析 Twitter 数据，可能可以更快地应对诸如流行病或自然灾害之类的新兴危机。

这类例子不一定从人道主义出发。数据挖掘正以激动人心的方式用于开发个性化的学习技术，一些初创公司在努力把它商业化于教育和培训行业。在其他领域，数据挖掘用于预测疾病的大流行、发现新药物或确定哪些基因可能与特定疾病有关，或者何时对发动机进行预防性维护。通过负责任地使用数据并尊重用户隐私，我们按照符合伦理的方式使用数据挖掘是可能的，同时仍可获利并开创惊人的事业。

目前，少数的科技公司拥有有关人们日常生活的海量数据。它们承受着越来越大的社会压力和政府监管，要求其负责任地使用此数据。值得称赞的是，许多公司正在更新其策略及 API。通过阅读本书，你将更好地了解第三方开发者（例如你自己）可以从这些平台获取什么样的数据，并且你将学习许多用于将数据转化为知识的工具。我们也希望你对技术会被怎样滥用有更多的了解。作为一个知情的公民，你应该拥护政府制定合理的法律来保护每个人的隐私。

本书约定

本书使用了大量的超链接，这使得它非常适合以 PDF 等电子格式进行阅读，可以直接从 O'Reilly 购买电子书。从 O'Reilly 购买电子书也会确保你在新版本可用时获得自动更新。我们使用 *bit.ly* 服务将链接缩短了，这有利于阅读纸质书的读者。所有的超链接都被仔细检查过。

本书使用了下列排版约定：

楷体

表示新术语。

斜体（*Italic*）

　　表示 URL、Email 地址、文件名和文件扩展名。

等宽字体（`Constant width`）

　　表示程序列表、程序元素，例如变量或函数名、数据库、数据类型、环境变量、声明和关键词。

等宽粗体（**`Constant width bold`**）

　　表示命令或其他用户可以逐字输入的文本。同时也偶尔在代码列表中用来表示强调。

等宽斜体（*`Constant width italic`*）

　　表示应该以用户提供的值或上下文提供的值替换的文本。

 这个图标表示一般性注释。

 这个图标表示提示或建议。

 这个图标表示警告或注意事项。

示例代码

本书最新的示例代码在 GitHub 的 *http://bit.ly/Mining-the-Social-Web-3E* 维护,这是本书的官方代码库。我们鼓励你关注这个库以便获得最新的修复 bug 的代码,以及由作者和其他社交编程社区编写的更多示例。如果你阅读的是纸质版,很可能书中的代码示例不是最新的,但是只要你使用本书的 GitHub 库,你总会获得修复 bug 的最新示例代码。如果你利用了本书的虚拟机体验,那么你已经获得了最新的源代码,但是如果你选择使用自己的开发环境,请确保直接从 GitHub 库下载源代码压缩包。

 请将关于示例代码的问题记录到 GitHub 库的问题追踪系统而不是 O'Reilly 目录的勘误追踪系统中。GitHub 上源代码的问题被解决时,更新会被发布回本书的手稿,然后定期地作为电子书更新提供给读者。

一般来说,你可以在程序和文档中使用本书的代码。你不需要联系我们以获得许可,除非你复制了代码的关键部分。例如,利用本书的几段代码编写程序是不需要许可的,售卖或出版 O'Reilly 书中示例的 CD-ROM 确实需要我们的许可。引用本书回答问题以及引用示例代码不需要我们的许可。将本书的大量示例代码用于你的产品文档中需要许可。

根据代码发行的 OSS 许可,我们需要署名权。署名通常包括标题、作者、出版商和 ISBN。例如:

Mining the Social Web, 3rd Edition, by Matthew A. Russell and Mikhail Klassen.Copyright 2018 Matthew A. Russell and Mikhail Klassen, 978-1-491-98504-5

如果你认为你对代码示例的使用已经超出以上的许可范围,我们欢迎你通过 *permissions@oreilly.com* 联系我们。

O'Reilly 在线学习平台 (O'Reilly Online Learning)

O'REILLY 近 40 年来,O'Reilly Media 致力于提供技术和商业培训、知识和卓越见解,来帮助众多公司取得成功。

我们拥有独一无二的专家和创新者组成的庞大网络,他们通过图书、文章、会议和我们的在线学习平台分享他们的知识和经验。O'Reilly 的在线学习平台允许你按需访问现场培训课程、深入的学习路径、交互式编程环境,以及 O'Reilly 和 200 多家其他出版商提供的大量教材和视频资源。有关的更多信息,请访问 *http://oreilly.com*。

联系我们

对于本书，如果有任何意见或疑问，请按照以下地址联系本书出版商。

美国：

O'Reilly Media，Inc.
1005 Gravenstein Highway North
Sebastopol，CA 95472

中国：

北京市西城区西直门南大街 2 号成铭大厦 C 座 807 室（100035）
奥莱利技术咨询（北京）有限公司

本书配套网站 *http://bit.ly/mining-social-web-3e* 上列出了与代码无关的勘误表以及其他信息。

任何关于示例代码的勘误可以作为工单（ticket）通过 GitHub 的问题追踪系统在如下地址提交：

http://github.com/ptwobrussell/Mining-the-Social-Web/issues

要询问技术问题或对本书提出建议，请发送电子邮件至 *bookquestions@oreilly.com*。

关于书籍、课程、会议和新闻的更多信息，请访问我们的网站：*http://www.oreilly.com*。

我们在 Facebook 上的地址：*http://facebook.com/oreilly*

我们在 Twitter 上的地址：*http://twitter.com/oreillymedia*

我们在 YouTube 上的地址：*http://www.youtube.com/oreillymedia*

致谢

如果不是与 O'Reilly Media 公司的 Susan Conant 会面，我（Mikhail Klassen）不会有幸参与本书的写作。她看到了我具有与 Matthew Russell 合作本书第 3 版的潜力。我很高兴能够从事此项目。O'Reilly 的编辑团队非常专业，我要感谢 Tim McGovern、Ally MacDonald 和 Alicia Young。与本书计划相关的是 O'Reilly 制作的一系列视频讲座，所以我也要感谢与我合作此事的团队：David Cates、Peter Ong、Adam Ritz 和 Amanda Porter。

我参与此项目占据了晚上和周末时间，这意味着我无法陪伴家人。因此我感谢妻子Sheila 对我的理解。

第 2 版致谢

我（Matthew A. Russell）要重申本书第 1 版说过的话，编写一本书意味着做出很多牺牲。你远离家人和朋友的时间（多数为漫长的晚间和周末时光）是相当宝贵且无法倒流的。你真的需要一定的精神支持才能在保持良好关系的同时渡过难关。再次感谢对我非常有耐心的朋友和家人，他们真的无法再容忍我写另一本书，并且可能认为我有某种痴迷于熬夜工作和周末加班的慢性疾病。如果你能找到治疗痴迷写书这一病症的康复诊所，我保证我会去给自己做个检查。

每个项目都需要一个伟大的项目经理。我的编辑 Mary Treseler 让我很佩服，能与她以及她优秀的团队合作出版本书，让我很高兴。编写一本技术书籍是一项漫长而充满压力的事业，至少可以说，能与这么多专业人士一起工作是一次了不起的经历。正是在他们的帮助下，我才能顺利通过这个令人筋疲力尽的旅程，并出版一部精致打磨的、让你乐于分享于世的好书。Kristen Brown、Rachel Monaghan 和 Rachel Head 真真切切地把我的付出提升到了一个全新的专业水准。

针对本书，才华出众的编辑人员和技术专家所给出的详细反馈也令我惊叹不已。这些反馈涵盖从非常技术化的建议到软件工程方面的 Python 最佳实践，再到从读者角度来看如何最大限度地满足目标受众。它们远远超出了我的预期。如果不是这些同行给出的宝贵评议意见，本书很难达到目前的质量。特别向 Abe Music、Nicholas Mayne、Robert P. J. Day、Ram Narasimhan、Jason Yee 和 Kevin Makice 致谢，他们针对草稿给出了非常详细的评议意见。他们的意见大大提升了本书的质量，而我唯一的遗憾是我们没有机会在这个过程中更密切地合作。还要感谢 Tate Eskew 向我介绍 Vagrant，这一工具为本书建立了一个易于使用和易于维护的虚拟机体验环境。

我还要感谢许多值得称道的 Digital Reasoning 同事，我们多年来畅谈有关数据挖掘和计算机科学的主题，与他们的谈话帮助我形成了我的专业思维。我很荣幸成为这样有天分与能力的团队的一员。特别感谢 Tim Estes 和 Rob Metcalf，他们一直支持我从事类似写书这样耗时的项目（在 Digital Reasoning 公司的职责之外）。

最后，感谢每一位读者和本书代码的使用者，他们在本书第 1 版的整个生命周期里提供了建设性的反馈意见。虽然你们的名字多到无法在此列出，但你们的反馈意见已经在塑造第 2 版的过程中发挥了不可估量的作用。我希望第 2 版能符合你们的期望，并可以位列你愿意推荐给朋友或同事的有用书单之中。

第 1 版致谢

毫不夸张地说，编写一本技术书籍需要做出很多牺牲。在家里，我牺牲了与妻子

Baseeret 和女儿 Lindsay Belle 相处的很多时间，这比我敢于承认的时间还要多。虽然我的抱负是有朝一日能在一定程度上征服世界（这只是暂时的，坦白说，我正在尽力摆脱这种状态），但是我还是要对你们的爱表示感谢。

我深信你所做的一切决定最终都会影响到你的一生（尤其是你的职业生涯），但是谁也不可能孤独前行，我们要懂得感恩。撰写本书时，我真的很庆幸能与世界上最聪明的一帮人合作，其中包括像 Mike Loukides 这样聪明的技术编辑，以及 O'Reilly 这样极富天赋的制作团队，还有帮助我完成本书的很多热心的评阅人。我要特别感谢 Abe Music、Pete Warden、Tantek Celik、J. Chris Anderson、Salvatore Sanfilippo、Robert Newson、DJ Patil、Chimezie Ogbuji、Tim Golden、Brian Curtin、Raffi Krikorian、Jeff Hammerbacher、Nick Ducoff 和 Cameron Marlowe 对本书所用资料的评阅或者对本书提出的有见地的建议，所有这些都帮助本书提升了质量。在此我也要感谢 Tim O'Reilly 的慷慨帮助，他允许我研究他的 Twitter 和 Google+ 上的数据——这些内容必定会为相关章节增趣不少。我不可能一一介绍曾经直接或间接地帮助过我或者帮助过本书出版的人，在此一并表示感谢。

最后，要感谢你选择本书。如果你在阅读本书，至少你有可能会愿意购买一本。如果你真的购买了本书，虽然我尽了最大努力，但你还是会发现本书中的一些疏漏之处。然而，我坚信，虽然疏漏在所难免，但本书定会让你觉得值得花上几个晚上或几周的时间来细细研读，而且最终你也的确会有所收获。

第一部分

社交网站导引

本书的第一部分命名为"社交网站导引",因为它提出了若干从一些最流行社交网站获得直接价值的实用技巧。你将学习如何通过访问 API 对来自 Twitter、Facebook、LinkedIn、Instagram、网页、博客和订阅源、电子邮件以及 GitHub 账户的社交网站数据进行分析。一般情况下,每个章节都是相对独立的并讲述一个自成体系的故事,但第一部分所有章节串联起来将讲述一个更完整的故事。根据主题的复杂度,循序渐进介绍相关技术,后面的章节也会重复使用前面章节介绍的技术。

因为复杂性是逐步增加的,所以我们鼓励你依次阅读每一章,但你也应该精选某些章节并跟随其中的示例。每章的示例代码合并到一个单独的 Jupyter Notebook,每个 Notebook 都是根据本书中的章节编号命名的。

 本书的源代码可以在 GitHub (*http://bit.ly/Mining-the-Social-Web-3E*) 上找到。我们强烈鼓励你借助 Docker 来构建自包含的虚拟机体验环境,这样你可以在一个预先配置的"恰好工作"(just work)的开发环境中顺利运行示例代码。

序幕

虽然已在前言中提及而且将继续不经意地在后续各章提起，但这不是随正文内容配有示例代码库的传统科技书籍。本书一反常态并为技术书籍定义一个新标准，其中的代码是作为一流的开源软件项目来管理的，而本书则是对该代码库的高级支持。

为了达到这一目标，经过精心考虑，把本书的讨论与代码示例尽可能完美地集成为一个自然的学习体验。经过与前几版读者的多次讨论并针对教训予以反思，很明显，通过运行有虚拟机的服务器的支持并植根于坚实的配置管理的交互式用户界面是本书最可取的方式。没有更简单更好的方式能够赋予你对代码的完全控制权，同时确保代码将"恰好工作"，而不必操心你是使用 macOS、Windows 或 Linux，你是运行在 32 位或 64 位机上，是否和第三方软件的依赖关系改变了或是破坏了 API。

本书第 3 版充分利用 Docker 的能力实现基于虚拟机的学习体验。Docker 可以安装到大多数计算机操作系统上，用于创建或者管理"容器"（container）。Docker 容器就如同一个虚拟机，能够构建自包含环境。这种自包含环境能够把所需的任何源代码、可执行文件本身和运行依赖囊括其中。很多复杂软件存在容器化的版本，所以在运行 Docker 的系统上，它们的安装会很轻松。

本书配套的 GitHub 代码库（*http://bit.ly/Mining-the-Social-Web-3E*）包含一个 Dockerfile。Dockerfile 的作用如同一个菜谱，告诉 Docker 如何对所容纳的软件进行生成（build）。附录 A 指导你配置并快速运行代码库。

好好利用这个强大的互动学习环境。

 关于建立一个本书第 2 版虚拟机过程的更多反思，进一步阅读"Reflections on Authoring a Minimum Viable Book"一文（*http://bit.ly/1a1kPyJ*）。

虽然第 1 章是开始阅读最合理的地方，但当你准备开始运行代码示例时，你应该花点时间来熟悉附录 A 和附录 C。附录 A 提供了一个在线文档并带有截屏，引导你通过一个快速简便的安装过程建立基于 Docker 的虚拟机体验环境。附录 C 给出的在线文档会提供一些背景资料，有助于你从交互式虚拟机体验中获得最大价值。

即使你是一位经验丰富的开发者，能够凭一己之力做好这一切工作，在首次尝试本书时试用 Docker 虚拟机也能让你免受软件安装过程中必然遭遇的小挫折。

挖掘 Twitter：探索热门话题、发现人们的谈论内容等

由于这是本书的第 1 章，我们将会花些时间让你逐步适应社交网站数据挖掘的旅程。不过，考虑到 Twitter 数据很容易得到并且公众都可以看到，第 9 章将以问答的形式提供一系列既短小精悍又具有普遍性的代码配方，从而进一步阐述了大量数据挖掘的可能性。你也可以将随后章节中的概念应用到 Twitter 数据中。

 一定要从 GitHub 代码库（*http://bit.ly/Mining-the-Social-Web-3E*）获得本章（和其他各章）最新的 bug 修正版本的源代码。此外，请务必利用好本书附录 A 中描述的虚拟机体验，从而最大限度地享用示例代码。

1.1 概述

在这一章，我们将会开始配置最基本的（但是非常高效的）Python 开发环境、研究 Twitter API 并使用频率分析从推文中提取一些分析性结论。这一章里你将了解的主题包括：

- Twitter 开发者平台以及如何发起 API 请求。

- 推文元数据以及如何使用它。

- 从推文中提取实体，例如，提及的用户、主题标签和 URL。

- 使用 Python 进行频率分析的相关技术。

- 使用 Jupyter Notebook 绘制 Twitter 数据的直方图。

1.2 Twitter 风靡一时的原因

大多数的章节并不会从发人深省的讨论开始，但是由于这是全书的第 1 章并要引入一个往往会被人误解的社交网站，因此从根本的层面审视 Twitter 似乎更为合适。

你会如何定义 Twitter 呢？

回答这个问题的方式有很多种，但我们从宏观的角度来考虑，任何技术必须对我们共有的人性的某些根本方面负责，才能是真正有用且成功的。毕竟，技术是为了提升我们人类的体验。

作为人类，我们希望技术能够帮助我们获得的有哪些呢？

- 我们希望被听到。

- 我们希望满足自己的好奇心。

- 我们希望事情变得容易。

- 我们现在就想得到。

在当前讨论的语境下只有部分观察现象属于通常意义的人性。我们对分享自己的想法和体验有一种根深蒂固的需求，这使我们能够与别人交流、能够被倾听、能够感受到自己的价值和重要性。我们对周围的世界以及如何组织操纵它充满了好奇，并且通过交流分享自己的看法、提出问题、在困惑中与别人进行有意义的交谈。

最后两点凸显了我们固有的对摩擦的无法容忍。理想情况下，为了满足我们的好奇心或完成某项特定的工作，除了必要的工作外，我们不希望更加辛苦。我们更想做一下其他事情或者转移到下一件事情，因为我们的时间如此珍贵却又如此短暂。与此类似，我们或许现在就想做某些事情，并且往往会对事情没有按照我们计划的速度执行而感到不耐烦。

一种定义方式是把 Twitter 描述成微博服务，该服务允许人们使用简短的消息进行思想或者观点方面的交流。历史上，推文限制为不超过 140 个字符，现在这一限制被放宽了，并且未来有可能还会变化。在这方面，你可以把 Twitter 想象成类似于一个免费、高速、全球性的文本消息服务。换句话说，它是允许快速、简易交流的基础设施的重要部分。然而，这并不是全部。人们渴望相互连接并乐于被倾听。Twitter 拥有 3.35 亿月活用户（*http://bit.ly/2p2GSV0*），他们在全球范围内表达观点、互相对话并满足他们固有的好奇心。

除了宏观层面上营销和广告的可能性（面对这么大的用户基数，商机是无限的），潜在的网络动态性产生了对如此多用户的引力，这才是真正有趣的，也正是 Twitter 的魅力所在。尽管使用户以极快的速度共享简短消息的交流渠道是 Twitter 平台用户增长和持续参与的必要条件，但它并不是充分条件。使其成为充分条件的其他因素是：Twitter 非对称的关注模型满足了我们的好奇心。正是这种非对称的关注模型将 Twitter 描述成一种兴趣图谱而不是社交网络，并且 API 提供了足够的框架使结构或自组织行为从混乱中显现出来。

换句话说，尽管一些社交网站，比如 Facebook、LinkedIn，需要关系双方的互相接受（通常表明现实世界的某种关系），然而 Twitter 的关系模型可以让你关注其他任何用户的最新进展，即使这些用户可能没有选择关注你甚至不知道你的存在。Twitter 的关注模型非常简单但是却利用了我们之所以成为人类的基本特性：我们的好奇心。这可能是对名人绯闻的痴迷、对获取自己最喜欢体育团体最新信息的急切、对某个政治话题的浓厚兴趣或者是对与其他人接触的渴望。Twitter 提供了无限的机会以满足你的好奇心。

 尽管在前一段我已经从"关注"关系的角度介绍了 Twitter，但关注某个人的行为有时被描述成"加好友"（friending）（尽管这是一种奇怪的单向好友关系）。虽然你将会在官方的 Twitter API 文档（*http://bit.ly/2QskIYD*）中的命名系统中看到"好友"，然而我们最好认为 Twitter 是之前描述的关注关系。

我们可以将兴趣图谱想象成对人们与他们的兴趣之间的关系进行建模的一种方式。兴趣图谱在数据挖掘领域提供了大量可能性，这些主要涉及测量事物之间的相关性从而进行智能推荐，或涉及机器学习中的其他应用。例如，你可以使用兴趣图谱测量相关性，从向你推荐 Twitter 上关注对象到在线推荐购买什么商品再到推荐应该与谁约会。为了更好地理解 Twitter 的兴趣图谱这个概念，考虑 Twitter 用户不一定是一个真实的人。它可以是一个人，也可以是一个没有生命的物体、一个公司、一个音乐团队、一个虚构的角色、虚拟的某个人（现存的或死去的）或其他任何事物。

例如，@HomerJSimpson（*http://bit.ly/1a1kQD1*）这个账号是 Homer Simpson 的官方账号，他是电视节目 *The Simpsons* 中的流行角色。尽管 Homer Simpson 不是一个真实的人，但他却是一个世界知名的人物，@HomerJSimpson 的 Twitter 用户充当者帮助他（实际上是其创作者）吸引粉丝。类似地，尽管本书可能无法达到 Homer Simpson 的知名度，但是本书的官方 Twitter 账号 @SocialWebMining（*http://bit.ly/1a1kHzq*）为对该书内容感兴趣的团体提供了以多种方式进行联系和参与的手段。当你认识到 Twitter 允许你创建、联系和探索任何一个感兴趣话题的兴趣团体时，Twitter 的力量以及你能从挖掘 Twitter 数据中获得的见解也就变得更加明显。

除了 Twitter 账号中的一些可以将名人和公众人物识别成"认证账号"的徽章以及 Twitter 的服务条款协议（*http://bit.ly/1a1kRXl*）中的基本约束（这是使用服务必需的）之外，Twitter 账号的内容受到很少的控制。这看起来微不足道，但是这是和一些社交网站的重要不同，在那些社交网站中，账号要么必须对应真实的、活生生的人，要么对应商业公司或分类系统中类似性质的实体。Twitter 对账号的人物并没有特定的约束，并且依赖自组织的行为，例如关注关系和使用由主题标签构成的大众分类法在系统中创建一个特定形式的秩序。

分类法和大众分类法

人类智能的体现之一是渴望对事物进行分类并且获得一个层次结构，其中每个元素"属于"或者"是"层次结构中上一级父元素的"孩子"。忽略分类学和本体论的一些细微区别（*http://bit.ly/1a1kRXy*），将分类学看成一个类似树的层次结构并将元素分类成特定的父、子关系，而大众分类法（folksonomy）（*http://bit.ly/1a1kU5C*）（该术语大约是 2004 年创建的）描述了出现在 Web 不同生态系统中的协同打标签和社交索引尝试的领域。它将大众（folk）和分类法（taxonomy）这两个词结合了起来。因此从本质上讲，大众分类法只是一种描述去中心化标签领域的绝好方式，当你允许人们使用标签分类内容时，它可以涌现为集体智慧。Twitter 中的主题标签的使用如此引人关注是因为大众分类法是有机地聚集共同兴趣的方式，并且提供了在探索的同时为发现无数奇妙的事物留下无限可能性的专业手段。

1.3 探索 Twitter API

既然我们已经对 Twitter 进行了适当的框架性介绍，现在我们将注意力转移到获取和分析 Twitter 数据的问题上。

1.3.1 基本的 Twitter 术语

Twitter 可以被描述成一个实时的、高度社交化的微博服务。它允许用户在时间轴上发布简短的状态更新，这些状态被称为推文（tweet）。在推文（目前）280 字符的内容中可能包含一个或多个实体，并且引用一个或多个可以映射到现实世界中某个位置的地点。理解用户、推文和时间轴对高效使用 Twitter API（*http://bit.ly/1a1kSKQ*）是尤为重要的，因此在使用 API 获取数据之前，我们有必要对这些基本的概念进行简要的介绍。到目前为止，我们大量讨论了 Twitter 用户及其非对称的关注模型，因此这一节我们会简要地介绍推文和时间轴，从而让读者对 Twitter 有大致的了解。

推文是 Twitter 的核心。尽管从概念上它被认为是与用户状态更新相关的简短字符串的文本内容，然而实际上还有其他一些我们并没有看到的元数据。除了推文本身的文本内容外，推文还捆绑了两种需要我们特别注意的元数据：实体和地点。实体大体上是提及的用户、主题标签、URL 以及和推文相关的媒体文件，而地点是可能被附加到推文中的现实世界的位置。请注意，地点可能是推文发送时所在的实际位置，但也可能是对推文中描述的地点的指代。

为了使描述具体一些，我们来看一条以下内容的推文：

> @ptwobrussell is writing @SocialWebMining, 2nd Ed. from his home office in Frank-
> lin, TN. Be #social: *http://on.fb.me/16WJAf9*

这条推文的长度为 124 个字符并且包含 4 个推文实体：用户引用 @ptwobrussell 和 @SocialWebMining、主题标签 #social 以及 URL *http://on.fb.me/16WJAf9*。尽管这条推文中有一个明确提到的地点 "Franklin, Tennessee"，然而和推文关联的位置元数据可能包含推文创建时所在的位置，该位置可能并不是 "Franklin, Tennessee"。这些大量的元数据被封装到不到 140 字符的内容中，从而表明推文语言的强大：它可以明确地引用多个其他的 Twitter 用户、到网页的链接、使用主题标签相互引用的主题，而这些话题作为聚集点对整个 Twitter 虚拟空间（Twitterverse）以一种便于搜索的方式进行垂直切分。

最后，时间轴是按时间排序的推文集合。抽象地说，你可以认为时间轴是按时间顺序呈现的特定推文集合。然而，你通常会发现有一些时间轴是非常值得注意的。从任意一个 Twitter 用户的角度来看，主页时间轴是你登录到账户时看到的视图并且还能看到所有你关注的用户发送的推文。而特定的用户时间轴仅仅是某个用户发送的推文集合。

例如，当你登录到你的 Twitter 账户时，你的主页时间轴位于 *https://twitter.com*。而任何特定的用户时间轴必须添加一个指定用户的后缀，比如 *https://twitter.com/SocialWebMining*。如果你想知道某个特定用户正在关注谁，你可以通过在 URL 结尾添加 *following* 后缀访问一组用户。例如，Tim O'Reilly 登录到他的 Twitter 之后看到的主页时间轴可以通过 *https://twitter.com/timoreilly/following* 访问。

TweetDeck 这个应用程序为混乱的推文场景提供了一些可自定义的视图，如图 1-1 所示。如果你还没有深入了解 Twitter.com 的用户接口，这个值得你进行尝试。

时间轴是更新速度较慢的推文集合，而流（stream）是一些在 Twitter 上实时流动的公共推文。在一些被广泛关注的事件（例如总统辩论或重要体育赛事）期间，所有推文的公共信息（public firehose）的峰值为每分钟几十万条（*http://bit.ly/2xenpnR*）。从本书的角度来说，Twitter 的公共信息提供的数据超出所考虑范围并且提出了有趣的工程性挑战，这至少是许多第三方提供商与 Twitter 合作将这些数据以可消费的方式带给用户的原因之一。即便如此，对公共时间轴的较小随机采样（*http://bit.ly/2p7G8hf7*）是可用的，它对 API 开发者提供了足够多的公共数据的过滤访问以便让他们开发出功能强大的应用程序。

本章的余下内容以及本书的第二部分假定你已经拥有了一个 Twitter 账号，这是 API 访问所必需的。如果你还没有 Twitter 账号，可以花些时间新建一个，然后看一看 Twitter 宽松的服务条款（*http://bit.ly/2e63DvY*）、API 文档（*http://bit.ly/1a1kSKQ*）以及开发者守则

(*http://bit.ly/2MsrryS*)。本章和第二部分的示例代码基本不需要你自己有好友和关注者。但是如果你的账户十分活跃，有很多好友和关注者，那么你会发现第二部分的一些例子会更加有趣，你可以将它作为社交网站数据挖掘的基础。如果你的账户并不活跃，那么现在就是开始添加、填充数据的好时机，从而让你获得数据挖掘的乐趣。

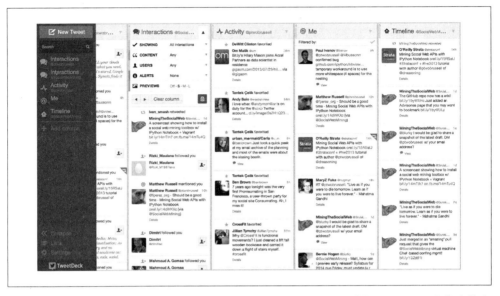

图 1-1：TweetDeck 提供了一个可高度自定义的用户接口，它对分析 Twitter 上正在发生的事情以及展现那些可以通过 Twitter API 访问的数据是很有帮助的

1.3.2 创建一个 Twitter API 连接

Twitter 非常精心地创建了一个直观、易用的 API，同时这些 API 符合优雅而简单的 REST (RESTful)（*http://bit.ly/1a1kVX5*）。即使如此，仍然有很多可用的库可以让我们进一步减少发起 API 请求时所做的工作。twitter 包就是很好的例子，它很好地封装了 Twitter API，并一比一地模拟了公共 API 的语义。和大多数其他的 Python 包一样，你可以在终端上通过输入 `pip install twitter` 命令，来用 pip 安装它。万一你不喜欢用 twitter 的 Python 库，也可以使用别的库，tweepy（*https://bit.ly/2M41GbY*）是比较流行的一个。

如何安装 pip 请参考附录 C。

我们选择使用 Python 创建实用的 API 请求，因为 twitter 包十分优雅地模拟了满足 REST 风格的 API。如果你对了解使用 HTTP 能够创建的原始请求很感兴趣或者想以一种更加交互的方式调用 API，那么去看看如何使用类似 Twurl 等工具的开发者文档（*http://bit.ly/2OpiF6c*）。

在向 Twitter 创建 API 请求之前，你需要在 *https://dev.twitter.com/apps* 创建一个应用程序。创建应用程序是开发者获取 API 权限，并且让 Twitter 按照需要对第三方平台的开发者进行监控和交互的标准方式。鉴于最近滥用社交媒体平台的恶劣事件，你需要申请一个 Twitter 开发者账号（*http://bit.ly/2AHBWO3*），只有在批准后，你才可以创建新的应用程序。在创建一个应用程序的过程中也会为你创建一组认证令牌（token），让你的程序具备访问 Twitter 平台的能力。

在这种情况下，为了访问你的账号数据，你要创建一个应用程序并对其进行授权，这似乎有点多余：为什么不直接加上用户名和密码对 API 进行访问呢？尽管这种方法对你来说是很有效的，然而第三方（例如朋友或者同事）可能会对仅仅为了从你的应用程序获取对数据的洞察力而交出自己的用户名和密码感到不舒服。放弃凭证永远不会是正确的做法。幸运的是，一些聪明的人很多年前就认识到了这个问题，现在对于更广阔的社交网络有一个标准的协议，称为 OAuth（开放授权的缩写）（*http://bit.ly/1a1kZWN*）以一种通用的方式服务于很多这种情况。目前，该协议是社交网络的标准。

如果你没有记住以上任何信息，那么你只要记住 OAuth 是允许用户对第三方应用程序进行授权，从而可以在不需要共享一些密码之类敏感信息的情况下访问他们账号数据的一种方式。如果你对此感兴趣，附录 B 提供了一个关于 OAuth 如何工作的宽泛概述，同时 Twitter 的 OAuth 文档（*http://bit.ly/2NawA3v*）提供了关于其实现的具体细节。[注1]

为了便于开发，你需要从新建的应用程序配置中获取的关键信息包括用户账号、用户密码、访问令牌以及访问令牌密钥。这 4 组凭证组合起来，提供了保证应用程序最终获得授权（授权过程中涉及请求用户批准授权的一系列重定向操作）所需的一切，所以它们是与密码一样敏感的信息，要好好保存。

生成一个支持任意用户授权使用他们账号数据的应用程序时，可能需要 OAuth 2.0 流程支持其实现细节。详见附录 B。

图 1-2 显示了获取这些凭证的页面。

事不宜迟，让我们创建一个已认证的 Twitter API 连接并且通过查阅从 GET trends/place 资源（*http://bit.ly/2BGWJBU*）获取的数据中找出人们正在谈论哪些话题。然而，在编写之前你需要收藏官方 API 文档（*http://bit.ly/1a1kSKQ*）以及 API 参考文档（*http://bit.ly/2Nb9CJS*），因为在你学习 Twitter 虚拟空间中开发者的技巧的过程中，你将会经常参考这些文档。

截止到 2017 年 3 月，Twitter API 运行在 1.1 版本并且与以前的 v1 版本 API 在某些方面有很大的不同。版本 1 的 API 已经被弃用半年了并且以后不再运作。本书中的所有示例代码假定 API 的版本为 1.1。

注 1：虽然这是实现的细节，但是值得注意的是虽然许多其他的社交网站已经更新到 OAuth 2.0，然而 Twitter v1.1 仍然实现的是 OAuth 1.0a。

图 1-2：在 *https://dev.twitter.com/apps* 创建了一个新的 Twitter 应用程序以获得 OAuth 凭证以及 API 访问权限；四个（打马赛克的）OAuth 域是你向 Twitter API 创建 API 调用时需要用到的

让我们打开 Jupyter Notebook 并且初始化一个搜索。依照示例 1-1 将代码开头的变量替换成你自己的凭证信息，然后执行创建 Twitter API 实例的调用。使用你的 OAuth 凭证创建一个代表你的 OAuth 授权的名为 auth 的对象，它能够被传递给一个能够向 Twitter API 提交查询的名为 Twitter 的类，随后代码就可以正常工作了。

示例 1-1：对一个应用程序授权使其能访问 Twitter 账号数据

```
import twitter

# Go to http://dev.twitter.com/apps/new to create an app and get values
# for these credentials, which you'll need to provide in place of these
# empty string values that are defined as placeholders.
# See https://developer.twitter.com/en/docs/basics/authentication/overview/oauth
# for more information on Twitter's OAuth implementation.

CONSUMER_KEY = ''
```

```
CONSUMER_SECRET = ''
OAUTH_TOKEN = ''
OAUTH_TOKEN_SECRET = ''

auth = twitter.oauth.OAuth(OAUTH_TOKEN, OAUTH_TOKEN_SECRET,
                           CONSUMER_KEY, CONSUMER_SECRET)

twitter_api = twitter.Twitter(auth=auth)

# Nothing to see by displaying twitter_api except that it's now a
# defined variable

print(twitter_api)
```

该例子的结果应该只显示你所创建的 `twitter_api` 对象的一个明确表示，例如：

```
<twitter.api.Twitter object at 0x39d9b50>
```

这表明你已经成功使用 OAuth 凭证获得了查询 Twitter API 的授权。

1.3.3 探索热门话题

得到 API 连接的授权后，你现在可以发起一个请求了。示例 1-2 显示了如何向 Twitter 查询目前世界范围内热门的话题，如果你想尝试不同可能的话，仅仅通过传递参数就能将话题限定在一些更加具体的领域。限制查询的设备是通过 Yahoo! GeoPlanet 的 Where On Earth（WOE）ID 系统（*http://bit.ly/2NHdAJB*），该系统本身就是一个 API，它的目的是提供一种将唯一的标识符映射到地球上（或者是理论上，甚至是虚拟世界的）特定地点的方法。尝试运行以下的示例代码，这个例子同时收集了全世界和仅仅美国的热门话题集合。

示例 1-2：获得热门话题
```
# The Yahoo! Where On Earth ID for the entire world is 1.
# See http://bit.ly/2BGWJBU and
# http://bit.ly/2MsvwCQ

WORLD_WOE_ID = 1
US_WOE_ID = 23424977

# Prefix ID with the underscore for query string parameterization.
# Without the underscore, the twitter package appends the ID value
# to the URL itself as a special case keyword argument.

world_trends = twitter_api.trends.place(_id=WORLD_WOE_ID)
us_trends = twitter_api.trends.place(_id=US_WOE_ID)

print(world_trends)
print()
print(us_trends)
```

在进一步处理之前，你应该会看到一个无法完全理解的来自 API 的响应信息，该响应信息是 Python 词典的列表（跟任何错误消息不同），例如下面截取的结果（随后，我们将会对响应信息进行格式化处理，使其更加易读）：

```
[{u'created_at': u'2013-03-27T11:50:40Z', u'trends': [{u'url':
    u'http://twitter.com/search?q=%23MentionSomeoneImportantForYou'...
```

请注意，示例结果内容包含了一个热门话题的 URL，该话题被表示成与主题标签 #MentionSomeoneImportantForYou 对应的搜索查询，其中 23% 是对主题标签符号的编码。在本章剩余的部分中，我们将这个相对正面的主题标签作为随后例子中的统一主题。尽管本书的源代码中有一个包含该主题标签的样例数据文件，然而探索当前正在流行的话题要比跟随不再流行的固定话题有趣得多。

使用 twitter 模块的模式十分简单而明确：使用与基本 URL 对应的对象链来初始化 Twitter 类，然后调用该对象中与 URL 上下文对应的方法。例如，twitter_api.trends.place (_id=WORLD_WOE_ID) 初始化一个 GET https://api.twitter.com/1.1/trends/place.json?id=1 的 HTTP 调用。请注意这个映射到由 twitter 包创建以发起请求的对象链上的 URL，同时注意查询字符串参数是如何作为关键字参数进行传递的。为了将 twitter 包用在任意的 API 请求上，你一般要用这种直接的方式构建请求，我们很快就会遇到一些需要注意的地方。

Twitter 规定了给定时间间隔内一个应用程序向任何 API 资源发出请求的速率限制（rate limit）（*http://bit.ly/2x8c6yq*）。Twitter 的速率限制是明确地记录在文档中的，并且为了方便起见，每一个单独的 API 资源也给出了其特定的限制（见图 1-3）。例如，我们刚才为获得

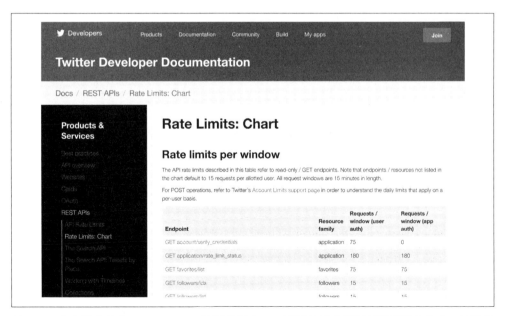

图 1-3：在在线文档中，Twitter API 资源的每个 API 调用的速率限制都明确记录在案，这里显示的是 API 调用和相应速率限制表格的首部

热门话题提交的 API 请求将程序限制在每 15 分钟的间隔内只能发送最多 75 次请求。如果你想获得关于 Twitter 速率限制更详细的信息，请参考文档（*http://bit.ly/2MsLpcH*）。如果是仅仅运行本章的内容，那么你基本不会受到速率的限制。（示例 9-17 将会介绍一些应对速率限制的实用技巧。）

开发者文档指出，热门话题 API 查询的结果每 5 分钟才更新一次，因此以更快的频率发起 API 请求结果是不明智的。

尽管没有明确指出，但是示例 1-2 中无法完全可读的输出是把原生 Python 数据结构打印出来。尽管 IPython 解释器会自动为你打印出漂亮的结果，然而 Jupyter Notebook 和标准的 Python 解释器却不会这样做。如果你自己处于这种状况，那么你会发现使用内置的 json 包进行强制的格式化显示是很方便的，如示例 1-3 所示。

JSON（*http://bit.ly/1a1l2lJ*）是你会经常遇到的一种数据交换格式。简而言之，JSON 提供了一种随意存储映射（map）、列表（list）、原始类型（例如数字和字符串）以及它们的组合的方法。换句话说，如果你愿意，你可以使用 JSON 对任何事物进行建模。

示例 1-3：显示 API 响应信息为优美打印的 JSON 格式

```
import json

print(json.dumps(world_trends, indent=1))
print()
print(json.dumps(us_trends, indent=1))
```

使用 json.dumps 从热门话题 API 得到的一个简短的响应示例可能是这样的：

```
[
 {
  "created_at": "2013-03-27T11:50:40Z",
  "trends":
  [
   {
    "url": "http://twitter.com/search?q=%23MentionSomeoneImportantForYou",
    "query": "%23MentionSomeoneImportantForYou",
    "name": "#MentionSomeoneImportantForYou",
    "promoted_content": null,
    "events": null
   },
   ...
  ]
 }
]
```

尽管浏览这两个热门话题集合并且寻找其中的共性是很简单的，但是现在我们使用 Python 中的 set（*http://bit.ly/1a1l2Sw*），这个数据结构会自动帮我们计算，因为这正是集合适用的场合。在这个例子中，集合（set）指的是存储着一组无序、互异元素的数据结构的一种数学概念，并且可以与其他元素集合进行计算或者执行集合操作。例如，集合的求交操作计算多个集合中共有的元素，集合的求并操作则将多个集合中的元素合并。集合的求差操作类似一种减法操作，其中凡是出现在一个集合中的元素都会从另外一个集合中删除。

示例 1-4 显示了如何使用 Python 的列表解析（list comprehension）（*http://bit.ly/1a1l1hy*）从之前查询的结果中解析出热门话题的名字，将这些列表转换成集合，然后计算交集从而找出两者共有的元素。请注意，任意给定的热门话题集合之间可能有很多重叠的内容，也有可能没有，这完全取决于你查询热门话题时实际发生的事情。换句话说，你分析的结果完全取决于你的查询及其返回的数据。

附录 C 提供了一些 Python 常见用法的参考资料，例如列表解析等，这可能会对你有所帮助。

示例 1-4：计算两个热门话题集合的交集

```python
world_trends_set = set([trend['name']
                        for trend in world_trends[0]['trends']])

us_trends_set = set([trend['name']
                     for trend in us_trends[0]['trends']])

common_trends = world_trends_set.intersection(us_trends_set)

print(common_trends)
```

在继续学习本章内容之前，你应该完成示例 1-4 从而确保你能够访问和分析 Twitter 数据。你能解释一下你所在国家和世界其他地区的热门话题之间存在的关联吗？

集合论、直觉和可数无穷大

集合操作看上去可能是一种相对原始的分析方式，但是集合论在数学中的衍生物是很深远的，因为它为许多数学原理提供了基础。

一般认为，Georg Cantor 正式确立了集合论背后的数学理论，他的论文"On a Characteristic Property of All Real Algebraic Numbers"（1874）将其作为回答无穷大相关问题工作的一部分。为了理解其中的原理，考虑以下问题：正整数集合的基数

是否比同时包含正整数和负整数的集合的基数大？

尽管通常的直觉可能会觉得整数集合的基数是正整数的两倍，然而 Cantor 的工作表明这两个集合的基数实际上是相等的！从数学的角度，他显示你可以将这两个数字的集合进行映射，从而形成有一个确定的起点并且从一个方向上无限扩展的序列，如 {1, –1, 2, –2, 3, –3, …}。

由于数字可以被很明确地列举但是却永远不会有终点，因此我们说集合的基数为可数无穷大。换句话说，如果你有足够的时间去数的话，那么该序列的数字都是可以明确列出的。

1.3.4 搜索推文

我们发现热门话题集合中一个共有的元素是主题标签 #MentionSomeoneImportantForYou，因此我们将其作为搜索查询的基础，来获取一些推文从而进行深入的分析。示例 1-5 显示了如何对某个感兴趣的查询使用 GET search/tweets 资源（*http://bit.ly/2QtIeF0*），包括对于搜索结果使用元数据中的特殊字段的能力，从而对于更多的搜索结果创建额外的请求。Twitter 的信息流 API（*http://bit.ly/2p7G8hf*）资源超出了本章的范围，但是我们会在示例 9-9 介绍它，并且在你想维护一个持续更新推文视图的情况下十分合适。

 示例 1-5 中函数参数 *args 和 **kwargs 的使用分别是 Python 中表示可变参数和关键字参数的常用语法。这种语法的简要概述见附录 C。

示例 1-5：收集搜索结果

```
# Set this variable to a trending topic, or anything else
# for that matter. The example query below was a
# trending topic when this content was being developed
# and is used throughout the remainder of this chapter.

q = '#MentionSomeoneImportantForYou'

count = 100

# Import unquote to prevent URL encoding errors in next_results
from urllib.parse import unquote

# See https://dev.twitter.com/rest/reference/get/search/tweets

search_results = twitter_api.search.tweets(q=q, count=count)

statuses = search_results['statuses']
```

```
# Iterate through 5 more batches of results by following the cursor
for _ in range(5):
    print('Length of statuses', len(statuses))
    try:
        next_results = search_results['search_metadata']['next_results']
    except KeyError as e: # No more results when next_results doesn't exist
        break

    # Create a dictionary from next_results, which has the following form:
    # ?max_id=847960489447628799&q=%23RIPSelena&count=100&include_entities=1
    kwargs = dict([ kv.split('=') for kv in unquote(next_results[1:]).split("&") ])

    search_results = twitter_api.search.tweets(**kwargs)
    statuses += search_results['statuses']

# Show one sample search result by slicing the list...
print(json.dumps(statuses[0], indent=1))
```

 尽管这里我们只将一个主题标签传递给搜索 API，然而值得注意的是它包含了许多强大的操作符（*http://bit.ly/2CTxv3O*），这些操作符允许你根据各种关键字、推文发送者、推文相关地点等是否存在对查询进行过滤。

实际上，所有代码所做的是重复地向搜索 API 发送请求。如果你使用过其他的网络 API（包括 Twitter API 版本 1），那么最初可能会让你措手不及的是搜索 API 本身没有明确的分页概念。回顾一下 API 文档，你会发现这样做是有意为之的，并且考虑到 Twitter 资源的高度动态性，使用游标的方法也有一些好的理由。游标在整个 Twitter 开发者平台上的最佳实践略有不同，其中搜索 API 对搜索结果提供了比其他资源（例如时间轴）更简单的导航方式。

搜索结果包括一个特殊的 search_metadata 节点，它嵌入了一个 next_results 字段，该查询字符串为随后的查询提供了基础。如果我们没有使用 twitter 这样的库帮我们创建 HTTP 请求，这种预先构造的查询字符串可能仅仅会被添加到搜索 API 的 URL 中，并且我们会用处理 OAuth 的附加参数更新它。然而，由于我们没有直接地创建 HTTP 请求，我们必须将查询字符串分解成一组键值对并且作为关键词参数提供。

按照 Python 的语法，我们正在将字典中的值拆包成函数接收的关键词参数。换句话说，示例 1-5 中 for 循环内的函数最终调用了如

```
twitter_api.search.tweets(q='%23MentionSomeoneImportantForYou',
include_entities=1, max_id=313519052523986943)
```

这样的函数，虽然从源代码上看却是 twitter_api .search.tweets(**kwargs)，这里 kwargs 是键值对组成的字典。

search_metadata 字段也包含一个叫作 refresh_url 的值，如果你想使用前一个查询之后才变得可用的新信息对结果集合进行维护和定期更新，那么你可以使用这个值。

下面的推文示例显示了对 #MentionSomeoneImportantForYou 查询的搜索结果。花些时间仔细阅读一下。像我之前提到的一样，推文的实际内容比我们看到的要多很多。下面的这个推文相当具有代表性，当使用未压缩的 JSON 格式显示的时候，它包含了超过 5KB 的内容。这大约是我们通常认为的一个推文 140 个字符（当时的最大字数限制）数据量的 40 多倍！

```
[
 {
  "contributors": null,
  "truncated": false,
  "text": "RT @hassanmusician: #MentionSomeoneImportantForYou God.",
     "in_reply_to_status_id": null,
     "id": 316948241264549888,
     "favorite_count": 0,
     "source": "Twitter for Android",
     "retweeted": false,
     "coordinates": null,
     "entities": {
      "user_mentions": [
       {
        "id": 56259379,
        "indices": [
         3,
         18
         ],
        "id_str": "56259379",
        "screen_name": "hassanmusician",
        "name": "Download the NEW LP!"
       }
      ],
      "hashtags": [
       {
        "indices": [
         20,
         50
         ],
        "text": "MentionSomeoneImportantForYou"
       }
      ],
      "urls": []
     },
     "in_reply_to_screen_name": null,
     "in_reply_to_user_id": null,
     "retweet_count": 23,
     "id_str": "316948241264549888",
     "favorited": false,
     "retweeted_status": {
      "contributors": null,
      "truncated": false,
```

```json
"text": "#MentionSomeoneImportantForYou God.",
"in_reply_to_status_id": null,
"id": 316944833233186816,
"favorite_count": 0,
"source": "web",
"retweeted": false,
"coordinates": null,
"entities": {
 "user_mentions": [],
 "hashtags": [
  {
   "indices": [
    0,
    30
   ],
    "text": "MentionSomeoneImportantForYou"
  }
 ],
 "urls": []
},
"in_reply_to_screen_name": null,
"in_reply_to_user_id": null,
"retweet_count": 23,
"id_str": "316944833233186816",
"favorited": false,
"user": {
 "follow_request_sent": null,
 "profile_use_background_image": true,
 "default_profile_image": false,
 "id": 56259379,
 "verified": false,
 "profile_text_color": "3C3940",
 "profile_image_url_https": "https://si0.twimg.com/profile_images/...",
 "profile_sidebar_fill_color": "95E8EC",
 "entities": {
  "url": {
   "urls": [
    {
     "url": "http://t.co/yRX89YM4J0",
     "indices": [
      0,
      22
     ],
     "expanded_url": "http://www.datpiff.com/mixtapes-detail.php?id=470069",
     "display_url": "datpiff.com/mixtapes-detai\u2026"
    }
   ]
  },
  "description": {
   "urls": []
  }
 },
 "followers_count": 105041,
 "profile_sidebar_border_color": "000000",
 "id_str": "56259379",
 "profile_background_color": "000000",
 "listed_count": 64,
```

```
  "profile_background_image_url_https": "https://si0.twimg.com/profile...",
  "utc_offset": -18000,
  "statuses_count": 16691,
  "description": "#TheseAreTheWordsISaid LP",
  "friends_count": 59615,
  "location": "",
  "profile_link_color": "91785A",
  "profile_image_url": "http://a0.twimg.com/profile_images/...",
  "following": null,
  "geo_enabled": true,
  "profile_banner_url": "https://si0.twimg.com/profile_banners/...",
  "profile_background_image_url": "http://a0.twimg.com/profile_...",
  "screen_name": "hassanmusician",
  "lang": "en",
  "profile_background_tile": false,
  "favourites_count": 6142,
  "name": "Download the NEW LP!",
  "notifications": null,
  "url": "http://t.co/yRX89YM4J0",
  "created_at": "Mon Jul 13 02:18:25 +0000 2009",
  "contributors_enabled": false,
  "time_zone": "Eastern Time (US & Canada)",
  "protected": false,
  "default_profile": false,
  "is_translator": false
},
"geo": null,
"in_reply_to_user_id_str": null,
"lang": "en",
"created_at": "Wed Mar 27 16:08:31 +0000 2013",
"in_reply_to_status_id_str": null,
"place": null,
"metadata": {
 "iso_language_code": "en",
 "result_type": "recent"
 }
},
"user": {
 "follow_request_sent": null,
 "profile_use_background_image": true,
 "default_profile_image": false,
 "id": 549413966,
 "verified": false,
 "profile_text_color": "3D1957",
 "profile_image_url_https": "https://si0.twimg.com/profile_images/...",
 "profile_sidebar_fill_color": "7AC3EE",
 "entities": {
  "description": {
   "urls": []
  }
 },
 "followers_count": 110,
 "profile_sidebar_border_color": "FFFFFF",
 "id_str": "549413966",
 "profile_background_color": "642D8B",
 "listed_count": 1,
 "profile_background_image_url_https": "https://si0.twimg.com/profile_...",
```

```
      "utc_offset": 0,
      "statuses_count": 1294,
      "description": "i BELIEVE do you? I admire n adore @justinbieber ",
      "friends_count": 346,
      "location": "All Around The World ",
      "profile_link_color": "FF0000",
      "profile_image_url": "http://a0.twimg.com/profile_images/3434...",
      "following": null,
      "geo_enabled": true,
      "profile_banner_url": "https://si0.twimg.com/profile_banners/...",
      "profile_background_image_url": "http://a0.twimg.com/profile_...",
      "screen_name": "LilSalima",
      "lang": "en",
      "profile_background_tile": true,
      "favourites_count": 229,
      "name": "KoKo :D",
      "notifications": null,
      "url": null,
      "created_at": "Mon Apr 09 17:51:36 +0000 2012",
      "contributors_enabled": false,
      "time_zone": "London",
      "protected": false,
      "default_profile": false,
      "is_translator": false
    },
    "geo": null,
    "in_reply_to_user_id_str": null,
    "lang": "en",
    "created_at": "Wed Mar 27 16:22:03 +0000 2013",
    "in_reply_to_status_id_str": null,
    "place": null,
    "metadata": {
      "iso_language_code": "en",
      "result_type": "recent"
    }
  },
  ...
]
```

推文包含一些社交网络中存在的最丰富的元数据，在第 9 章，我们将对其中的许多可能性
进行阐述。

1.4 分析 140 字（或更多）的推文

在线文档总是 Twitter 平台对象的权威来源。并且其中的推文对象（*http://bit.ly/2OhPimp*）
页面是值得收藏的，因为在你熟悉推文基本构造的过程中你会经常参考它。本书并没有直
接引用在线文档，但是考虑到你可能会被推文包含的 5KB 的信息吓到，有一些注释是很
有必要的。为了命名上的简化，我们假设已经从搜索结果提取出了一个单独推文，并且将
其存储在名为 t 的变量中。例如，t.keys() 返回这条推文最外层的字段，t['id'] 得到推
文的标识符。

挖掘 Twitter：探索热门话题、发现人们的谈论内容等 | 35

如果这一章你一直在使用 Jupyter Notebook，那么我们用到的推文是被存储在名为 t 的变量中，这样你就可以交互式地访问它的字段并且更加容易地进行探索。我们当前的讨论也是假定在相同命名环境中的，所以值应该是一一对应的。

这里有一些感兴趣的要点：

- 通过 t['text'] 我们可以得到推文可读的文本内容：

  RT @hassanmusician: #MentionSomeoneImportantForYou God.

- 推文文本中的实体已经很方便地为你处理好了，你可以通过 t['entities'] 获得：

```
{
 "user_mentions": [
  {
   "indices": [
    3,
    18
   ],
   "screen_name": "hassanmusician",
   "id": 56259379,
   "name": "Download the NEW LP!",
   "id_str": "56259379"
  }
 ],
 "hashtags": [
  {
   "indices": [
    20,
    50
   ],
   "text": "MentionSomeoneImportantForYou"
  }
 ],
 "urls": []
}
```

- 关于推文兴趣度的相关线索可以通过 t['favorite_count'] 和 t['retweet_count'] 获得，它们分别返回该推文被收藏和转推的次数。

- 如果一条推文被转推了，那么 t['retweeted_status'] 字段提供了关于原始推文本身及其作者非常详细的信息。请注意，有时候一条推文被转推后其文字内容会发生变化，因为用户添加了回复或对内容进行了其他操作。

- t['retweeted'] 字段表明认证用户（通过授权的应用程序）是否对该推文进行转推。随特定用户所持观点而变化的字段在 Twitter 开发者文档表示为 perspectival，这意味着它们的值随着用户角度的不同而发生变化。

- 此外，注意从 API 和信息管理的角度看，只有原始的推文被转推。因此，retweet_count

反映了原始推文被转推的次数并且原始推文和之后的转发中的这个值应该是相同的。换句话说，转推的推文并没有被转推。乍一看这可能有悖常理，但是如果你现在正在转推一条已被转推的推文，实际上你只是在通过代理转推看到的原始推文。1.4.4节有关于转推和引用推文之间不同的更细致的讨论。

通过检查 `retweeted` 字段的值决定一条推文是否被转推过是我们很容易犯的错误。为了检查一条推文是否被转推，应该看看推文中是否存在一个 `retweeted_status` 节点包装器。

在继续之前，你应该再研究一下样例推文并且查阅文档，从而理清遗留的问题。掌握良好的推文构造知识对有效地挖掘 Twitter 数据是至关重要的。

1.4.1 提取推文实体

接下来，我们将一些推文实体和文本内容提炼到更加方便的数据结构以供进一步研究。示例 1-6 从收集的推文中提取了文本、昵称和主题标签并且引入了一个叫作双重（嵌套）列表解析的 Python 语法。如果你理解（单重）列表解析，那么下面的代码说明双重列表解析仅仅是从嵌套循环中获得的值的集合而不是单一循环的结果。列表解析是格外强大的，因为它们通常比嵌套列表获得可观的性能收益并且提供了直观（一旦你熟悉了）却又简洁的语法。

在整本书中，列表解析经常被使用，如果你想知道更多的背景，可以参考附录 C 或官方的 Python 教程（*http://bit.ly/2otMTZc*）从而获得更详细的信息。

示例 1-6：从推文中提取文本、昵称和主题标签

```
status_texts = [ status['text']
                 for status in statuses ]

screen_names = [ user_mention['screen_name']
                 for status in statuses
                     for user_mention in status['entities']['user_mentions'] ]

hashtags = [ hashtag['text']
             for status in statuses
                 for hashtag in status['entities']['hashtags'] ]

# Compute a collection of all words from all tweets
words = [ w
          for t in status_texts
              for w in t.split() ]
```

```
# Explore the first 5 items for each...

print(json.dumps(status_texts[0:5], indent=1))
print(json.dumps(screen_names[0:5], indent=1))
print(json.dumps(hashtags[0:5], indent=1))
print(json.dumps(words[0:5], indent=1))
```

 在 Python 语法中, 列表或字符串值后面加上方括号表示切片, 例如 status_texts[0:5], 你可以很方便地从列表中提取元素或是从字符串中提取子字符串。在这个情况下, [0:5] 表明你想要得到列表 status_texts 中的前 5 项 (对应索引为 0 到 4 的元素)。附录 C 有对 Python 切片更加详细的描述。

示例的输出如下, 它显示了 5 个状态文本、昵称以及主题标签, 从而让我们对数据的内容有大致的认识。

```
[
 "\u201c@KathleenMariee_: #MentionSomeOneImportantForYou @AhhlicksCruise...,
 "#MentionSomeoneImportantForYou My bf @Linkin_Sunrise.",
 "RT @hassanmusician: #MentionSomeoneImportantForYou God.",
 "#MentionSomeoneImportantForYou @Louis_Tomlinson",
 "#MentionSomeoneImportantForYou @Delta_Universe"
]
[
 "KathleenMariee_",
 "AhhlicksCruise",
 "itsravennn_cx",
 "kandykisses_13",
 "BMOLOGY"
]
[
 "MentionSomeOneImportantForYou",
 "MentionSomeoneImportantForYou",
 "MentionSomeoneImportantForYou",
 "MentionSomeoneImportantForYou",
 "MentionSomeoneImportantForYou"
]
[
 "\u201c@KathleenMariee_:",
 "#MentionSomeOneImportantForYou",
 "@AhhlicksCruise",
 ",",
 "@itsravennn_cx"
]
```

和预期的一样, 主题标签的输出结果都是 #MentionSomeoneImportantForYou。输出同时提供了一些经常出现且值得研究的用户昵称。

1.4.2 使用频率分析技术分析推文和推文实体

实际上, 几乎所有的分析都可以归结为某种程度的计数行为。本书的目的是对数据进行处理以对其计数并进一步分析。

从经验来看，对观察到的事物计数是一切的出发点，因此也是任何试图从噪声数据中寻找微弱信号的统计滤波或处理的出发点。前面我们仅仅从每个未排序的列表中提取前 5 项以了解数据的大致内容，现在我们通过计算频率分布并且查找出每个列表中的前 10 项来深入分析数据。

在 Python 2.4 中，collections（*http://bit.ly/2nIrA6n*）模块提供了一个计数器，它使得计算频率分布变得异常容易。示例 1-7 演示了如何使用 Counter 计算频率分布得到排过序的元素列表。挖掘 Twitter 数据的原因很多，其中一个令人信服的原因是试图回答现在人们正在交流些什么。为了回答这个问题，频率分析是你可以使用的最简单的技术。

示例 1-7：从推文单词中创建基本的频率分布

```
from collections import Counter

for item in [words, screen_names, hashtags]:
    c = Counter(item)
    print(c.most_common()[:10]) # top 10
    print()
```

下面是从推文频率分析中得到的一些示例结果：

```
[(u'#MentionSomeoneImportantForYou', 92), (u'RT', 34), (u'my', 10),
 (u',', 6), (u'@justinbieber', 6), (u'<3', 6), (u'My', 5), (u'and', 4),
 (u'I', 4), (u'te', 3)]

[(u'justinbieber', 6), (u'Kid_Charliej', 2), (u'Cavillafuerte', 2),
 (u'touchmestyles_', 1), (u'aliceorr96', 1), (u'gymleeam', 1), (u'fienas', 1),
 (u'nayely_1D', 1), (u'angelchute', 1)]

[(u'MentionSomeoneImportantForYou', 94), (u'mentionsomeoneimportantforyou', 3),
 (u'Love', 1), (u'MentionSomeOneImportantForYou', 1),
 (u'MyHeart', 1),  (u'bebesito', 1)]
```

频率分析的结果是对应元素及其频率的键值对映射，因此让我们用表格的形式使结果更加直观、易读。你可以通过在终端输入 **pip install prettytable** 安装一个叫作 prettytable 的包，这个包提供了便于将结果格式化成固定宽度的表格形式的方法，这样我们可以很容易地进行复制和粘贴。示例 1-8 展示了如何使用这个包。

示例 1-8：用 prettytable 以更漂亮的表格形式显示元组

```
from prettytable import PrettyTable

for label, data in (('Word', words),
                    ('Screen Name', screen_names),
                    ('Hashtag', hashtags)):
    pt = PrettyTable(field_names=[label, 'Count'])
    c = Counter(data)
    [ pt.add_row(kv) for kv in c.most_common()[:10] ]
```

```
pt.align[label], pt.align['Count'] = 'l', 'r' # Set column alignment
print(pt)
```

示例 1-8 的运行结果用一系列文本表格显示，便于浏览，如下所示：

```
+--------------------------------+-------+
| Word                           | Count |
+--------------------------------+-------+
| #MentionSomeoneImportantForYou |    92 |
| RT                             |    34 |
| my                             |    10 |
| ,                              |     6 |
| @justinbieber                  |     6 |
| &lt;3                          |     6 |
| My                             |     5 |
| and                            |     4 |
| I                              |     4 |
| te                             |     3 |
+--------------------------------+-------+

+----------------+-------+
| Screen Name    | Count |
+----------------+-------+
| justinbieber   |     6 |
| Kid_Charliej   |     2 |
| Cavillafuerte  |     2 |
| touchmestyles_ |     1 |
| aliceorr96     |     1 |
| gymleeam       |     1 |
| fienas         |     1 |
| nayely_1D      |     1 |
| angelchute     |     1 |
+----------------+-------+

+-------------------------------+-------+
| Hashtag                       | Count |
+-------------------------------+-------+
| MentionSomeoneImportantForYou |    94 |
| mentionsomeoneimportantforyou |     3 |
| NoHomo                        |     1 |
| Love                          |     1 |
| MentionSomeOneImportantForYou |     1 |
| MyHeart                       |     1 |
| bebesito                      |     1 |
+-------------------------------+-------+
```

通过快速浏览以上内容，我们至少可以发现一件略微让人吃惊的事：Justin Bieber 在这个小型数据样本的实体列表中排名很高。尽管我们不能从这些结果中得出定论，但是考虑到他在 Twitter 上的人气，他很有可能是这个热门话题中"最重要的人物"。上面出现的 <3 也是非常有趣的，因为它是 <3 的转义形式，代表心形（和其他表情符号一样旋转了 90 度），是"love"的常见缩写。尽管最初它可能看起来像垃圾或噪声数据，但考虑到查询的本质，我们并会不对 <3 这样的值感到奇怪。

尽管我们对频率大于 2 的实体很感兴趣，但更广泛的结果却揭露了其他的方面。例如，"RT"是一个常见的标记，它意味着大量的推文转发（我们将在 1.4.4 节中深入研究这个现象）。最后，正如我们预料的，#MentionSomeoneImportantForYou 这个主题标签以及其大小写上的一些变异形式占据了几乎全部的主题标签。我们在数据处理上应当在绘制频率图表时将每个单词、昵称以及主题标签规范化到小写形式，因为推文中一定存在大小写上的差异。

1.4.3 计算推文的词汇丰富性

词汇丰富性（lexical diversity）是一种更先进的度量方式，涉及计算简单的频率，并且能够应用到非结构化文本中。从数学上看，它是通过计算文本中不重复的单词个数除以文本中所有单词个数得到的，这是非常基本但却很重要的度量方式。在人际交流中，词汇丰富性是一个非常有趣的概念，因为它为某个人或团体所使用词汇的丰富性提供了定量的度量。例如，设想一下，你正在听某个人重复说"and stuff"来概括地描述信息而不是通过具体的例子来使用细节强调观点。现在，我们将这个说话者和其他很少说"stuff"一词并且使用具体例子强调观点的人进行对比。重复说"and stuff"的说话者的词汇丰富性可能要比使用更多词汇的说话者要低，并且很有可能你会认为具有更高词汇丰富性的人更加理解主题。

正如被应用在推文或者其他类似的在线交流中一样，词汇丰富性可以作为一种基本统计量回答很多问题，例如某个人或团体讨论的话题是宽泛的还是狭小的。尽管整体的评估可能很有趣，但是将分析分解成具体的时间段可能会得到额外的见解，因为可以对不同的个人或团体进行对比。例如，如果你想对比两个饮料公司（比如可口可乐（*http://bit.ly/1a1l5xR*）和百事可乐（*http://bit.ly/1a1l7pt*））在 Twitter 上进行社交媒体营销活动的有效性，那么以衡量它们之间的词汇丰富性是否存在显著差异作为研究的切入点将会非常有趣。

在对如何使用类似词汇丰富性统计量分析文本内容（比如推文）有了基本的理解之后，我们可以计算当前使用的数据集关于状态、昵称和主题标签的词汇丰富性，如示例 1-9 所示。

示例 1-9：计算推文的词汇丰富性

```
# A function for computing lexical diversity
def lexical_diversity(tokens):
    return len(set(tokens))/len(tokens)

# A function for computing the average number of words per tweet
def average_words(statuses):
    total_words = sum([ len(s.split()) for s in statuses ])
    return total_words/len(statuses)

print(lexical_diversity(words))
print(lexical_diversity(screen_names))
print(lexical_diversity(hashtags))
print(average_words(status_texts))
```

在 Python 3.0 之前，除法运算符（/）会使用 floor 舍入函数并且返回一个整型值（除非有一个操作数是浮点值）。如果你使用 Python 2.x，则需要将分子或分母乘以 1.0 从而避免这种舍入错误。

示例 1-9 的结果如下：

```
0.67610619469
0.955414012739
0.0686274509804
5.76530612245
```

在这个结果中有一些现象值得我们考虑：

- 推文文本中单词的词汇丰富性大约为 0.67。解读这个数字的一种方式是：每三个单词中有两个单词是互异的，你也可以说每条状态更新携带了 67% 的互异的信息。考虑到每条推文平均单词个数为 6，这就相当于每条推文有 4 个互异的单词。这个数据是与我们的直觉相符的，因为 #MentionSomeoneImportantForYou 这个热门主题标签的特性就是为了查询包含很少单词的响应信息。在任何情况下，0.67 的词汇丰富性对于日常人际交流来说已经算很高了，但是考虑到数据的特性，这个值也似乎是很合理的。

- 然而，网络昵称的词汇丰富性更高，为 0.95，这意味着 20 个昵称中就有 19 个是互异的。这个现象也是很合理的，因为对很多问题的回答就是一个昵称，并且大多数人并不会为某个受关注的主题标签提供相同的回复。

- 主题标签的词汇丰富性非常低，大约为 0.068，这表明除了 #MentionSomeone-ImportantForYou 之外只有很少的值在结果中出现多次。同样，这也是很合理的，因为大多数的响应是很短的，而且引入主题标签作为谁是对你重要的人这一问题的回答确实不怎么有效。

- 推文中单词的平均个数很少，略小于 6。由于主题标签是用来查询包含很少单词的响应的，因此这个值也是合理的。

现在，更进一步检视这些数据，看看能否从更加定性的分析中得到常见的响应或者其他见解。考虑到每条推文中单词的个数很少，用户在字数有限的内容中使用缩写的可能性不大，因此数据的噪声量应该非常低，额外的频率分析可能会揭露一些意想不到的事情。

1.4.4 检视转推模式

尽管用户界面和很多 Twitter 客户端已经采用原生的用于填写 retweet_count 和 retweeted_status 等状态值的转推 API 很长时间了，然而一些 Twitter 用户更喜欢附带评论转推（*http://bit.ly/1a1l7FZ*），这就需要通过复制和粘贴文本、在前面添加"RT @*username*"或者加上后缀"/via @*username*"等流程提供相关属性。

 在挖掘 Twitter 数据时，为了最大化分析效率，你可能既想解释推文元数据，又想利用启发规则分析出转推字符串中的特殊记号，例如"RT @*username*"或者"/via @*username*"。9.14 节是对使用 Twitter 原生的转推 API 进行转推和使用传统的方法添加属性引用推文方式之间的比较的更详细的讨论。

此时，更好的做法是深入分析数据从而判断是否存在某条推文被大量转推或者仅有很多"一次性的"转推。寻找最流行的转推的方法是简单地对每一条状态更新进行迭代，如果该状态更新是转推，就存储转推数量、转推发起者和转推内容。示例 1-10 演示了如何使用列表解析获取这些值并且对转推数量进行排序从而显示排名最高的几条结果。

示例 1-10：寻找最流行的转推

```
retweets = [
            # Store out a tuple of these three values...
            (status['retweet_count'],
             status['retweeted_status']['user']['screen_name'],
             status['text'])

            # ... for each status...
            for status in statuses

            # ... so long as the status meets this condition
                if 'retweeted_status' in status.keys()
           ]

# Slice off the first 5 from the sorted results and display each item in the tuple

pt = PrettyTable(field_names=['Count', 'Screen Name', 'Text'])
[ pt.add_row(row) for row in sorted(retweets, reverse=True)[:5] ]
pt.max_width['Text'] = 50
pt.align= 'l'
print(pt)
```

运行示例 1-10：得到的结果非常有意思：

```
+-------+----------------+----------------------------------------------------+
| Count | Screen Name    | Text                                               |
+-------+----------------+----------------------------------------------------+
| 23    | hassanmusician | RT @hassanmusician: #MentionSomeoneImportantForYou |
|       |                | God.                                               |
| 21    | HSweethearts   | RT @HSweethearts: #MentionSomeoneImportantForYou   |
|       |                | my high school sweetheart ♥                        |
| 15    | LosAlejandro_  | RT @LosAlejandro_: ¿Nadie te menciono en           |
|       |                | "#MentionSomeoneImportantForYou"? JAJAJAJAJAJAJA    |
|       |                | JAJAJAJAJAJAJAJAJAJAJAJAJAJAJAJAJAJAJA Ven, ...     |
| 9     | SCOTTSUMME     | RT @SCOTTSUMME: #MentionSomeoneImportantForYou My   |
|       |                | Mum. Shes loving, caring, strong, all in one. I    |
|       |                | love her so much ♥♥♥♥                              |
```

```
| 7      | degrassihaha     | RT @degrassihaha: #MentionSomeoneImportantForYou I |
|        |                  | can't put every Degrassi cast member, crew member, |
|        |                  | and writer in just one tweet....                   |
+--------+------------------+----------------------------------------------------+
```

"God"是列表中的第一个，紧随其后的是"my high school sweetheart"，排名第四的是
"My Mum"。前五个结果中没有一个可以对应到 Twitter 用户账号上，尽管我们可能从之
前的分析中对此（除 @justinbieber 之外）有所猜测。继续观察列表中后面的结果会发现一
些提及的用户，但是我们从查询中获得的样本很少，不足以发现任何趋势。在一个较大规
模样本的结果上进行搜索可能会发现有些用户提及的频率大于 1，对此进行进一步分析是
很有趣的。进一步分析的可能性是无限的，到目前为止，希望你跃跃欲试、渴望自己多尝
试一些自定义的查询。

 本章最后有推荐的练习。此外，请务必参考第 9 章作为灵感的源泉：它包括
20 多种代码配方并且以实用指南的方式呈现。

在我们继续之前，值得注意的是我们转推的原始推文极可能（因为这一节中观察的转推的
频率相当低）不在我们的示例搜索结果集里。例如，示例结果中最流行的转推来自昵称为
@hassanmusician 的用户并且被转推了 23 次。然而，对数据进行深入检视会发现，在我们
的搜索结果中我们只收集了 23 个转推中的一个。原始的推文和其他 22 个转推都没有出现
在数据集中。尽管我们可能会好奇哪 22 个用户转推了这条状态，但是这却不会导致任何
特别的问题。

这种问题的答案是非常有价值的，因为它允许我们选取能代表一个概念的内容，比如这里
的"God"，并且能够发现分享相同心情和共同兴趣的用户团体。像之前提到的一样，兴
趣图谱是一种非常便于对包含人物以及他们感兴趣事物的数据进行建模的方法，它是支持
第 8 章分析的主要数据结构。这些用户可能是宗教人士，对他们的特定推文进行深入分析
可能会支持这一推论。示例 1-11 演示了如何使用 GET statuses/retweets/:id API（*http://
bit.ly/2BHBEaq*）寻找这些人。

示例 1-11：寻找转推过状态的用户

```
# Get the original tweet id for a tweet from its retweeted_status node
# and insert it here in place of the sample value that is provided
# from the text of the book

_retweets = twitter_api.statuses.retweets(id=317127304981667841)
print([r['user']['screen_name'] for r in _retweets])
```

这里把对转推这条状态给任何宗教或信仰组织的用户进行深入分析留作一个独立的练习。

1.4.5 使用直方图将频率数据可视化

Jupyter Notebook 的一个非常好的特性是它能够生成和插入高质量的可定制绘图，并将其作为交互式工作流的一部分。特别地，matplotlib（*http://bit.ly/1a1l7Wv*）包和其他科学计算工具在 Jupyter Notebook 中可用，它们非常强大，并且一旦理解了基本的流程你就能很轻松地生成复杂的图表。

为了说明 matplotlib 的绘图功能，我们绘制一些数据的图表并将其显示出来。作为热身，我们考虑将示例 1-9 定义的 words 变量中的结果绘制成图表。在 Counter 的帮助下，我们能够很容易地生成一个排好序的元组列表，其中每一个元组是一个（word，frequency）对。x 轴的值对应元组的索引，y 轴的值对应该元组中单词的频率。将每个单词都作为 x 轴上的标签绘制出来是不实际的，尽管这是 x 轴所代表的含义。图 1-4 显示了示例 1-8 的表格中单词数据的图表。图中 y 轴的值对应一个单词出现的次数。尽管这里没有给出每个单词的标签，但实际上 x 轴的值被排过序了，这样单词频率之间的关系就更加明显了。对每个轴的数据都进行了对数比例的调整，从而将显示的曲线进行了压缩。这张图可以直接在 Jupyter Notebook 上用示例 1-12 所示的代码生成。

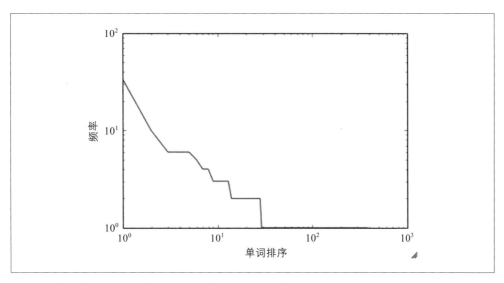

图 1-4：单词按频率排序后的频率图，频率数据由示例 1-8 计算

自从 2014 年以来，启动 IPython 或者 Jupyter Notebook 时已无法再使用标志 --pylab。也是在 2014 年，Fernando Pérez 启动了 Jupyter 项目。为了在 Jupyter Notebook 里启用内联绘制功能，请在代码格里引入 %matplotlib 魔术函数（magics）（*http://bit.ly/2nrbbkQ*），如下所示：

```
%matplotlib inline
```

示例 1.12：绘制单词的频率

```
import matplotlib.pyplot as plt
%matplotlib inline

word_counts = sorted(Counter(words).values(), reverse=True)

plt.loglog(word_counts)
plt.ylabel("Freq")
plt.xlabel("Word Rank")
```

将频率绘制成图是直观而方便的，如果可以进一步把数据的值划分成桶则更有用，其中每个桶对应一个频率的范围。例如，从中我们可以回答多少个单词出现的频率介于 1 ~ 5 之间、5 ~ 10 之间以及 10 ~ 15 之间等。直方图（*http://bit.ly/1a1l6Sk*）就是为此目的而设计的，它提供一个方便的可视化形式来把表中的频率显示为相邻的矩形。这里每个矩形面积度量落入特定频率范围的数据。图 1-5 和图 1-6 分别显示了来自示例 1-8 和示例 1-10 数据的直方图，尽管这些直方图没有 x 轴标签来显示该频率处的单词，但直方图本来就不是为此目的设计的。直方图展示了潜在的频率分布，而 x 轴的频率范围对应一组单词，每个单词的频率落在该范围内，同时 y 轴代表落入该范围的全部单词的总频率。

当解释图 1-5 时，回头看下对应的制表数据，并考虑这里有很多单词、昵称或主题标签只有较低的出现频率（文本中较少出现）。然而当我们把这些低频词合在一起，并放入一个命名为"频率介于 1 ~ 10 之间的单词"的范围中时，我们看到这些低频词构成了文本的大部分。更具体地，我们看到大约 10 个词占了绝大多数，如图中的大矩形的面积，而这里只有几个词拥有更高的频率，分别是" #MentionSomeoneImportantForYou"和" RT"，它们在我们制表数据中的频率分别为 34 和 92。

类似地，我们在解释图 1-6 时看到，有少量的推文被转推的频率大大高于其他仅被单次转推的推文，而后者构成了大部分的面积，见直方图左边的最大矩形。

用于直接在 Jupyter Notebook 中生成这些直方图的代码在示例 1-13 和示例 1-14 中给出。花些时间探索 matplotlib 和其他科学计算工具的功能是值得的。

鉴于如 matplotlib 这样的工具依赖链中的一些动态载入库，安装它们可能会碰到不少困难。付出的努力随工具和操作系统的版本而不同。如果你还没有成功安装这些工具，强烈建议你借助本书的虚拟机体验（参见附录 A 的概述）。

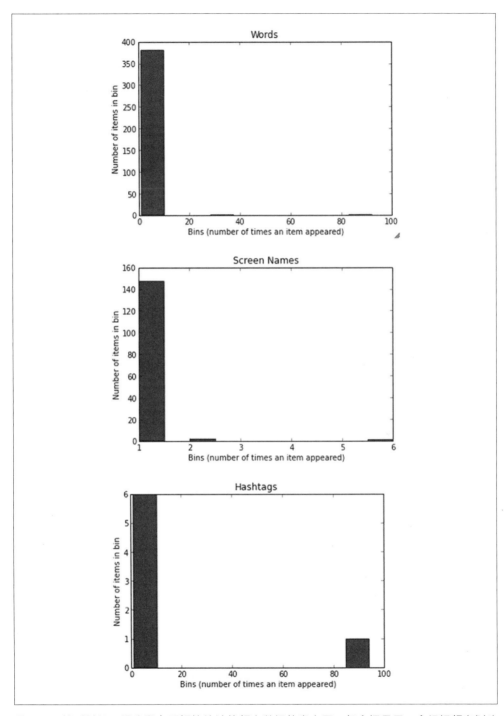

图 1-5：针对单词、昵称和主题标签统计的频率数据的直方图，每个桶显示一个根据频率划分的特定类型的数据

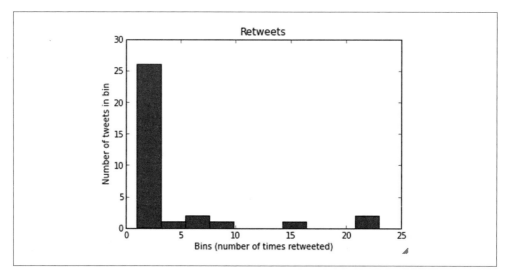

图 1-6：转推频率的直方图

示例 1-13：生成单词、昵称和主题标签的直方图

```
for label, data in (('Words', words),
                    ('Screen Names', screen_names),
                    ('Hashtags', hashtags)):

    # Build a frequency map for each set of data
    # and plot the values
    c = Counter(data)
    plt.hist(c.values())

    # Add a title and y-label...
    plt.title(label)
    plt.ylabel("Number of items in bin")
    plt.xlabel("Bins (number of times an item appeared)")

    # ... and display as a new figure
    plt.figure()
```

示例 1-14：生成转推次数的直方图

```
# Using underscores while unpacking values in
# a tuple is idiomatic for discarding them

counts = [count for count, _, _ in retweets]

plt.hist(counts)
plt.title("Retweets")
plt.xlabel('Bins (number of times retweeted)')
plt.ylabel('Number of tweets in bin')

print(counts)
```

1.5 本章小结

在本章中，我们将 Twitter 作为一个快速增长并且风靡一时的成功技术平台进行了介绍，因为它能够满足人类的一些与沟通、好奇心以及自组织行为相关的基本期望，这些期望产生于混乱的网络动态性。这一章的示例代码旨在让你了解和运行 Twitter API、演示如何轻松地使用 Python 以交互的方式探索和分析 Twitter 数据，并且提供一些可以用于挖掘推文的初始模板。我们从学习如何创建授权的连接开始，然后演示了如何发现特定地区的热门话题、如何搜索有趣的推文以及如何使用基本却非常有效的基于频率分析和简单统计量的技术对这些推文进行分析等一系列例子。尽管这些热门话题看起来有点随意，但是却带给我们了一些有价值的方向以及一些进行深入分析的可能性。

第 9 章包含一些 Twitter 代码配方，它们涉及非常广泛的话题：从获得和分析推文到高效的存储存档推文，再到分析关注者以获取见解的相关技术。

从分析的角度来看，本章的主要的经验是：计数通常是任何有意义的定量分析的第一步。尽管基本的频率分析非常简单，但它是非常强大的工具，很多其他高级的统计学也依赖于它，不应该仅仅因直观而被忽视。相反，正是因为这样做很直观且简单，所以应该经常使用频率分析和词汇丰富性等度量方式。应用最简单的技术得到结果的质量通常（但并不总是）比得上应用那些更复杂的分析方法得到的结果。对于 Twitter 虚拟空间中的数据，这些一般的技术通常会使你靠近问题的答案，"现在人们正在谈论些什么呢？"现在，这是我们都希望知道的东西，不是吗？

本章和其他章列出的源代码可以从 GitHub（*http://bit.ly/Mining-the-Social-Web-3E*）中获得，它们是以方便的 Jupyter Notebook 格式存储的，因此我们强烈建议你在自己的 Web 浏览器中尝试运行这些代码。

1.6 推荐练习

- 收藏 API 参考文档索引（*http://bit.ly/2Nb9CJS*）并且花些时间阅读它。尤其要花一些时间浏览 REST API（*http://bit.ly/2nTNndF*）和 API 对象（*http://bit.ly/2oL2EdC*）方面的信息。

- 熟练地使用 IPython（*http://bit.ly/1a1laRY*）和 Jupyter Notebook（*http://bit.ly/2omIqdG*），把它们作为替代传统 Python 解释器的更高效的选择。在你从事社交网站数据挖掘的职业生涯中，由此节省的时间和提高的生产力是非常可观的。

- 如果你的 Twitter 账号中有大量的推文，那么从账号设置（account setting）(*http://bit.ly/1a1lb8D*) 中请求你的历史推文存档并对它进行分析。导出的账号数据包括以传统的 JSON 格式存储的按时间组织的文件。详细信息请查看包含在下载的存档中的 *README.txt* 文件。你的推文中最常出现的词是哪些？你有多少条推文被转发了（以及你认为为什么会这样）？

- 花些时间，使用命令行工具 Twurl（*http://bit.ly/2NlQlte*）探索 Twitter REST API。尽管在这一章我们选择了编程的方式使用 Python 中的 `twitter` 包，然而控制台对于探索 API、参数的选择等方面是非常有用的。

- 完成一个练习，判断那些转推 "God" 对他们很重要的状态的人是否有宗教信仰，或者依照本章的工作流程分析某一个热门话题或你自己选择的搜索查询。研究一些可用于更加准确查询的高级搜索特性（*http://bit.ly/2xlEHzB*）。

- 研究 Yahoo! GeoPlanet 的 Where On Earth ID API（*http://bit.ly/2MsvwCQ*），这样你就可以比较不同地区的热门话题。

- 仔细了解 `matplolib`（*http://bit.ly/1a1l7Wv*）并且学习如何使用 Jupyter Notebook 创建漂亮的二维和三维数据图表（*http://bit.ly/1a1lccP*）。

- 研究并应用第 9 章的一些练习。

1.7 在线资源

下面是本章的链接清单，对于复习本章内容可能会很有帮助：

- 使用 Jupyter Notebook 绘制漂亮的二维和三维数据图表（*http://bit.ly/1a1lccP*）。

- IPython 的 "魔法函数"（*http://bit.ly/2nII3ce*）。

- json.org（*http://bit.ly/1a1l2lJ*）。

- Python 列表解析（*http://bit.ly/2otMTZc*）。

- 官方 Python 教程（*http://bit.ly/2oLozBz*）。

- OAuth（*http://bit.ly/1a1kZWN*）。

- Twitter API 文档（*http://bit.ly/1a1kSKQ*）。

- Twitter API 速率访问限制 1.1 版本（*http://bit.ly/2MsLpcH*）。

- Twitter 开发者协议和政策（*http://bit.ly/2MSrryS*）。

- Twitter 的 OAuth 文档（*http://bit.ly/2NawA3v*）。

- Twitter 搜索 API 操作符（*http://bit.ly/2xkjW7D*）。

- Twitter 信息流 API（*http://bit.ly/2Qzcdvd*）。

- Twitter 服务条款（*http://bit.ly/1a1kWKB*）。

- Twurl（*http://bit.ly/1a1kZq1*）。

- Yahoo! GeoPlanet 的 Where On Earth ID（*http://bit.ly/2NHdAJB*）。

第 2 章

挖掘 Facebook：分析粉丝页面、查看好友关系等

在这一章，我们将利用（社交）图谱 API 开始进军 Facebook 平台并且探索其中巨大的可能性。由于 Facebook 的 20 亿用户[注1]中超过一半的人每天活跃地更新状态、上传照片、交流信息、实时对话、在实际地点签到、玩游戏、购物以及参加其他任何你可以想象到的活动，因此 Facebook 可以说是社交网络的核心，是一个集全部功能于一身的奇迹。从社交网站数据挖掘的角度看，Facebook 存储的关于个人、团体以及产品的数据财富是非常振奋人心的，因为 Facebook 简洁的 API 展现了将其整合为信息（世界上最珍贵的商品），并且收集有价值观点的令人难以置信的可能性。另外，这种强大的能力带来了巨大的责任，Facebook 已经提交了一套已知最复杂的在线隐私控制（*http://on.fb.me/1a1llg9*），从而保护用户免遭入侵。

值得注意的是，尽管 Facebook 自称是一种社交图谱，同时它也在稳步地转变成一种有价值的兴趣图谱，因为它在 Facebook 页面和显示回应能力（例如点"赞"）中维护了人物与其感兴趣的事物之间的关系。在这方面，你可能会越来越多地听到它被描述为一种"社交兴趣图谱"。在大多数情况下，你可以认定兴趣图谱无疑是存在的，并且可以从多数社交数据源创建。例如，第 1 章中的 Twitter 实际上是一种兴趣图谱，因为它使用了人物、地点或者事物之间非对称的"关注"关系。Facebook 为一种兴趣图谱这个概念将会贯穿在这一章的内容中，在第 8 章我们将会回到从社交数据中明确地创建一个兴趣图谱的构想上。

在本章的余下内容中，我们假设你已拥有一个活跃的 Facebook 账号（*http://on.fb.me/1a1lkcd*），这是使用 Facebook API 必需的。2015 年，Facebook 对其 API 进行了修改

注 1：互联网使用统计（*http://bit.ly/1a1ljF8*）指出，截至 2017 年，全球人口总数大约是 75 亿，而互联网用户接近 39 亿。

（*http://tcrn.ch/2zFetfo*），限制了可供第三方使用的数据。例如，你不能再通过 API 访问你朋友的状态更新或兴趣爱好信息。这一变化是出于对隐私的考虑。由于这些变化，本章将更加关注如何使用 Facebook API 来衡量用户在公共页面（比如产品公司或名人创建的页面）上的参与度。虽然这些网页数据大部分是可访问的，但你也要获取 Facebook 开发者平台的批准，才能访问其中一些特殊内容。

 在 *http://bit.ly/Mining-the-Social-Web-3E* 上可以找到本章（及所有其他章节）最新修复 bug 的源代码。同时也要利用好本书的虚拟机，如附录 A 中描述的，来尽可能地享用示例代码。

2.1 概述

由于这是全书的第 2 章，因此我们将要涉及的概念要比第 1 章里的稍微复杂一些，但是本章内容对于广大读者来说仍然应该是非常容易接受的。在这一章，你将会学习：

- Facebook 的图谱 API 以及如何发起 API 请求。

- 开放图协议（Open Graph Protocol，OGP）以及它与 Facebook 社交图谱（Social Graph）的关系。

- 以编程方式访问公共页面的订阅源（feed），例如大品牌和名人的提要信息。

- 提取关键的社交指标，如点赞（like）、评论和分享的数量，作为衡量受众参与度的度量。

- 使用 Pandas DataFrame 操作数据，然后可视化其结果。

2.2 探索 Facebook 的图谱 API

Facebook 平台是一个成熟、健壮且文档详尽的门户网站，通过它我们可以接触到有史以来积累的最全面并且系统组织的信息存储，无论是从广度还是从深度上来看都是这样的。它的广度体现在其用户群代表了全世界人口的四分之一，而它的深度体现在对于某些特定用户所能了解的信息量上。Twitter 有独特的非对称好友模型，用户可以自由而有条件地关注其他用户而不需要特别的同意，而 Facebook 的好友模型是对称的并且需要用户之间相互同意才能查看对方的交互和活动。

此外，Twitter 中用户间所有的交互除了私人消息之外几乎都是公共状态，而 Facebook 允许更高细粒度的隐私控制，这样好友关系可以像列表一样进行组织和维护，在不同活动中的好友呈现不同的可视级别。比如，你可能选择分享一个链接或一张照片给某一特定列表中的好友而不是你全部的社交网络。

作为一位社交网站数据挖掘者，从 Facebook 提取数据的唯一方法是注册一个应用程序，然后将这个应用程序作为进入 Facebook 开发者平台的切入点。此外，对于一个应用程序唯一可用的数据是用户特别授权它访问的那些。例如，作为编写 Facebook 应用程序的开发者，你将是登录到该应用程序的用户，应用程序将能够访问你显式授权它访问的任何数据。在这种情况下，作为 Facebook 用户你可能会认为应用程序有些像你的 Facebook 好友，因为应用程序可以访问什么最终都受到你的控制并且你可以在任何时候撤销访问授权。Facebook 平台政策文档（*http://bit.ly/1a1lm3C*）是每个 Facebook 开发者必须要阅读的，因为它为 Facebook 用户提供了一套完整的权利和义务以及 Facebook 开发者相关的法律精神和条文。如果你还没有读过，你值得花些时间阅读一下 Facebook 的开发者政策并且收藏 Facebook 开发者首页（*http://bit.ly/1a1lm3Q*），因为它是进入 Facebook 平台及其文档的入口。要记住 API 是可以改变的。出于对安全和隐私的考虑，当你尝试使用 Facebook 平台时，你所拥有的特别授权将受到限制。若要访问某些专题和 API 端点，你必须提交申请（*http://bit.ly/2vDb2B1*）以供审阅并获得批准。只要你遵守服务条款（*http://on.fb.me/1a1lMXM*），你就可以做你想做的事了。

 作为一位挖掘自己的账号的开发者，让你的应用程序访问你的所有账号数据可能不会出现问题。然而，如果你立志要开发一个成功的托管应用程序，且该程序需要访问比完成其任务所需的最小数据量更多的数据，那么请小心，因为很有可能某个用户将无法信任你的应用程序，从而使你的程序无法控制该级别的权限（这是理所当然的）。

虽然随后的章节中我们将会在程序中访问 Facebook 平台，但是 Facebook 提供了许多有用的开发者工具（*http://bit.ly/1a1lnVf*），包括一个图谱 API 管理工具程序（*http://bit.ly/2jd5Xdq*），我们将会使用它初步熟悉社交图谱。这个程序提供了一种直观并且完整的查询社交图谱的方式，一旦你适应了社交图谱的工作方式，那么将查询翻译成 Python 代码就可以实现自动化，而且后续处理将变得十分自然。尽管我们将要讨论图谱 API，但是从精心编写的图谱 API 概述（*http://bit.ly/1a1lobU*）开场是很有益的。

 请注意，Facebook 已停止对其 Facebook 查询语言（Facebook Query Language，FQL）（*http://bit.ly/1a1lmRd*）的支持。从 2016 年 8 月 8 日起，已无法再查询到 FQL。取而代之，开发人员需要进行图形 API 调用。如果你以前开发过一个使用 FQL 的应用，可以使用 Facebook 已经创建的 API 升级工具（*http://bit.ly/2MGU7Z9*）来更新它。

2.2.1 理解图谱 API

正如名字所暗示的，Facebook 的社交图谱是一个大规模的图（*http://bit.ly/1a1loIX*）数据结构，它代表了社会交互并且包含了节点和节点之间的连接。图谱 API 提供了与社交图谱交互的主要方法，熟悉这个 API 的最佳方法是花些时间学习一下图谱 API 管理工具（Graph API Explorer）（*http://bit.ly/2jd5Xdq*）。

注意，图谱 API 管理工具并不是什么特殊的工具。除了能够载入事先保存的访问令牌并调试它们外，它是一种寻常的 Facebook 应用程序并且使用了与其他开发者应用程序一样的开发者 API。实际上，当你有与正在开发的程序的一组特定授权相关联的 OAuth 令牌并且想运行一些查询作为探索性开发工作或调试周期的一部分时，图谱 API 管理工具就会显得非常方便。在编程访问图谱 API 时我们将会回顾这个总体思路。图 2-1 ～图 2-3 说明了单击加号（+）并且添加连接和字段后得到的一系列图谱 API 查询。在上述图中，有一些事项需要我们注意：

图 2-1：使用图谱 API 管理工具程序对社交图谱的一个节点进行查询

访问令牌

出现在应用程序中的访问令牌是一个由登入用户授权的 OAuth（*http://bit.ly/1a1kZWN*）令牌，它和你的应用程序访问数据时所需的 OAuth 令牌是同一个。在这一章，我们会一直使用这个访问令牌，但是你可以参考附录 B 中对 OAuth 的简要介绍，包括为了获得访问令牌在 Facebook 上实现 OAuth 流的细节。正如第 1 章提到的一样，如果这是你第一次遇到 OAuth，你只要知道这个协议是一种网络标准，代表开放授权就够了。简而言之，OAuth 是一种允许用户对第三方应用程序授权，从而使其能够访问这些用户的账号数据而无须共享密码等敏感信息的一种方式。

在实现一个 OAuth 2.0 流的时候，你的应用程序需要获得某个用户的授权，才能访问其账号的数据，详情见附录 B。

节点 ID

该查询的基础是 ID（标识）为"644382747"节点，它对应着名为"Matthew A.Russell"的人，他作为当前登录用户已被图谱 API 管理工具预先加载。节点的"id"和"name"值称为字段。我们以后就会看到查询的基础可以是其他任何节点。这样对图进行遍历以及查询其他节点（可能是人或者事物，如图书或电视表演等）就会非常自然。

关系约束

你可以使用"好友"这个关系对原始查询进行修改，如图 2-2 所示，单击"＋"然后滚动到"关系"弹出菜单中找到"好友"。控制台中出现的"好友"关系代表着那些连接到原始查询节点的节点。现在，你可以在这些节点中单击任何蓝色的"id"字段然后以该节点作为基础初始化一个新的查询。在网络科学的术语中，你得到被称为自我图（ego graph）的图，因为它有一个执行者（或个体）作为焦点或逻辑中心，并且连接到周围的其他节点上。如果你画出来的话，自我图很像是一个轮毂连接许多轮辐。

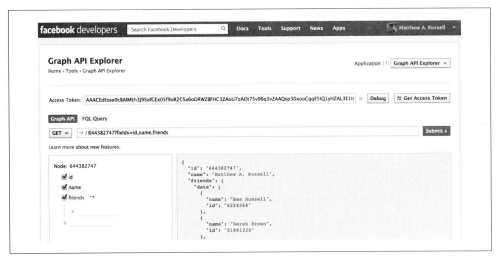

图 2-2：使用图谱 API 管理工具程序逐步构建对一个节点和与朋友关系的查询。需要注意的是某些数据可能需要特权访问，且沙盒应用程序只能访问非常有限的数据。这些年来，Facebook 已经多次改变了其数据政策

"赞"约束

我们可以对每个好友添加"赞"约束从而对原始查询进行更深入的修改，如图 2-3 所示。但是，此数据现在受到限制，应用程序无法再访问你朋友的"赞"信息。Facebook 对其 API 进行了修改，限制了应用程序可以访问的各类信息。

调试

调试按钮对基于访问令牌的授权情况下没有按照期望返回数据的那些查询是很有帮助的。

JSON 响应格式

一个图谱 API 查询的结果是以非常方便的 JSON 格式返回的，我们可以很容易地对其进行操作和处理。

图 2-3：使用图谱 API 管理工具程序逐步构建对好友兴趣的查询：对社交图谱一个节点、与好友之间的关系以及好友的"赞"的查询。这个例子是为了说明问题——Facebook 不断变化的数据政策变得更加严格，更加强调用户隐私

尽管随后我们在这一章将使用一个 Python 包编写程序探索图谱 API，但你可以选择通过图谱 API 管理工具模拟请求从而更加直接地通过 HTTP 创建图谱 API 查询。例如，示例

2-1 使用 requests (*http://bit.ly/1a1lrEt*) 包简化了创建一个获取好友信息以及他们"赞"信息的 HTTP 请求的过程（而不是使用 Python 标准库中更加烦琐的包，比如 urllib）。你可以在终端里使用 **pip install requests** 命令安装该包。查询是由 fields 参数中的值决定的，这与我们在图谱 API 管理工具中以交互方式构建的查询是一样的。我们特别感兴趣的是 likes.limit(10){about} 这个语法使用了图谱 API 中的一个特性——字段扩展 (*http://bit.ly/1a1lsIE*)，该特性允许你在单个 API 调用中进行嵌套的图形查询。

示例 2-1：通过 HTTP 创建图谱 API 请求

```
import requests # pip install requests
import json

base_url = 'https://graph.facebook.com/me'

# Specify which fields to retrieve
fields = 'id,name,likes.limit(10){about}'

url = '{0}?fields={1}&access_token={2}'.format(base_url, fields, ACCESS_TOKEN)

# This API is HTTP-based and could be requested in the browser,
# with a command line utlity like curl, or using just about
# any programming language by making a request to the URL.
# Click the hyperlink that appears in your notebook output
# when you execute this code cell to see for yourself...
print(url)

# Interpret the response as JSON and convert back
# to Python data structures
content = requests.get(url).json()

# Pretty-print the JSON and display it
print(json.dumps(content, indent=1))
```

使用 Facebook 的域扩展语法，可以设置 API 查询的限制和偏移量。第一个示例仅仅是为了说明 Facebook API 是建立在 HTTP 之上的。下列一些字段约束、偏移的例子说明了字段选择器的一些可能情况：

```
# Get 10 of my likes
fields = 'id,name,likes.limit(10)'

# Get the next 10 of my likes
fields = 'id,name,likes.offset(10).limit(10)'
```

Facebook 的 API 会自动对返回的结果进行分页，这意味着如果你的查询有大量的返回结果，API 不会一次将它们全部传递给你。相反，API 会把它们分成块（页）并给你一个指向下一页结果的游标。有关如何通过结果进行分页的更多信息，请参阅分页文档 (*http://bit.ly/1a1ltMP*)。

2.2.2 理解开放图协议

你可以使用强大的图谱 API，遍历社交图谱以及查询熟悉的 Facebook 对象，除此之外，你也应该知道 Facebook 早在 2010 年 4 月就推出的开放图协议（Open Graph Protocol，OGP）（*http://bit.ly/1a1lu3m*），它与社交图谱是在同一届的 F8 会议上公布的。简而言之，OGP 是一种允许开发者向任何页面注入一些 RDFa 元数据（*http://bit.ly/1a1lujR*），从而将网页作为一个 Facebook 社交图谱对象的机制。因此，除了能够在 Facebook 的"围墙花园"内访问图谱 API 参考手册（*http://bit.ly/1a1lvEr*）中描述的一些对象（用户、图片、视频、签到、链接、状态消息等）外，你也可能在网络中遇到过那些被接入到社交图谱并代表一定概念的页面。换句话说，OGP 是一种通往社交图谱的方式，在 Facebook 的开发者文档中这些概念被描述为"开放图"。[注2]

实际上，有很多种方法可以使用 OGP 将网页以有价值的方式接入社交图谱中，很有可能你已经遇到过这些网页却从未意识到。例如，考虑图 2-4，它显示了 IMDb.com（*http://imdb.com/*）中 *The Rock* 这部电影的页面。在右侧的边栏中你会看到一个非常熟悉的"赞"按钮以及"19319 人对它点了赞，快去成为你朋友圈的第一人"这条消息。IMDb 为每个可以纳入社交图谱中的对象 URL 实现 OGP，从而启用了上述功能。页面中有了正确的 RDFa 元数据，然后 Facebook 就能够明确地与这些对象进行联系，并将它们合并到活动流以及 Facebook 用户体验的其他关键因素中。

图 2-4：一个为 *The Rock* 实现 OGP 的 IMDb 页面

OGP 的展示实现成和网页上"赞"按钮很像的话，如果你过去习惯看到它们，那么你会觉得它们是很自然的，但是 Facebook 成功地开放开发其平台并允许任意纳入网络上的对

注 2：贯穿于本节对 OGP 实现的描述，术语"社交图谱"通常同时指代社交图谱和开放图，若有例外，会明确说明。

象，这一做法的影响是非常深远的。

早在 2013 年，Facebook 就实现了一个名为 Facebook Graph Search 的语义搜索引擎。它提供给用户一种可以在搜索栏中进行自然语言查询的方式。例如，你可以在搜索栏上写下"我的朋友住在伦敦，喜欢猫"，它会找到你住在伦敦的朋友也是爱猫之人的交集。但这种新的 Facebook 查询方式没有持续多久。2014 年年底，Facebook 放弃了这一语义搜索功能，转而采用基于关键字的方法。然而，在 Facebook 上的对象与其他构件之间的关系图仍然存在。2017 年 11 月，Facebook 推出了一款名为 Facebook Local 的独立移动应用，该应用以实体场所和事件的关系为中心，并将其社交化。例如，这个应用程序会告诉你哪些餐馆受你在 Facebook 上朋友的欢迎。Facebook 的社交图谱为该应用提供了强大的技术支持。

在讨论图谱 API 查询之前，让我们简要介绍实现 OGP 的要点。OGP 文档中的经典例子说明了如何将 IMDb 中 *The Rock* 的页面变成 OGP 中的一个对象，并将该对象作为使用如下命名空间的 XHTML 文档的一部分：

```
<html xmlns:og="http://ogp.me/ns#">
<head>
<title>The Rock (1996)</title>
<meta property="og:title" content="The Rock" />
<meta property="og:type" content="movie" />
<meta property="og:url" content="http://www.imdb.com/title/tt0117500/" />
<meta property="og:image" content="http://ia.media-imdb.com/images/rock.jpg" />
...
</head>
...
</html>
```

一旦大规模实现，这些元数据就会有巨大的潜力，因为它们支持使用类似 http://www.imdb.com/title/tt0117500 的 URI 以机器可读的方式明确地表示任何网页（无论是人、公司还是产品等），从而进一步推动对语义网的构想。除了能够对 *The Rock* 点"赞"之外，用户可以通过自定义操作与该对象进行交互。例如，因为这是一部电影，用户可以表明他们曾经看过 *The Rock*（*http://bit.ly/2Qx0Kfo*）。OGP 允许用户与对象之间进行一组大范围、灵活的活动，这是社交图谱的一部分。

 如果你还没有浏览该网页的 HTML 源代码，可以通过 *http://www.imdb.com/title/tt0117500* 访问，自己看一看原始的 RDFa 是什么样的。

使用图谱 API 查询开放图对象是非常简单的：在 *http(s)://graph.facebook.com/* 上添加一个网页 URL 或者对象的 ID 就可以获取该对象的详细信息。例如，获取 URL *http://graph.facebook.com/* Web 浏览器中的 *http://www.imdb.com/title/tt0117500* 将返回以下响应信息：

```json
{
    "share": {
        "comment_count": 0,
        "share_count": 1779
    },
    "og_object": {
        "id": "10150461355237868",
        "description": "Directed by Michael Bay.  With Sean Connery, ...",
        "title": "The Rock (1996)",
        "type": "video.movie",
        "updated_time": "2018-09-18T08:39:39+0000"
    },
    "metadata": {
        "fields": [
            {
                "name": "id",
                "description": "The URL being queried",
                "type": "string"
            },
            {
                "name": "app_links",
                "description": "AppLinks data associated with the URL",
                "type": "applinks"
            },
            {
                "name": "development_instant_article",
                "description": "Instant Article object for the URL, in developmen...",
                "type": "instantarticle"
            },
            {
                "name": "instant_article",
                "description": "Instant Article object for the URL",
                "type": "instantarticle"
            },
            {
                "name": "og_object",
                "description": "Open Graph Object for the URL",
                "type": "opengraphobject:generic"
            },
            {
                "name": "ownership_permissions",
                "description": "Permissions based on ownership of the URL",
                "type": "urlownershippermissions"
            }
        ],
        "type": "url"
    },
    "id": "http://www.imdb.com/title/tt0117500"
}
```

如果你查看 URL http://www.imdb.com/title/tt0117500 的源码，你会发现响应信息中的字段与页面 meta 标签中的数据相对应，这并不是巧合。通过一条简单的查询，返回丰富的元数据，这正是 OGP 的设计初衷。使用图谱 API 资源管理器，可以访问图谱中对象周围的更多元数据。试着将 380728101301?metadata=1 粘贴至图谱 API 资源管理器，在这里我们

使用了关于 *The Rock* 的 ID 并请求额外的元数据。下面是一个示例响应：

```
{
  "created_time": "2007-11-18T20:32:10+0000",
  "title": "The Rock (1996)",
  "type": "video.movie",
  "metadata": {
    "fields": [
      {
        "name": "id",
        "description": "The Open Graph object ID",
        "type": "numeric string"
      },
      {
        "name": "admins",
        "description": "A list of admins",
        "type": "list<opengraphobjectprofile>"
      },
      {
        "name": "application",
        "description": "The application that created this object",
        "type": "opengraphobjectprofile"
      },
      {
        "name": "audio",
        "description": "A list of audio URLs",
        "type": "list<opengraphobjectaudio>"
      },
      {
        "name": "context",
        "description": "Context",
        "type": "opengraphcontext"
      },
      {
        "name": "created_time",
        "description": "The time the object was created",
        "type": "datetime"
      },
      {
        "name": "data",
        "description": "Custom properties of the object",
        "type": "opengraphstruct:video.movie"
      },
      {
        "name": "description",
        "description": "A short description of the object",
        "type": "string"
      },
      {
        "name": "determiner",
        "description": "The word that appears before the object's title",
        "type": "string"
      },
      {
        "name": "engagement",
        "description": "The social sentence and like count for this object and
         its associated share. This is the same info used for the like button",
```

```
      "type": "engagement"
    },
    {
      "name": "image",
      "description": "A list of image URLs",
      "type": "list<opengraphobjectimagevideo>"
    },
    {
      "name": "is_scraped",
      "description": "Whether the object has been scraped",
      "type": "bool"
    },
    {
      "name": "locale",
      "description": "The locale the object is in",
      "type": "opengraphobjectlocale"
    },
    {
      "name": "location",
      "description": "The location inherited from Place",
      "type": "location"
    },
    {
      "name": "post_action_id",
      "description": "The action ID that created this object",
      "type": "id"
    },
    {
      "name": "profile_id",
      "description": "The Facebook ID of a user that can be followed",
      "type": "opengraphobjectprofile"
    },
    {
      "name": "restrictions",
      "description": "Any restrictions that are placed on this object",
      "type": "opengraphobjectrestrictions"
    },
    {
      "name": "see_also",
      "description": "An array of URLs of related resources",
      "type": "list<string>"
    },
    {
      "name": "site_name",
      "description": "The name of the web site upon which the object resides",
      "type": "string"
    },
    {
      "name": "title",
      "description": "The title of the object as it should appear in the graph",
      "type": "string"
    },
    {
      "name": "type",
      "description": "The type of the object",
      "type": "string"
    },
```

```
    {
      "name": "updated_time",
      "description": "The last time the object was updated",
      "type": "datetime"
    },
    {
      "name": "video",
      "description": "A list of video URLs",
      "type": "list<opengraphobjectimagevideo>"
    }
  ],
  "type": "opengraphobject:video.movie",
  "connections": {
    "comments": "https://graph.facebook.com/v3.1/380728101301/comments?access
    _token=EAAYvPRk4YUEBAHvVKqnhZBxMDAwBKEpWrsM6J8ZCxHkLu...&pretty=0",
    "likes": "https://graph.facebook.com/v3.1/380728101301...&pretty=0",
    "picture": "https://graph.facebook.com/v3.1/380728101...&pretty=0",
    "reactions": "https://graph.facebook.com/v3.1/38072810...reactions?
    access_token=EAAYvPRk4YUEBAHvVKqnhZBxMDAwBKEpWrsM6J8ZC...&pretty=0"
  }
},
"id": "380728101301"
}
```

metadata.connections 中的项是指向图中其他节点的指针，你可以对它们进行抓取从而获得更多有趣的信息，然而你的发现可能受到 Facebook 隐私设置的严重限制。

 试试使用 Facebook ID "MiningTheSocialWeb" 让图谱 API 管理工具获取本书官方 Facebook 粉丝页面 (*http://on.fb.me/1a1lAI8*) 的详细信息。你同样可以修改示例 2-1，编写程序对 *https://graph.facebook.com/MiningTheSocialWeb* 查询从而获取基本的页面信息，包括发布到页面上的内容。例如，在 URL 后添加 "?fields=posts" 这样的限定符进行查询，将会返回该页面发布内容的列表。

在编写程序访问图谱 API 之前的最后一条建议是：当我们认为 OGP 具有前瞻性和创新性的时候，请不要忘记，它仍然在不断发展。由于它和语义网以及一般网络标准相关，"开放" 这个词的使用 (*http://tcrn.ch/1a1lAYF*) 会让你很自然地产生一些恐慌。规范中的一些问题已经被解决了 (*http://bit.ly/1a1lAbd*) 并且有一些将来有可能被解决。可以认为 OGP 是单一提供商努力的产物，尽管从社会影响看非常不同，但是它的功能和很早之前网络上的 meta 元素 (*http://bit.ly/1a1lBMa*) 不分上下。

OGP 或一些图搜索的继承者是否在某一天能够支配网络是一个具有很大争议性的话题，这种可能性很显然是存在的，种种迹象表明它的成功是趋向积极方向的，很多激动人心的事物将会在未来发生并且创新也将不断持续。既然现在你已经对社交图谱的背景有了全面的了解，让我们回过头熟悉一下如何访问图谱 API。

2.3 分析社交图谱联系

图谱 API 的一个官方 Python SDK (*http://bit.ly/2kpej52*) 是 Facebook 以前维护的代码库 (repository) 的社区版本并且能够使用 **pip install facebook-sdk** 标准命令进行安装。这个包包含了一些非常有用且十分方便的方法，能够使你通过多种方式与 Facebook 进行交互。然而，为了使用图谱 API 获取数据你仅仅需要知道 GraphAPI 类（定义在 *facebook.py* 源文件中）中几个少量的关键方法，因此如果喜欢你可以选择直接使用 requests（如示例 2-1 所示）通过 HTTP 进行查询。这些方法是：

get_object(self, id, **args)
    用法示例：get_object("me", metadata=1)

get_objects(self, id, **args)
    用法示例：get_objects(["me", "some_other_id"], metadata=1)

get_connections(self, id, connection_name, **args)
    用法示例：get_connections("me", "friends", metadata=1)

request(self, path, args=None, post_args=None)
    用法示例：request("search", {"q": "social web", "type": "page"})

虽然 Facebook 对其 API 应用了速率限制 (*http://bit.ly/2iXSeKs*)，但这些限制是按用户计算的。你的应用拥有的用户越多，你的速率限制就越高。但是你仍然应该小心地设计你的应用程序，尽可能少地使用这些 API，并且处理所有 API 错误条件作为推荐的最佳实践。

你将会使用的最常见（并且经常是唯一的）的关键词参数是 metadata=1，它是为了不仅返回对象本身的详细信息还返回与该对象相关的联系。看一下示例 2-2，它引入了 GraphAPI 类并且使用了它们的方法查询与你相关的信息、你的连接或者搜索词。这个示例同样引入了一个叫作 pp 的辅助函数，在这一章里用它将结果显示成格式更加优美的 JSON 从而免去一些输入。

Facebook 的 API 使用已经发生了改变，从 Facebook 页面以可编程方式检索公共内容所需的权限要求提交申请 (*http://bit.ly/2vDb2B1*) 以供审阅和批准。

示例 2-2：使用 Python 查询图谱 API

```
import facebook # pip install facebook-sdk
import json

# A helper function to pretty-print Python objects as JSON
def pp(o):
    print(json.dumps(o, indent=1))

# Create a connection to the Graph API with your access token
g = facebook.GraphAPI(ACCESS_TOKEN, version='2.7')

# Execute a few example queries:

# Get my ID
pp(g.get_object('me'))

# Get the connections to an ID
# Example connection names: 'feed', 'likes', 'groups', 'posts'
pp(g.get_connections(id='me', connection_name='likes'))

# Search for a location, may require approved app
pp(g.request("search", {'type': 'place', 'center': '40.749444, -73.968056',
                        'fields': 'name, location'}))
```

涉及位置搜索的查询是很有趣的，因为它可以从图谱中返回与地理位置接近的纬度和经度位置相对应的项。此查询的一些示例结果如下所示：

```
{
 "data": [
  {
   "name": "United Nations",
   "location": {
   "city": "New York",
   "country": "United States",
   "latitude": 40.748801288774,
   "longitude": -73.968307971954,
   "state": "NY",
   "street": "United Nations Headquarters",
   "zip": "10017"
   },
   "id": "54779960819"
  },
  {
   "name": "United Nations Security Council",
   "location": {
   "city": "New York",
   "country": "United States",
   "latitude": 40.749283619093,
   "longitude": -73.968088677538,
   "state": "NY",
   "street": "760 United Nations Plaza",
   "zip": "10017"
   },
   "id": "113874638768433"
  },
```

```
  {
    "name": "New-York, Time Square",
    "location": {
      "city": "New York",
      "country": "United States",
      "latitude": 40.7515,
      "longitude": -73.97076,
      "state": "NY"
    },
    "id": "1900405660240200"
  },
  {
    "name": "Penn Station, Manhattan, New York",
    "location": {
      "city": "New York",
      "country": "United States",
      "latitude": 40.7499131,
      "longitude": -73.9719497,
      "state": "NY",
      "zip": "10017"
    },
    "id": "1189802214427559"
  },
  {
    "name": "Central Park Manhatan",
    "location": {
      "city": "New York",
      "country": "United States",
      "latitude": 40.7660016,
      "longitude": -73.9765709,
      "state": "NY",
      "zip": "10021"
    },
    "id": "328974237465693"
  },
  {
    "name": "Delegates Lounge, United Nations",
    "location": {
      "city": "New York",
      "country": "United States",
      "latitude": 40.749433,
      "longitude": -73.966938,
      "state": "NY",
      "street": "UN Headquarters, 10017",
      "zip": "10017"
    },
    "id": "198970573596872"
  },
  ...
],
"paging": {
  "cursors": {
    "after": "MjQZD"
  },
  "next": "https://graph.facebook.com/v2.5/search?access_token=..."
}
}
```

如果你使用的是图谱 API 资源管理器，结果将完全相同。在开发过程中，取决于你的具体目标，通常可以将图谱 API 资源管理器和 Jupyter Notebook 结合在一起使用。在探索过程中，图谱 API 资源管理器的优点在于你可轻松地点击 ID 值并且生成新的查询。

现在，你已经体验了图谱 API 管理工具和 Python 控制台本身以及它们所提供的强大功能。既然我们已经翻越了"围墙花园"，让我们将注意转移到分析其中的数据上去。

2.3.1 分析 Facebook 页面

虽然开始时 Facebook 是一种没有社交图谱的纯粹社交网络，难以使商业和其他实体很好地参与进来，但是它很快适应并利用了市场需求。现在商业公司、俱乐部、图书以及其他很多种非个人实体都拥有了包含很大粉丝群的页面。Facebook 页面（*http://on.fb.me/1a1lCzQ*）是商业公司吸引顾客的强大工具，并且 Facebook 煞费苦心地实现了供 Facebook 页面管理者使用的一个小型工具箱来理解他们的粉丝，这个工具被很恰当地称为 Insights（*http://2Ox6w7j/*）。

如果你已经是一位 Facebook 用户了，你很有可能已经"赞"过一个或多个 Facebook 页面，它们代表着你喜欢的或你认为有趣的事物。在这方面，Facebook 页面显著地扩大了社交图谱发展为平台的可能性。通过 Facebook 页面、"赞"按钮和社交图谱框架对非个人用户实体的明确支持，为兴趣图谱平台提供了一个强大的资源库并且带来了远大的前景（参考 1.2 节关于为什么兴趣图谱有如此丰富的使用前景的讨论）。

分析本书的 Facebook 页面

由于本书有相应的 Facebook 页面，该页面正好是搜索" social web"得到的最佳结果。很自然，可以将其作为演示的起点，进行有益的分析[注3]。

下面是关于本书 Facebook 页面（或者其他任何 Facebook 页面）的一些值得考虑的问题：

- 该页面有多么流行？
- 该页面的粉丝参与度如何？
- 该页面的粉丝中有特别直言不讳和乐于参与的吗？
- 该页面上最常讨论的话题是什么？

当你在挖掘 Facebook 页面时，你能从中获得的信息远远超出你能想象到的，你可以对其

注 3：注意 Facebook 将限制未经公司提交和批准的应用程序来访问公共内容。本节中的代码及其输出仅供说明之用。具体内容请查看开发者文档 *https://developers.facebook.com/docs/apps/review*。

图谱 API 提出要求，并且这些问题能够指导你往正确的方向前进。在整个过程中，我们也将会使用这些问题作为与其他页面比较的基础。

回想一下，我们旅程的起点是对"social web"进行的搜索，它通过下面的搜索结果项显示了一本名为 *Mining the Social Web*（本书的英文名）的书：

```
{
 "data": [
  {
   "name": "Mining the Social Web",
   "id": "146803958708175"
  },
  {
   "name": "R: Mining spatial, text, web, and social media",
   "id": "321086594970335"
  }
 ],
 "paging": {
  "cursors": {
   "before": "MAZDZD",
   "after": "MQZDZD"
  }
 }
}
```

对于结果中的每一项，我们可以通过 facebook.GraphAPI 实例的 get_object 方法使用 ID 作为图查询的基础。如果你没有一个可用的数字字符串 ID，你可以根据名字来执行搜索请求并查看结果。然后，使用 get_object 方法，我们可以检索更多信息，例如 Facebook 页面的粉丝数量，如示例 2-3 所示。

示例 2-3：使用图谱 API 查询"Mining the Social Web"并统计粉丝数

```
# Search for a page's ID by name
pp(g.request("search", {'q': 'Mining the Social Web', 'type': 'page'}))

# Grab the ID for the book and check the number of fans
mtsw_id = '146803958708175'
pp(g.get_object(id=mtsw_id, fields=['fan_count']))
```

上述代码的输出如下所示：

```
{
 "data": [
  {
   "name": "Mining the Social Web",
   "id": "146803958708175"
  },
  {
   "name": "R: Mining spatial, text, web, and social media",
   "id": "321086594970335"
  }
 ],
 "paging": {
```

```
    "cursors": {
     "before": "MAZDZD",
     "after": "MQZDZD"
     }
    }
   }
   {
    "fan_count": 2563,
    "id": "146803958708175"
   }
```

在 Facebook 上计算一个页面拥有的粉丝数量，并将其与相似类别的其他页面进行比较，是衡量"品牌"实力的一种方法。本书是一本相当小众的技术书籍，因此将其与拥有 Facebook 页面的 O'Reilly Media 出版的其他书籍进行比较可能是有意义的。

对于任何的流行度分析来说，开展对比对于理解大环境来说是至关重要的。有很多种方式可以进行对比，但是一组惊人的数据是图书出版商 O'Reilly Media（*http://on.fb.me/1a1lD6F*），在撰写本书时它拥有大约 126 000 个"赞"，Python 编程语言（*http://on.fb.me/1a1lD6V*）大约有 121 000 个"赞"。因此，本书的流行度大约是出版商全部粉丝群和编程语言粉丝群的 2%。很明显，尽管本书是小众的，但是其流行度还有很大的提升空间。

尽管更佳的对比对象可能是和本书相似的小众书籍，但是通过查看 Facebook 页面数据我们很难找到任何合适的对比对象。例如，你无法将结果集限制为图书搜索页面从而寻找合适的对比对象。你不得不搜索页面然后通过类别对结果进行过滤从而仅仅获取图书信息。不过，也有一些选择可以考虑。

选择一个类似的 O'Reilly 出版社的书籍进行搜索。例如，在编写本书第 2 版的时候，查询 *Programming Collective Intelligence*（类似的 O'Reilly 小众书籍）的图谱 API 搜索结果显示大约有 925 个"赞"出现在社区页面上。

另一个考虑的选择是利用 Facebook 的 OGP 从而进行对比。例如，O'Reilly 在线目录为所有 O'Reilly 的书籍实现了 OGP，因此本书第 2 版（*http://oreil.ly/1cMLoug*）和 *Programming Collective Intelligence*（*http://oreil.ly/1a1lGzw*）都有"赞"按钮。我们可以很容易地向图谱 API 提交请求，看看哪些数据可用，并且按照如下所示的方式在浏览器中对这些 URL 进行查询：

对 Mining the Social Web 进行图谱 API 查询
   https://graph.facebook.com/http://shop.oreilly.com/product/0636920030195.do

对 Programming Collective Intelligence 进行图谱 API 查询
   https://graph.facebook.com/http://shop.oreilly.com/product/9780596529321.do

从使用 Python 编程进行查询的角度来说，URL 是我们查询（就像我们之前查询的 IMDb

中 *The Rock* 的 URL）的对象，因此在代码中我们可以查询这些对象，如示例 2-4 所示。

示例 2-4：通过 URL 对开放图对象查询图谱 API

```
# MTSW catalog link
pp(g.get_object('http://shop.oreilly.com/product/0636920030195.do'))

# PCI catalog link
pp(g.get_object('http://shop.oreilly.com/product/9780596529321.do'))
```

有一个非常微妙却很重要的区别，请记住虽然 *Mining the Social Web* 的 O'Reilly 目录页面和 Facebook 粉丝页面逻辑上代表同一本书，但是 Facebook 页面和 O'Reilly 目录页面对应的节点（以及附带的元数据，例如"赞"的个数）是完全独立的。只是它们恰巧代表了现实世界中的同一个概念。

一种完全不同的分析方法是实体解析（或是实体消歧，这取决于你如何设计问题），它是将提到的事物聚合成理想概念的过程。例如，在这种情况下，一个实体解析过程将会观测到开放图中有多个节点，它们指代同一个理想概念 *Mining the Social Web* 并且创建互相之间的联系，这表明实际上它们是现实世界中相同的实体。实体解析是一个激动人心的研究领域，并且将来它会继续对我们如何使用数据产生深远的影响。

图 2-5 演示如何使用 Jupyter Notebook 探索图谱 API。

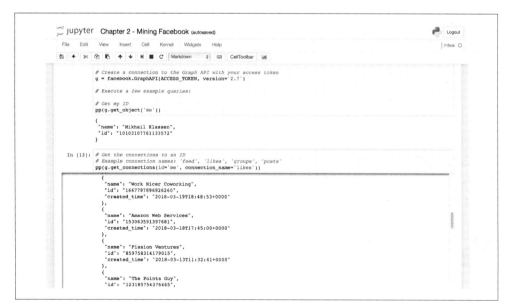

图 2-5：在 Jupyter Notebook 这样的交互式编程环境的帮助下，探索图谱 API 就变得轻而易举

尽管大多数情况下你无法在数据挖掘时找到合适的对比从而得到权威的结果，但是仍然可以学到很多。对一个数据集探索足够长的时间会对数据积累很强的直觉，这经常会为你提供一些有益的见解，而该见解是你第一次遇到问题空间时所需要的。

吸引粉丝并衡量社交媒体品牌实力

当一些名人活跃在社交媒体上时，另一些人将吸引在线观众的任务交给了专门的社交媒体营销或公关团队。Facebook 页面是一种与粉丝交流的好方式，无论你是大明星、YouTube 小明星，或者你只是出于非营利目的自愿运营 Facebook 页面，这都是正常的。

在本节中，我们将探索如何挖掘三位非常受欢迎的音乐家的 Facebook 页面，以了解他们的 Facebook 听众对他们在自己页面上发布的内容的反应的强烈程度。很容易理解为什么这些艺术家（以及他们的宣传经理）会关心这些信息。保持粉丝的参与和联系对于成功的产品发布、销售活动门票或动员粉丝参与某项事业至关重要。

有效地与你的观众沟通是非常重要的，如果你传达的信息有误，你可能被一些最忠实的粉丝抛弃。出于这个原因，艺术家或宣传人员可能想得到一些关于他们的观众在 Facebook 上的参与度的确切数字。这就是本节要做的。

我们选择的艺术家是 Taylor Swift、Drake 和 Beyoncé。每一位艺术家都是非常有成就和才华的，他们的 Facebook 页面都拥有大量的追随者。

 你可以使用前面介绍的搜索工具来找出每个艺术家的页面 ID。当然，虽然这里的例子使用的是 Facebook 页面数据，但这些想法更为常见。你可以尝试从其他平台（如 Twitter）上检索出类似的统计数据。你还可以编写一些代码，在新闻门户网站上爬取你希望关注的某个名人或品牌的信息。如果你曾经使用过 Google Alerts，你就会知道该怎样做了。

在示例 2-5 中，我们根据每位艺术家的页面 ID 来标识他们，可以使用示例 2-3 中的搜索方式来进行检索。然后，我们定义一个辅助函数，用于检索页面粉丝数量。我们将这些数字保存到三个不同的变量中，然后打印结果。

 在撰写本书时，为了从 Facebook 上检索公共页面内容，开发者的应用程序必须通过开发者平台提交审查（*http://bit.ly/2vDb2B1*）并获得批准。这是对 Facebook 努力提高平台安全性和防止滥用的响应。

示例 2-5：计算页面粉丝总数

```
# The following code may require the developer's app to be submitted for review and
# approved. See https://developers.facebook.com/docs/apps/review.

# Take, for example, three popular musicians and their page IDs
taylor_swift_id = '19614945368'
drake_id = '83711079303'
beyonce_id = '28940545600'

# Declare a helper function for retrieving the total number of fans ('likes')
# a page has
def get_total_fans(page_id):
    return int(g.get_object(id=page_id, fields=['fan_count'])['fan_count'])

tswift_fans = get_total_fans(taylor_swift_id)
drake_fans = get_total_fans(drake_id)
beyonce_fans = get_total_fans(beyonce_id)

print('Taylor Swift: {0} fans on Facebook'.format(tswift_fans))
print('Drake:        {0} fans on Facebook'.format(drake_fans))
print('Beyoncé:      {0} fans on Facebook'.format(beyonce_fans))
```

运行结果如下所示：

```
Taylor Swift: 73896104 fans on Facebook
Drake:        35821534 fans on Facebook
Beyoncé:      63974894 fans on Facebook
```

Facebook 上的粉丝总数是衡量一个页面受欢迎程度的首要的也是最基本的指标。然而，我们不知道这些粉丝有多活跃、他们对一个帖子的反应有多大，或者他们是否会通过评论或分享来参与其中。对页面所有者而言，参与帖子的不同方式是非常重要的，因为每个粉丝在 Facebook 上都可能有很多朋友，Facebook 订阅源算法通常会将自己的活动呈现给朋友。这意味着，活跃的粉丝将使得更多的人看到帖子，更多的宣传将转化为更多的关注、更多的粉丝、更多的点击、更多的销售量，或更多你试图推动的任何其他指标。

在测量参与度的过程中，你需要检索一个页面的订阅源。这涉及通过页面的 ID 连接到图谱 API 并选择帖子。每个帖子都将作为一个 JSON 对象返回，其中包含大量丰富的元数据。Python 将 JSON 对象视为带有键和值的字典。

在示例 2-6 中，我们首先定义一个函数，该函数检索一个页面的订阅源并将订阅源的所有数据串联到一个列表中，返回具体的帖子数量。由于 API 可自动对结果分页，函数将继续执行分页，直到达到具体的帖子数，然后返回该数字。现在我们可以从页面的订阅源中构建帖子数据列表，我们希望能够从这些帖子中提取信息。我们可能对帖子的内容感兴趣，例如给粉丝的消息，因此使用辅助函数来提取并返回帖子的消息。

示例 2-6：检索页面的订阅源

```
# Declare a helper function for retrieving the official feed from a given page
def retrieve_page_feed(page_id, n_posts):
```

```
"""Retrieve the first n_posts from a page's feed in reverse
chronological order."""
feed = g.get_connections(page_id, 'posts')
posts = []
posts.extend(feed['data'])

while len(posts) < n_posts:
    try:
        feed = requests.get(feed['paging']['next']).json()
        posts.extend(feed['data'])
    except KeyError:
        # When there are no more posts in the feed, break
        print('Reached end of feed.')
        break

if len(posts) > n_posts:
    posts = posts[:n_posts]

print('{} items retrieved from feed'.format(len(posts)))
return posts

# Declare a helper function for returning the message content of a post
def get_post_message(post):
    try:
        message = post['story']
    except KeyError:
        # Post may have 'message' instead of 'story'
        pass
    try:
        message = post['message']
    except KeyError:
        # Post has neither
        message = ''
    return message.replace('\n', ' ')

# Retrieve the last 5 items from the feeds
for artist in [taylor_swift_id, drake_id, beyonce_id]:
    print()
    feed = retrieve_page_feed(artist, 5)
    for i, post in enumerate(feed):
        message = get_post_message(post)[:50]
        print('{0} - {1}...'.format(i+1, message))
```

在最后一段代码中，我们循环遍历了示例中的三位艺术家，并在他们的订阅源中检索最近的 5 篇文章，只在屏幕上打印每篇的前 50 个字符。输出结果是：

```
5 items retrieved from feed
1 - Check out a key moment in Taylor writing "This Is ...
2 - ...
3 - ...
4 - The Swift Life is available for free worldwide in ...
5 - #TheSwiftLife App is available NOW for free in the...

5 items retrieved from feed
1 - ...
2 - http://www.hollywoodreporter.com/features/drakes-h...
```

```
3 - ...
4 - Tickets On Sale Friday, September 15....
5 - https://www.youcaring.com/jjwatt...

5 items retrieved from feed
1 - ...
2 - ...
3 - ...
4 - New Shop Beyoncé 2017 Holiday Capsule: shop.beyonc...
5 - Happy Thiccsgiving. www.beyonce.com...
```

仅用省略号（...）标记项表示不包含文本（回想一下，Facebook 也允许你将视频和照片发布到订阅源中）。

Facebook 允许其用户以多种方式参与一篇帖子。"赞"按钮最早出现在 2009 年，它对所有社交媒体来说都是一种变革。因为 Facebook 和其他许多社交媒体平台都被广告商使用，所以"赞"按钮或类似的东西发出了一个强烈的信号，即一条消息正在与其目标受众产生共鸣。毫无疑问，这也带来了一些意想不到的后果，许多人越来越多地定制他们发布的内容，以便产生更能被点"赞"的内容。

2016 年，Facebook 扩展了那些可能的回应，增加了"爱""哈哈""哇""悲伤"和"愤怒"。到了 2017 年 5 月，用户就可以对评论发出类似的回应了。

除了情绪化的回应，用户还可以通过评论或分享来参与帖子。这些活动中的任何一个都增加了原始帖子出现在其他用户的新闻推送上的可能性。我们需要可行的手段来衡量有多少用户以上述任何一种方式来响应一个页面的帖子。为了简单起见，我们将情绪化回应限定为点击了"赞"按钮，为了从更细粒度探究这些响应，要进一步修改代码。

一篇帖子产生的回复数量与帖子的读者数量大致成正比。一个页面拥有的粉丝数量是衡量一个帖子受众规模的粗略指标，尽管不是所有的粉丝都一定会看到每个帖子。没有人知道 Facebook 专有的订阅源算法能决定什么，但帖子作者可以通过向 Facebook 支付广告费来"提升"博文的知名度。

假设在我们的例子中，每个艺术家的整个粉丝团总能看到每个帖子。我们想通过"赞"、评论或分享帖子来衡量艺术家的粉丝团中有多少人参与了帖子。这让我们可以更好地比较每个艺术家的粉丝团：谁的粉丝最活跃？谁分享得最多？

如果你是为其中一个艺术家服务的宣传人员，试图将每个帖子的参与度最大化，你可能会好奇哪些帖子做得最好。相对于照片或文字，你客户的粉丝是对视频内容的反应更强烈吗？粉丝是在一周中的哪一天、一天中的哪个时间段更活跃？最后的关于推送时间的问题对 Facebook 来说并不重要，因为订阅源算法控制谁能看到什么，然而这正是你要研究的问题。

在示例2-7中，我们将不同的代码片段组合在一起。辅助函数 measure_response 用于计算每个帖子上的"赞"、分享和评论的数量，另一个名为 measure_engagement 的辅助函数将这些数字与页面的粉丝总数进行比较。

示例 2-7：测量参与度

```
# Measure the response to a post in terms of likes, shares, and comments
def measure_response(post_id):
    """Returns the number of likes, shares, and comments on a
    given post as a measure of user engagement."""
    likes = g.get_object(id=post_id,
                         fields=['likes.limit(0).summary(true)'])\
                        ['likes']['summary']['total_count']
    shares = g.get_object(id=post_id,
                         fields=['shares.limit(0).summary(true)'])\
                        ['shares']['count']
    comments = g.get_object(id=post_id,
                         fields=['comments.limit(0).summary(true)'])\
                        ['comments']['summary']['total_count']
    return likes, shares, comments

# Measure the relative share of a page's fans engaging with a post
def measure_engagement(post_id, total_fans):
    """Returns the number of likes, shares, and comments on a
    given post as a measure of user engagement."""
    likes = g.get_object(id=post_id,
                         fields=['likes.limit(0).summary(true)'])\
                        ['likes']['summary']['total_count']
    shares = g.get_object(id=post_id,
                         fields=['shares.limit(0).summary(true)'])\
                        ['shares']['count']
    comments = g.get_object(id=post_id,
                         fields=['comments.limit(0).summary(true)'])\
                        ['comments']['summary']['total_count']
    likes_pct = likes / total_fans * 100.0
    shares_pct = shares / total_fans * 100.0
    comments_pct = comments / total_fans * 100.0
    return likes_pct, shares_pct, comments_pct

# Retrieve the last 5 items from the artists' feeds, and print the
# reaction and the degree of engagement
artist_dict = {'Taylor Swift': taylor_swift_id,
               'Drake': drake_id,
               'Beyoncé': beyonce_id}
for name, page_id in artist_dict.items():
    print()
    print(name)
    print('------------')
    feed = retrieve_page_feed(page_id, 5)
    total_fans = get_total_fans(page_id)

    for i, post in enumerate(feed):
        message = get_post_message(post)[:30]
        post_id = post['id']
        likes, shares, comments = measure_response(post_id)
        likes_pct, shares_pct, comments_pct = measure_engagement(post_id, total_fans)
```

```
print('{0} - {1}...'.format(i+1, message))
print('    Likes {0} ({1:7.5f}%)'.format(likes, likes_pct))
print('    Shares {0} ({1:7.5f}%)'.format(shares, shares_pct))
print('    Comments {0} ({1:7.5f}%)'.format(comments, comments_pct))
```

在我们的示例中，每次循环调用三个艺术家中的一个，并测量粉丝的参与度，可以得到以下输出：

```
Taylor Swift
------------
5 items retrieved from feed
1 - Check out a key moment in Tayl...
    Likes 33134 (0.04486%)
    Shares 1993 (0.00270%)
    Comments 1373 (0.00186%)
2 - ...
    Likes 8282 (0.01121%)
    Shares 19 (0.00003%)
    Comments 353 (0.00048%)
3 - ...
    Likes 11083 (0.01500%)
    Shares 8 (0.00001%)
    Comments 383 (0.00052%)
4 - The Swift Life is available fo...
    Likes 39237 (0.05312%)
    Shares 926 (0.00125%)
    Comments 1012 (0.00137%)
5 - #TheSwiftLife App is available...
    Likes 60721 (0.08221%)
    Shares 1895 (0.00257%)
    Comments 2105 (0.00285%)

Drake
------------
5 items retrieved from feed
1 - ...
    Likes 23938 (0.06685%)
    Shares 2907 (0.00812%)
    Comments 3785 (0.01057%)
2 - http://www.hollywoodreporter.c...
    Likes 4474 (0.01250%)
    Shares 166 (0.00046%)
    Comments 310 (0.00087%)
3 - ...
    Likes 44887 (0.12536%)
    Shares 8 (0.00002%)
    Comments 1895 (0.00529%)
4 - Tickets On Sale Friday, Septem...
    Likes 19003 (0.05307%)
    Shares 1343 (0.00375%)
    Comments 6459 (0.01804%)
5 - https://www.youcaring.com/jjwa...
    Likes 17109 (0.04778%)
    Shares 1777 (0.00496%)
    Comments 859 (0.00240%)
```

```
Beyoncé
-----------
5 items retrieved from feed
1 - ...
     Likes 8328 (0.01303%)
     Shares 134 (0.00021%)
     Comments 296 (0.00046%)
2 - ...
     Likes 18545 (0.02901%)
     Shares 250 (0.00039%)
     Comments 819 (0.00128%)
3 - ...
     Likes 21589 (0.03377%)
     Shares 460 (0.00072%)
     Comments 453 (0.00071%)
4 - New Shop Beyoncé 2017 Holiday ...
     Likes 10717 (0.01676%)
     Shares 246 (0.00038%)
     Comments 376 (0.00059%)
5 - Happy Thiccsgiving. www.beyonc...
     Likes 25497 (0.03988%)
     Shares 653 (0.00102%)
     Comments 610 (0.00095%)
```

可以看出只有 0.04% 的粉丝参与到一个帖子上，这个规模是很小的，但是要记住大多数人对他们看到的大多数帖子都没有任何反应。当你拥有千万粉丝的时候，哪怕能动员一小部分人也会产生巨大的影响。

2.3.2 使用 pandas 操作数据

pandas 的 Python 库已经成为每个数据科学家工具包中必备的工具，我们将在本书的各个部分中使用它。它提供了用于保存表格数据的高性能数据结构和用 Python 编写的强大数据分析工具，其中一些需计算加速的部分使用 C 语言或 Python 进行了优化。该项目由 Wes McKinney 于 2008 年启动，用于分析财务数据。

DataFrame 是由 pandas 提供的一种新的核心数据结构，它本质上类似于数据库或表。它可标记数据列并形成一个索引。它可优雅地处理丢失的数据，支持时间序列数据和时间索引，易于合并和切片数据，并有许多方便的方式来读取和写入数据。

要想学习更多信息，请查看 pandas GitHub 存储库（*http://bit.ly/2C2k4gt*）和它的官方文档（*http://bit.ly/2BRE3vC*）。如果想快速上手，请查看"10 Minutes to pandas"（*http://bit.ly/2Dyd20w*）教程。

使用 matplotlib 可视化观众参与度

现在，我们有了测量 Facebook 页面帖子参与度所需的工具，但我们希望能够轻松地对不同的页面进行相互比较（除了音乐家之外，你可能会看到你公司的页面吸引关注者的程度，你会想对你所在行业中的竞争对手进行比较）。

我们需要某种方法来轻松地将多源的数据聚合到一个表中，这样就可以轻松地对其进行操作，并可用这些数据生成一些快速图表。pandas Python 库的真正亮点就在于此。它提供了一组强大的数据结构和分析工具的函数库，将使数据科学家或分析师的工作变得更容易。

在下面的示例中，我们将本章前面部分使用的三位音乐家作为例子，从他们的页面中收集数据，并将所有数据存储在 pandas DataFrame 中，它是一个由该库提供的表格数据结构。

pandas 很容易安装，在命令行中键入 **pip install -U pandas** 即可，-U 标志将确保你安装的是最新版本。

我们将示例 2-8 作为开始，来定义保存我们数据的空 DataFrame 列。

示例 2-8：定义一个空 pandas DataFrame

```
import pandas as pd  # pip install pandas

# Create a pandas DataFrame to contain artist page
# feed information
columns = ['Name',
           'Total Fans',
           'Post Number',
           'Post Date',
           'Headline',
           'Likes',
           'Shares',
           'Comments',
           'Rel. Likes',
           'Rel. Shares',
           'Rel. Comments']
musicians = pd.DataFrame(columns=columns)
```

在这里，我们将简单描述一下我们感兴趣的列。当我们循环浏览每个音乐家的订阅源中的帖子时，我们将得到每个帖子的"赞"、分享和评论的度量，以及每个帖子的相对度量（即，艺术家的粉丝中有反应的那一部分）。如何实现上述任务，见示例 2-9。

示例 2-9：在 pandas DataFrame 中存储数据

```
# Build the DataFrame by adding the last 10 posts and their audience
# reaction measures for each of the artists
for page_id in [taylor_swift_id, drake_id, beyonce_id]:
    name = g.get_object(id=page_id)['name']
    fans = get_total_fans(page_id)
    feed = retrieve_page_feed(page_id, 10)
    for i, post in enumerate(feed):
        likes, shares, comments = measure_response(post['id'])
        likes_pct, shares_pct, comments_pct = measure_engagement(post['id'], fans)
        musicians = musicians.append({'Name': name,
                                      'Total Fans': fans,
                                      'Post Number': i+1,
```

```
                                        'Post Date': post['created_time'],
                                        'Headline': get_post_message(post),
                                        'Likes': likes,
                                        'Shares': shares,
                                        'Comments': comments,
                                        'Rel. Likes': likes_pct,
                                        'Rel. Shares': shares_pct,
                                        'Rel. Comments': comments_pct,
                                    }, ignore_index=True)
# Fix the dtype of a few columns
for col in ['Post Number', 'Total Fans', 'Likes', 'Shares', 'Comments']:
    musicians[col] = musicians[col].astype(int)
```

从页面订阅源中, 我们通过页面 ID 逐页循环访问每个艺术家的页面, 检索名称、粉丝数量和最近 10 个帖子。然后, 用一个内部 for 循环对订阅源中的 10 个帖子中的每一个进行遍历, 得到 "赞"、分享和评论的总数, 并计算出其占粉丝团总数的百分比。所有信息被写入 DataFrame 中的一行。通过将 ignore_index 关键字设置为 True, 表明每一行没有预先设定索引并且在添加行时 pandas 将枚举出这些行。

示例的最后一个循环中修改了几列数值数据的数据类型 (dtype), 以便 pandas 知道它们是整型数, 不是浮点数或其他类型的数据。

运行这段代码可能是比较耗时的, 因为数据是通过 Facebook 的 API 聚合而来的, 但最终我们将得到一张吸引人的表。.pandas DataFrame 定义了一个名为 .head() 的便利方法, 使用它你可预览表的前 5 行 (见图 2-6)。我们强烈推荐用 Jupyter Notebook (*http://bit.ly/2omIqdG*) 来执行探索性的数据分析, 例如本书附带的 GitHub 存储库 (*http://bit.ly/Mining-the-Social-Web-3E*) 提供的内容。

	Name	Total Fans	Post Number	Post Date	Headline	Likes	Shares	Comments	Rel. Likes	Rel. Shares	Rel. Comments
0	Taylor Swift	73862332	1	2017-12-19T17:07:33+0000	Check out a key moment in Taylor writing "This...	33134	1994	1373	0.044859	0.002700	0.001859
1	Taylor Swift	73862332	2	2017-12-17T16:42:38+0000		8282	19	353	0.011213	0.000026	0.000478
2	Taylor Swift	73862332	3	2017-12-17T03:51:04+0000		11083	8	383	0.015004	0.000011	0.000519
3	Taylor Swift	73862332	4	2017-12-16T20:19:52+0000	The Swift Life is available for free worldwide...	39237	925	1012	0.053122	0.001252	0.001370
4	Taylor Swift	73862332	5	2017-12-15T13:18:45+0000	#TheSwiftLife App is available NOW for free in...	60721	1895	2105	0.082210	0.002566	0.002850

图 2-6: "musicians" pandas DataFrame 的前五行

pandas DataFrame 中定义了一些绘图函数, 可以方便快速地可视化数据。这些函数在后端调用 matplotlib, 因此请确认已安装了 matplotlib 库。

示例 2-10 显示 pandas 具有良好的索引特性。我们得到了 musicians DataFrame, 并在 Name 列与 Drake 相匹配的行上建立索引。这使得我们可以对与 Drake 相关的数据执行进一步操作, 而不是 Taylor Swift 或 Beyoncé 的数据。

示例 2-10: 利用 pandas DataFrame 绘制条形图

```
import matplotlib # pip install matplotlib

musicians[musicians['Name'] == 'Drake'].plot(x='Post Number', y='Likes', kind='bar')
musicians[musicians['Name'] == 'Drake'].plot(x='Post Number', y='Shares', kind='bar')
musicians[musicians['Name'] == 'Drake'].plot(x='Post Number',
                                             y='Comments', kind='bar')
```

这段代码生成了一个条形图（见图 2-7），显示了 Drake 的 Facebook 页面上最近 10 个帖子所产生的"赞"的数量。

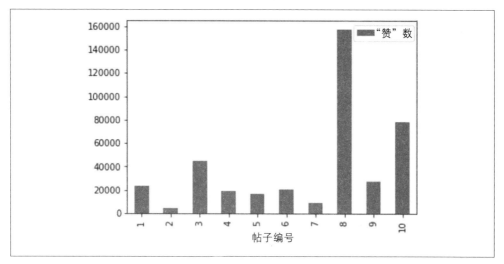

图 2-7：最近 10 个帖子中收到的"赞数"的条形图

从图 2-7 可以明显看出帖子 8 表现非常出色，它可能是我们感兴趣的。同样有趣的是，我们可以看到这些帖子在粉丝总数中所占的比例，如图 2-8 所示。

帖子 8 吸引了 0.4% 的观众，这可能是一个相对较大的数量。

假设你现在想对三位艺术家的数据进行对比。目前，DataFrame 的索引只是一个无趣的行号，但是我们可以将其修改成可帮助我们更好地操作数据的更有意义的形式，我们通过设置多索引（multi-index）来对 DataFrame 进行微小的修改。

多索引是一种层次索引。对我们来说，最重要的是艺术家的名字：Taylor Swift、Drake 和 Beyoncé。其次是帖子编号（从 1 到 10）。最终将指定艺术家和帖子编号结合在一起来表示 DataFrame 中的一行。

示例 2-11 给出了设置多索引的实现代码。

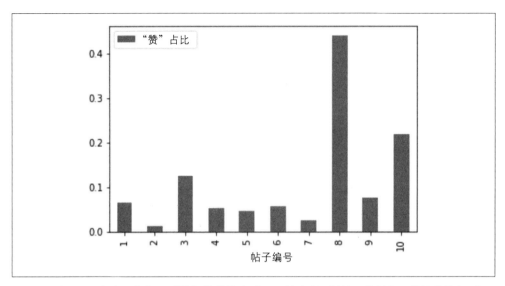

图 2-8：最近 10 个帖子中收到"赞"的数量除以页面关注者（粉丝）数量得到的比值的条形图

示例 2-11：*在 DataFrame 上设置多索引*

```
# Reset the index to a multi-index
musicians = musicians.set_index(['Name','Post Number'])
```

设置好多索引后，我们还可以使用 unstack 方法对数据执行强大的旋转操作，如示例 2-12 所示。图 2-9 显示了应用旋转操作后 DataFrame 的行信息。

示例 2-12：*使用 unstack 方法旋转 DataFrame*

```
# The unstack method pivots the index labels
# and lets you get data columns grouped by artist
musicians.unstack(level=0)['Likes']
```

Name	Beyoncé	Drake	Taylor Swift
Post Number			
1	8328	23938	33134
2	18545	4474	8282
3	21589	44887	11083
4	10717	19003	39237
5	25497	17109	60721
6	17744	20328	41359
7	8934	9178	54012
8	10605	157515	29189
9	72254	27186	38439
10	10889	78674	33159

图 2-9：示例 2-12 产生的 DataFrame

当然，这种信息在视觉上更容易理解，所以我们使用内置的绘图操作来生成另一个条形图，如示例 2-13 所示。

示例 2-13：生成最近 10 个帖子中每个帖子和每个艺术家的总"赞"数的条形图

```
# Plot the comparative reactions to each artist's last 10 Facebook posts
plot = musicians.unstack(level=0)['Likes'].plot(kind='bar', subplots=False,
                                                figsize=(10,5), width=0.8)
plot.set_xlabel('10 Latest Posts')
plot.set_ylabel('Number of Likes Received')
```

其结果如图 2-10 所示。

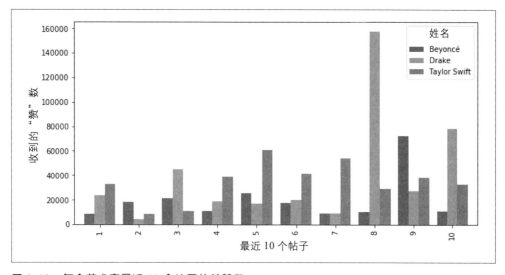

图 2-10：每个艺术家最近 10 个帖子的总赞数

为了方便地对不同数据集彼此之间进行对比。接下来，由于每个艺术家都有不同大小的粉丝团，我们用每个艺术家的粉丝（页面关注者）总数来规范化地表示"赞"数，如示例 2-14 所示。

示例 2-14：生成最近 10 个帖子中每个帖子和每个艺术家的点赞相对数量的条形图

```
# Plot the engagement of each artist's Facebook fan base with the last 10 posts
plot = musicians.unstack(level=0)['Rel. Likes'].plot(kind='bar', subplots=False,
                                                figsize=(10,5), width=0.8)
plot.set_xlabel('10 Latest Posts')
plot.set_ylabel('Likes / Total Fans (%)')
```

条形图显示的结果，如图 2-11 所示。

我们从中注意到，尽管 Drake 在 Facebook 上的粉丝比 Beyoncé 或 Taylor Swift 少得多，但他在 Facebook 页面上的许多帖子还是从他的粉丝团中获得了更多的"赞"。虽然这不是决定性的，但可能意味着 Drake 的粉丝虽然数量较少，但在 Facebook 上的忠诚和活跃程度更高。或者，这可能意味着 Drake（或者他的社交媒体经理）非常擅长在 Facebook 上发布吸引度高的内容。

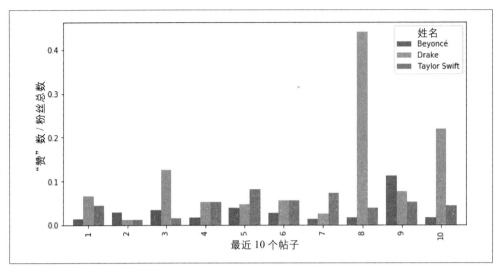

图 2-11：每位艺术家在最近 10 个帖子中每个帖子收到的"赞"的相对数量

更深入的分析可能会考虑到每个帖子的内容、内容类型（文本、图像或视频）、评论中的用词，以及其他的反应（除了"赞"之外）是什么。

计算平均参与度

多索引 DataFrame 的另一个有用特性在于能够根据索引进行统计计算。我们可以看到三位音乐家中每一位最近 10 篇帖子的表现。使用示例 2-15 中的代码，我们可以计算出每个艺术家收到的"赞"、分享或评论的相对数量平均值。

示例 2-15：计算最近 10 个帖子的平均参与度

```
print('Average Likes / Total Fans')
print(musicians.unstack(level=0)['Rel. Likes'].mean())

print('\nAverage Shares / Total Fans')
print(musicians.unstack(level=0)['Rel. Shares'].mean())

print('\nAverage Comments / Total Fans')
print(musicians.unstack(level=0)['Rel. Comments'].mean())
```

我们再次使用 unstack 方法来旋转表，以便按艺术家的名字对每个原始列（"赞""分享""注释占比"等）进行子索引。现在 DataFrame 中仅有的行是按文章编号排序的单独的帖子。

示例 2-15 显示了我们将如何选择一个感兴趣的变量，比如 Rel.Likes（赞占比），并计算此列的平均值。

示例 2-15 的输出结果如下：

```
Average Likes / Total Fans
Name
Beyoncé          0.032084
Drake            0.112352
Taylor Swift     0.047198
dtype: float64

Average Shares / Total Fans
Name
Beyoncé          0.000945
Drake            0.017613
Taylor Swift     0.001962
dtype: float64

Average Comments / Total Fans
Name
Beyoncé          0.001024
Drake            0.016322
Taylor Swift     0.002238
dtype: float64
```

2.4 本章小结

本章的目标是教会你如下几件事情：如何使用图谱 API、OGP 如何在任意两个网页和 Facebook 的社交图谱之间建立连接，以及如何编程查询社交图谱从而对 Facebook 页面和你自己的社交网络获得深入的理解。如果你实践了本章的全部示例，应该很容易就能探测社交图谱从而回答一些很有价值的问题。注意，当探索像 Facebook 社交图谱这样庞大且有趣的数据集时，你需要一个好的切入点。当你调查一个初始查询的谜底时，你很有可能会遵循一个自然的探索过程，它将使你对数据的理解逐渐深入，从而离寻找的答案更进一些。

在 Facebook 上进行数据挖掘的可能性是巨大的，但是要尊重隐私，并且尽可能地遵守 Facebook 的服务条款（*http://on.fb.me/1a1lMXM*）。和 Twitter 以及其他这些本质上更加开放的数据源中的数据不同，Facebook 数据是非常敏感的，特别是当你分析自己的社交网络时。希望这一章清楚地表明了我们可以使用社交数据实现许多激动人心的尝试的可能性，并且 Facebook 隐藏了大量的价值。

 本章和其他章节中列出的源代码可以在 GitHub（*http://bit.ly/1a1kNqy*）中获得，它们是非常方便的 Jupyter Notebook 格式，我们非常推荐你利用 Web 浏览器试验这些程序。

2.5 推荐练习

- 检索 Facebook 里一些你感兴趣事物的粉丝页面上的数据，尝试分析评论流中的自然语言从而获得一些见解。最常见的讨论话题是哪些？你能判断粉丝对一些事物是特别高兴还是沮丧吗？

- 选择两个相同性质的不同粉丝页面然后进行对比。例如，你能从 Chipotle Mexican Grill 和 Taco Bell 识别出哪些相似和不同吗？你能找到任何让人意想不到的事情吗？

- 选择一个在社交媒体上非常活跃的名人或品牌。下载大量他们公开的帖子并且观察：粉丝对这些帖子内容的参与度是否强烈？是否有相关的模式可以遵循？哪些帖子在"赞"、评论或分享方面做得很好？最优秀的帖子之间是否有什么共同点？那些参与度较低的帖子呢？

- Facebook 图谱 API 可用的对象有很多。你是否能够检查类似照片或签到等对象从而发现关于你的网络中某些人的信息？例如，谁发布了最多的图片以及你能够根据评论流确定它们是关于什么的吗？你的好友最常签到的地方是哪里？

- 使用直方图（参见 1.4.5 节）深入分析 Facebook 的页面数据。按每天的各个时段帖子的数量来创建直方图。这些帖子是日夜不停地出现的吗？还是在一天中存在最喜欢的发帖时段呢？

- 更进一步，将一天中什么时间发帖看作帖子的一个时间函数，试着测量帖子被点"赞"的次数。社交媒体营销人员关心的是如何最大化一个帖子的影响力，而时间在这里起着重要作用，尽管通过 Facebook 订阅源算法很难决定你的听众到底什么时候会接触到你的帖子。

2.6 在线资源

下面是本章的链接清单，对于复习本章内容可能会很有帮助：

- Facebook 开发者（*http://bit.ly/1a1lm3Q*）。

- Facebook 开发者分页文档（*http://bit.ly/1a1ltMP*）。

- Facebook 平台政策（*http://bit.ly/1a1lm3C*）。

- 图谱 API 管理工具（*http://bit.ly/2jd5Xdq*）。

- 图谱 API 概述（*http://bit.ly/1a1lobU*）。

- 图谱 API 参考手册（*http://bit.ly/1a1lvEr*）。

- HTML meta 元素（*http://bit.ly/1a1lBMa*）。

- OAuth（*http://bit.ly/1a1kZWN*）。

- 开放图协议（*http://bit.ly/1a1lu3m*）。

- Python Requests 库（*http://bit.ly/1a1lrEt*）。

- RDFa（*http://bit.ly/1a1lujR*）。

第 3 章

挖掘 Instagram：计算机视觉、神经网络、对象识别和人脸检测

前几章我们重点介绍了如何分析从社交网络检索到的基于文本的数据、网络本身的结构及平台所发布内容对网络中人的吸引程度。Instagram 作为一个社交网络，主要是用于图像和视频共享，它于 2010 年推出，并迅速获得普及。该应用程序使得编辑照片和应用各种过滤器变得非常容易。由于它旨在用于智能手机，因而成为一种与全世界分享照片的简便方法。

Facebook 在 Instagram 推出不到两年后就收购了它，截至 2018 年 6 月，该应用每月的用户数量达到惊人的 10 亿，使其成为全球最受欢迎的社交网络之一。

随着社交网络的扩展，科技公司不断寻求从加载到其平台上的所有数据中提取价值的新方法。例如，像 Facebook 和 Google 这样的公司一直积极招聘在机器学习领域拥有专业知识的人，来教计算机识别数据模式。

机器学习的应用是多种多样的：预测你喜欢查看的内容、你最有可能点击的广告、如何最好地自动更正你笨拙地用拇指键入的单词等。与大多数事物一样，机器学习也会被恶意利用，因此了解其应用并倡导更好的数据道德非常重要。

近年来一个令人振奋的技术突破是计算机视觉算法的大幅改进。这些最新的算法正在应用深度神经网络，这些神经网络经过训练，能够识别图像中的物体，这与自动驾驶车辆等事物具有巨大的相关性。人工神经网络是被生物学启发产生的机器学习算法，这种算法必须通过大量例子来进行学习，可以训练识别不同类型的数据（包括图像数据）中的各种模式。

由于 Instagram 是一个着重于共享照片的社交网络，因此挖掘此类数据的最佳方式之一是应用这些类型的神经网络。你要回答的问题是：这是一张什么照片？里面有山吗？有湖泊

吗? 有人吗? 有汽车吗? 有动物吗? 这些类型的算法还可用于过滤发布到网站上的非法或成人内容, 从而使版主能够有条不紊地处理网站上潮水般的数据。

在本章中, 首先, 我们将介绍神经网络的工作原理。我们将构建我们自己的简单神经网络来识别手写数字。好在有一些强大的机器学习库, Python 调用这些库会使这项工作变得相当简单。然后, 我们将使用 Google 的视觉 API 执行一些繁重的工作: 识别 Instagram 订阅源上照片中的对象和人脸。由于我们只是构建一个小型测试应用程序来访问 Instagram 的 API, 因此你只能使用来自自己的订阅源中的照片, 所以为了运行代码示例, 你需要一个 Instagram 账户, 并且至少需要将几张照片发布到平台。

 始终在 GitHub (*http://bit.ly/Mining-the-Social-Web-3E*) 上获取本章 (和所有其他章节) 的最新的修复了 bug 的源代码。请务必利用本书的虚拟机体验, 详见附录 A, 以最大限度地使用示例代码。

3.1 概述

本章介绍机器学习。由于机器学习在人工智能中的应用, 因此引起了广泛关注。成千上万的初创公司已经开始使用机器学习来解决各种各样的问题。在本章中, 我们将研究如何将这项技术应用于图像数据, 这些数据是从以图像为中心的社交媒体平台获取的。特别是, 你将学习到:

- Instagram 的 API 以及如何发出 API 请求。
- 如何结构化通过 Instagram 的 API 检索到的数据。
- 神经网络背后的基本理念。
- 如何使用神经网络 "观察" 图像并识别图像中的对象。
- 如何应用一个强大的预训练的神经网络来识别帖子里的物体和人脸。

3.2 探索 Instagram API

为了访问 Instagram API, 你需要创建一个应用程序 (App) 并注册它。这在 Instagram 开发者平台 (*http://bit.ly/1rbjGmz*) 上很容易做到。在该平台注册一个新客户端, 给它一个名字和描述 (如 "我的测试应用程序"), 并设置一个重定向 URL 到一个网站 (如 *www.google.com*), 一会你就会清楚重定向 URL 的原因。

新创建的客户端以被限制了一些功能的沙盒模式 (*http://bit.ly/2Ia88Nr*) 存在。沙盒模式下的应用程序最多只能有 10 个用户, 并且每个用户只能访问最近发布的 20 个媒体, 沙盒模式下还会对 API 有更严格的速率限制。这些限制是为了让你可以在提交应用供审核之前对其进行测试。Instagram 工作人员会审核你的应用程序，如果你的应用程序在被允许使用的范围内，它就会被审核通过，相应的限制被解除。由于我们的重点是了解 API，所以我们所有的示例都假设应用程序处于沙盒模式。本章的目的是为你提供工具，让你继续自学并构建更复杂的应用程序。

在 2018 年初撰写本章时，许多社交媒体平台正在受到公众越来越多的关注，人们关心它们如何处理数据，以及第三方应用程序能在多大程度上访问用户的数据。尽管发布到 Instagram 的大部分数据是公开的，但 Instagram 正在收紧对其 API 的访问，一些功能正在被弃用。经常查看开发者文档（*http://bit.ly/2Ibb4JL*）以获得最新信息。

3.2.1 建立 Instagram API 请求

图 3-1 显示了沙盒模式下新创建的客户端的界面。既然你已经创建了 API 请求，马上就可以开始发出 API 请求了。在从开发者平台上的客户端管理页面（*http://bit.ly/2IayH4Z*），单击按钮管理新创建的应用程序，然后查找客户端 ID 和客户端密钥，并将它们复制到示例 3-1 的变量声明中。完全按照注册客户端中声明的那样复制网站 URL，并将其粘贴到示例 3-1 的 REDIRECT_URI 变量声明中。

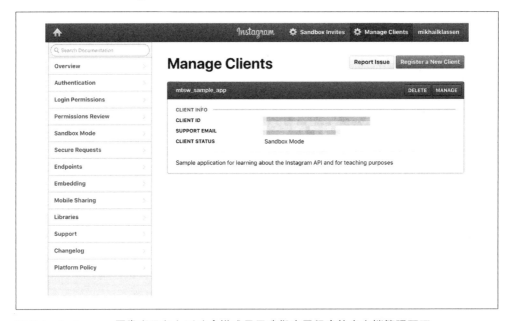

图 3-1：Instagram 开发者平台上以沙盒模式显示我们应用程序的客户端管理页面

示例 3-1：在 Instagram API 上进行身份验证

```
# Fill in your client ID, client secret, and redirect URL

CLIENT_ID = ''
CLIENT_SECRET = ''

REDIRECT_URI = ''

base_url = 'https://api.instagram.com/oauth/authorize/'

url='{}?client_id={}&redirect_uri={}&response_type=code&scope=public_content'\
    .format(base_url, CLIENT_ID, REDIRECT_URI)

print('Click the following URL, \
which will take you to the REDIRECT_URI \
you set in creating the APP.')
print('You may need to log into Instagram.')
print()
print(url)
```

运行此代码将产生类似于以下的输出内容，但在生成的 URL 中具有唯一的 `client_id` 和 `redirect_uri` 参数：

```
Click the following URL, which will take you to the REDIRECT_URI you set in
    creating the APP.
You may need to log into Instagram.

https://api.instagram.com/oauth/authorize/?client_id=...&redirect_uri=...
    &response_type=code&scope=public_content
```

上面的输出中包含一个 URL，你可以将其复制并粘贴到 Web 浏览器的地址栏中。如果点击这个链接，你会被重定向到你的 Instagram 账号，最后重定向到你注册时声明的网址。URL 有一个特殊的令牌，其形式是 *?code=...*。将此代码复制并粘贴到示例 3-2 中，以完成身份验证过程，使你能访问 Instagram API。

示例 3-2：获取访问令牌

```
import requests # pip install requests

CODE = ''

payload = dict(client_id=CLIENT_ID,
               client_secret=CLIFNT_SECRET,
               grant_type='authorization_code',
               redirect_uri=REDIRECT_URI,
               code=CODE)

response = requests.post(
    'https://api.instagram.com/oauth/access_token',
    data = payload)

ACCESS_TOKEN = response.json()['access_token']
```

执行示例 3-2 中的代码将存储一个特殊的访问令牌到 ACCESS_TOKEN 变量中，并且每次发出 API 请求时都将使用此令牌。

最后，通过检索你自己的 Instagram 资料元数据来测试这个应用程序。运行示例 3-3 中的代码将返回一个 JSON 格式的响应，其中包括你的用户名、个人资料图片的位置和个人简介，以及关于你发布的帖子数量、你关注的人数和关注你的人数信息。

示例 3-3：使用你在示例 3-2 中获得的令牌访问平台

```
url = 'https://api.instagram.com/v1/users/self/?access_token='
response = requests.get(url+ACCESS_TOKEN)
print(response.text)
```

结果看起来类似如下信息：

```
{"data": {"id": "...", "username": "mikhailklassen", "profile_picture":
"https://scontent.cdninstagram.com/vp/bf2fed5bbce922f586e55db2944fdc9c/5B908514
/t51.2885-19/s150x150/22071355_923830121108291_7212344241492590592_n.jpg",
"full_name": "Mikhail Klassen", "bio": "Ex-astrophysicist, entrepreneur, traveler,
wine \u0026 spirits geek.\nPhotography: #travel #architecture #art #urban
#outdoors #wine #spirits", "website": "http://www.mikhailklassen.com/",
"is_business": false, "counts": {"media": 162, "follows": 450, "followed_by":
237}}, "meta": {"code": 200}}
```

3.2.2 获取你自己的 Instagram 订阅源

与本书的其他许多章节不同，我们没有使用专用的 Python 库来访问 Instagram 订阅源。在撰写本书时，Instagram 的 API 还在不断变化，Instagram 正在推出其新的 Graph API（*http://bit.ly/2jTGHce*），新的 Graph API 很可能是源于母公司 Facebook 为自己的 Graph API 创建的技术栈（请参阅第 2 章），且一个官方的 Python Instagram 库已经被封存。

相反，我们正在使用 Python 中的 requests（*http://bit.ly/1a1lrEt*）库，它是核心库之一。由于 Instagram 有一个 RESTful API（*http://bit.ly/2rC8oJW*），我们可以使用这个核心 Python 库通过 HTTP 发出 API 请求。这样做的另一个好处是，我们编写的代码是非常透明的，而不是隐藏在一个抽象出了底层的实际情况的包装器后面。你将看到，访问 Instagram API 并不需要很多行代码。

在示例 3-4 中，使用 requests.get() 方法用一行 Python 代码检索你自己订阅的内容，访问代表你的订阅的 API 端点，并使用前面创建的访问令牌进行身份验证。示例的其余部分还包括用于显示图像订阅源的函数。本例运行于 Jupyter Notebook 中，并使用 IPython 小部件（widgets）显示内联图像。

示例 3-4：显示 Instagram 订阅源中的图像和标题

```
from IPython.display import display, Image
url = 'https://api.instagram.com/v1/users/self/media/recent/?access_token='
```

```
response = requests.get(url+ACCESS_TOKEN)
recent_posts = response.json()

def display_image_feed(feed, include_captions=True):
    for post in feed['data']:
        display(Image(url=post['images']['low_resolution']['url']))
        print(post['images']['standard_resolution']['url'])
        if include_captions: print(post['caption']['text'])
        print()
display_image_feed(recent_posts, include_captions=True)
```

从 Instagram API 检索到的 JSON 响应本身并不包含图像数据，而是指向媒体所在位置的链接。出于性能原因，Facebook 和 Instagram 将内容放在数据中心的传送网络（*http://bit.ly/2Gb0DzH*）上，这个网络分布在全球各地，以确保快速交付。

运行示例 3-4 中代码的输出如图 3-2 所示，首先显示一个内联图像，然后显示其公共 URL 和图标题。

```
https://scontent.cdninstagram.com/vp/d865700e4eb05f30ad74e5f38e574a81/5B94F2E2/t51.2885-15/s640x640/sh0.08/e35/
30855391_1542497469196486_391445395974127616o_n.jpg
The Boston Public Library on what felt like the first real day of Spring. #bpl #boston #copleysquare #library
```

```
https://scontent.cdninstagram.com/vp/3cd8f6420345043fcc9b2d6f767afd7d/5B7C3E0C/t51.2885-15/s640x640/sh0.08/e35/
30078582_1348310691937848_7383458251121098752_n.jpg
On top of Montreal: the view from the terasse at the Place Ville-Marie restaurant Les Enfants Terribles. #MTL #
PVM #Montreal #MountRoyal #travel
```

图 3-2：示例 3-4 的输出结果，显示检索到的 Instagram 订阅源中的最后两个帖子，包括图像的公共 URL 及其标题

3.2.3 通过主题标签检索媒体

在前面的代码示例中，我们使用 requests 库以 URL 的形式访问 API 端点（例如，*https://api.instagram.com/v1/users/self/media/recent/?access_token=...*）。

此 URL 的结构指示 Instagram API 要返回哪些数据，并且访问令牌实现了所需的身份验证。开发者文档包含所有不同端点（endpoint）（*http://bit.ly/2I9iAEF*）以及可以从其中检索的信息类型。

示例 3-4 检索的是你个人的 Instagram 订阅源中的 20 个最新帖子（沙盒应用程序允许的最大帖子数）。数据挖掘感兴趣的是通过 Instagram 中用户提交的所有主题标签来过滤订阅信息。

主题标签于 2007 年左右首先在 Twitter 上被使用，作为对推文进行分组的一种手段，2009年，主题标签上建立了超链接，以便搜索包含相同主题标签的结果。它们也被用来检测热点话题，并且被证明非常有用。主题标签是用户添加自己元数据的一种方式，这样他们能为平台上发生的特定对话做出贡献，并接触到更广泛的受众。

Instagram 平台上也采用了主题标签，这样人们可以通过搜索特定的主题标签发现相应的帖子。要按主题标签搜索 Instagram，我们使用稍有不同的 API 端点并将主题标签放入 URL 的结构中，如示例 3-5 所示。

示例 3-5：通过主题标签搜索媒体

```
hashtag = 'travel'
response = requests.get('https://api.instagram.com/v1/tags/'
                        +hashtag+'/media/recent?access_token='
                        +ACCESS_TOKEN)

display_image_feed(response.json(), include_captions=True)
```

在本例中，我们搜索流行的 #travel 主题标签，并使用示例 3-4 中定义的 display_image_feed 子程序。此类查询的输出与图 3-2 相似，但经过过滤后仅显示包含 #travel 主题标签的帖子。回想一下，沙盒应用程序只会从你自己的订阅源中返回媒体，而且只会从最近的 20 个帖子中返回。

3.3 Instagram 帖子的剖析

像我们以前见过的一样，来自 Instagram API 的响应是 JSON 格式的。它是一种通过 API 作为属性 / 值对的分层集合来传输人类可读的结构化数据的方法。Instagram 的开发者文档（*http://bit.ly/2I9iAEF*）包含了数据结构的最新规范，我们将在这里快速浏览一下。

我们使用 Python 的 json 库将 API 响应的内容显示在屏幕上进行检查。完成此任务的代码如示例 3-6 所示。

示例 3-6：通过显示 API 并使用 Python 的 json 库进一步查看 API 的响应

```python
import json

uri = ('https://api.instagram.com/v1/users/self/media/recent/?access_token='
    response = requests.get(uri+ACCESS TOKEN)

print(json.dumps(recent_posts, indent=1))
```

此处为一些输出示例：

```
{
 "pagination": {},
 "data": [
  {
   "id": "1762766336475047742_1170752127",
   "user": {
    "id": "1170752127",
    "full_name": "Mikhail Klassen",
    "profile_picture": "https://...",
    "username": "mikhailklassen"
   },
   "images": {
    "thumbnail": {
     "width": 150,
     "height": 150,
     "url": "https://...jpg"
    },
    "low_resolution": {
     "width": 320,
     "height": 320,
     "url": "https://...jpg"
    },
    "standard_resolution": {
     "width": 640,
     "height": 640,
     "url": "https://...jpg"
    }
   },
   "created_time": "1524358144",
   "caption": {
    "id": "17912334256150534",
    "text": "The Boston Public Library...#bpl #boston #copleysquare #library",
    "created_time": "1524358144",
    "from": {
     "id": "1170752127",
     "full_name": "Mikhail Klassen",
     "profile_picture": "https://...jpg",
     "username": "mikhailklassen"
    }
   },
   "user_has_liked": false,
   "likes": {
    "count": 15
   },
   "tags": [
    "bpl",
```

```
        "copleysquare",
        "library",
        "boston"
      ],
      "filter": "Reyes",
      "comments": {
        "count": 1
      },
      "type": "image",
      "link": "https://www.instagram.com/p/Bh2mqS7nKc-/",
      "location": {
        "latitude": 42.35,
        "longitude": -71.076,
        "name": "Copley Square",
        "id": 269985898
      },
      "attribution": null,
      "users_in_photo": []
    },
    {
      ...
    }
  ],
  "meta": {
    "code": 200
  }
}
```

你可能注意到，层次结构看起来很像 Python 字典，它们实际上是可以互换的。

响应的顶层属性（即信封“envelope”）是 meta、data 和 pagination。meta 包含有关响应本身的信息。如果一切顺利，你将只看到值为 200（“OK”）的代码。但是，如果出了问题，比如你提交了一个错误的访问令牌（token），你将收得到附带一条错误消息的异常。

“data”键包含实际的响应内容。该值可以是 JSON 形式，如示例输出所示。示例 3-6 中的查询返回的数据包含有关发布媒体的用户信息（包括用户名、全名、ID 和个人资料图片）、不同分辨率的图像（指向图像位置的 URL）以及关于帖子本身的信息（例如，帖子创建的时间、标题、其他主题标签、使用的过滤器、喜欢的数量，以及可能的地理位置）。

在本例中，沙盒应用程序返回 20 个图像，所有相关信息都包含在 data 的键/值（key/value）对中。如果我们在 Instagram 的沙盒中运行一个经过批准的应用程序，那么一个查询很可能会返回超过 20 个的结果。开发人员实现分页的原因就是你可能不希望所有信息都通过 Instagram API 一次返回。

分页（*http://bit.ly/2Kio0K6*）意味着数据被分成可管理的块，API 响应包含一个 pagination 关键字，此属性的值是指向下一个数据“页”的 URL。访问这个 URL 将返回查询响应的下一个块，这个块本身将包含指向下一个块的另一个分页键，依此类推。

利用 API 响应中 data 键的图像 URL，我们现在可以获取图像并对其应用数据挖掘技术。

Instagram 是一个鼓励公众分享媒体的平台，很像 Twitter。虽然可以创建私人账户，并使你的帖子仅开放给你认可的人，但 Instagram 上的绝大多数账户都是公开的，这意味着（你可能已经知道）图像是公开的。

3.4 人工神经网络速成

图像分析历史悠久，但是让计算机学会查看图像（*http://bit.ly/2IygU79*）并识别其中的事物（如狗或汽车）是一项较新的技术成就。

想象一下，如果你不得不向机器人描述狗的样子，你可能会说这种动物有四条腿、尖尖的耳朵、两只眼睛、大牙齿等。机器人会忠实地应用这些规则，但会返回成千上万的错误结果——因为其他动物也有四条腿。尖尖的耳朵等特征。机器人也可能无法检测到真正的狗，因为有些狗的耳朵不是尖尖的，而是下垂的。

如果有一种方法能让机器人像人类一样通过观察狗的许多例子来学习识别狗那该多好啊，从我们的婴儿时代开始，父母可能就会指着一条狗说这是"狗"。

婴儿的大脑是一个不断成长、进化的生物神经元网络（*http://bit.ly/2KWaOvR*），形成和断开连接。来自环境的反馈加强了关键连接，而其他连接则萎缩。例如，接触了足够多的狗，我们就会对狗是什么有一个相当清晰的概念，即使我们发现很难用语言表达这个概念。

人工神经网络（*http://bit.ly/2IcVrkK*）受到许多存在于生物神经系统中的神经网络的启发。神经网络可以理解为具有输入和输出的信息处理系统，它通常由神经元层组成，如图 3-3 所示。每个神经元由激活函数定义，该函数接受多个输入，每个输入由某个值加权后将它们映射到输出，通常为 0 到 1 之间的值。

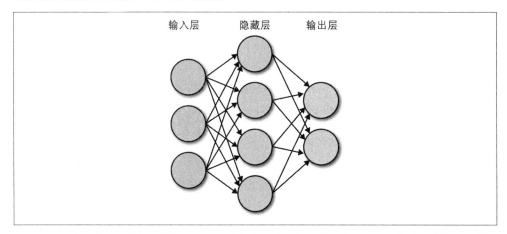

图 3-3：一个包含三个神经元的输入层、一个包含四个神经元的隐藏层和一个包含两个神经元的输出层的人工神经网络示意图（图片作者：Glosser.ca，许可协议 CC BY-SA 3.0，来自维基共享）

一层的输出将成为下一层的输入。神经网络具有一个输入层，其中输入层中的每个神经元都对应一个感兴趣的特征。例如，这些感兴趣的特征可能是图像的像素值。

输出层通常由神经元组成，每个神经元代表一个类。你可以创建一个具有两个输出神经元的网络，该网络的目的可能是确定照片是否包含猫的图像，这是一个二进制分类器。或者你可能有许多输出神经元，每个输出神经元代表一个可能存在于图像中的不同对象。

大多数神经网络在输入和输出层之间还包含一个或多个隐藏层。它们的存在使网络的内部工作更加不透明，但它们对于检测输入模式中可能存在的复杂非线性结构至关重要。

神经网络必须经过"训练"才能具有合理的准确度。训练是向网络输入信息并将预测的输出与实际输出进行比较的过程。预测输出与真实输出之间的差异代表误差（也称为损失 (*http://bit.ly/2KdyVoo*)）。使用一种称为反向传播（backpropagation）(*http://bit.ly/2jRgYRB*) 的算法，这些误差被用来更新整个网络中每个神经元输入的权重。通过连续迭代，该网络可以减小总体误差，提高精度。

关于神经网络更多的细节要比这里介绍的多得多，如果你想更进一步了解的话，网上有很多不错的资源。

3.4.1 训练神经网络"看"图片

人工神经网络最早的实际应用之一是读取美国邮政编码。信件需要有效地分类以便分发，这就需要阅读邮政编码，这些邮政编码通常是手写的。在美国，邮政编码是由五位或九位编码（*http://bit.ly/2IuPpvt*）表示，前五位数字对应一个地理区域，可选的附加四位数字对应一个特定的邮递路线。

美国邮政局使用光学字符识别（OCR）（*http://bit.ly/2IjnqLX*）技术快速读取邮政编码进行邮件分类。有几种计算机视觉方法可用于将手写数字的图像转换为计算机字符，正因为如此，人工神经网络特别适合于这项任务。

事实上，机器学习和神经网络学习解决的首要问题之一就是手写数字的识别问题。目前已经建立了一个名为 MNIST 数据库（*http://bit.ly/2IaAxmC*）的研究数据集，以协助人们对神经网络的研究工作，并对各种计算机视觉算法进行基准测试。数据库中的图像示例如图 3-4 所示。

MNIST 数据库包含 60 000 个训练图像和 10 000 个测试图像。这个数据库还存在一个扩展版本，称为 EMNIST（*http://bit.ly/2rAZrS4*）。它包含更多图像，将 MNIST 扩展到手写字母。

MNIST 数据库中的每个图像都由 28×28 灰度像素组成。这些像素的值被规范化后变为介于 0 和 1 之间值，它们必须传递给输出为介于 0 和 9 之间的单个数字的算法。

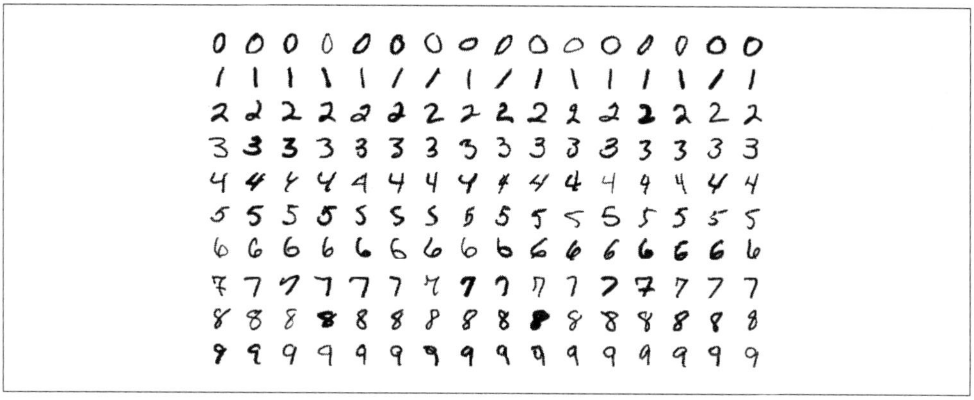

图 3-4：MNIST 数据集中的图像样本（图片作者：Josef Steppan（*https://bit.ly/2oblf3f*），许可协议 CC BY-SA 4.0（*https://bit.ly/1upaQv7*），来自维基共享）

神经网络"看"图像意味着什么？如果每个像素有一个输入神经元，则需要 784 个输入神经元（28×28）。每个图像只能表示 10 个可能数字中的 1 个，因此输出层有 10 个神经元，每个神经元的输出值代表该数字图像的预测可能性。预测可能性最高的数字将作为神经网络的最佳猜测返回。

在输入层和输出层之间，我们可以设置"隐藏"层。这些神经元和所有其他神经元一样，只是把前一层的输出作为输入。

从这里开始，很快就有了技术含量，我们的目标是将神经网络应用到图像数据中。如果你对这个话题感兴趣，我建议你去看一本书，比如 Aurélien Géron（O'Reilly）的 *Hands-On Machine Learning with Scikit-Learn and TensorFlow*[注1]（*https://oreil.ly/2KVa4XS*），或者 Michael Nielsen 的在线书籍 *Neural Networks and Deep Learning*（*http://bit.ly/2IjE1Pm*）的第 1 章。

3.4.2 手写数字识别

在示例 3-7 中，我们使用 scikit-learn Python 库构建了自己的多层神经网络（*http://bit.ly/2Ie80ME*）来对手写数字进行分类。使用辅助函数可以方便快速地加载手写数字数据。该数据的分辨率低于 MNIST 数据库，数字编码为 8×8 像素。scikit-learn 数字数据库共包含 1797 幅图像。

注 1：本书第 2 版中文版已由机械工业出版社出版，书名《机器学习实战：基于 Scikit-Learn、Keras 和 TensorFlow（原书第 2 版）》，ISBN 978-7-111-66597-7。——编辑注

你可以通过输入 **pip install scikit-learn** 从命令行安装 scikit-learn，并使用 **pip install scipy** 安装 scipy（依赖项）。

示例 3-7：使用 scikit 学习库中的多层感知器（MLP）识别手写数字

```python
# Install scikit-learn and scipy (a dependency) using the following commands:
# pip install scikit-learn
# pip install scipy
from sklearn import datasets, metrics
from sklearn.neural_network import MLPClassifier
from sklearn.model_selection import train_test_split

digits = datasets.load_digits()

# Rescale the data and split into training and test sets
X, y = digits.data / 255., digits.target
X_train, X_test, y_train, y_test = train_test_split(X, y, test_size=0.25,
                                                    random_state=42)


mlp = MLPClassifier(hidden_layer_sizes=(100,), max_iter=100, alpha=1e-4,
                    solver='adam', verbose=10, tol=1e-4, random_state=1,
                    learning_rate_init=.1)

mlp.fit(X_train, y_train)
print()
print("Training set score: {0}".format(mlp.score(X_train, y_train)))
print("Test set score: {0}".format(mlp.score(X_test, y_test)))
```

此代码的输出示例如下：

```
Iteration 1, loss = 2.08212650
Iteration 2, loss = 1.03684958
Iteration 3, loss = 0.46502758
Iteration 4, loss = 0.29285682
Iteration 5, loss = 0.22862621
Iteration 6, loss = 0.18877491
Iteration 7, loss = 0.15163667
Iteration 8, loss = 0.13317189
Iteration 9, loss = 0.11696284
Iteration 10, loss = 0.09268670
Iteration 11, loss = 0.08840361
Iteration 12, loss = 0.08064708
Iteration 13, loss = 0.06800582
Iteration 14, loss = 0.06649765
Iteration 15, loss = 0.05651331
Iteration 16, loss = 0.05649585
Iteration 17, loss = 0.06339016
Iteration 18, loss = 0.06884457
Training loss did not improve more than tol=0.000100 for two consecutive epochs.
Stopping.

Training set score: 0.9806978470675576
Test set score: 0.9577777777777777
```

在示例 3-7 中，需要注意的一件事是，我们如何使用 train-test-split 方法将数据集拆分为"训练"集和"测试"集。该函数将数据随机地分为两组，一组用于训练，另一组用于模型测试，并指定测试集的大小。在我们的例子中，它是 0.25，也就是说，四分之一的数据被留作测试用。

在任何机器学习任务开始时，留出一些数据用于评估机器学习算法的性能是非常重要的，这是为了避免过度拟合（*https://bit.ly/2mRDi0l*）。该算法在训练过程中不会看到测试数据，因此，在对测试数据运行该算法时获得的准确性度量是对模型好坏的更可靠的评估。

我们从代码的输出中可以看到，我们的测试集的准确率几乎达到了 96%——换句话说，我们的误差率大约是 4%。不是太坏！然而，使用一种称为卷积神经网络（*http://bit.ly/2rDgnHD*）的特殊类型的深度学习算法，其中最好的算法能够在 MNIST 数据库上达到约 0.2% 的误差率。

还要注意我们的训练集分数是如何高于测试集分数的，我们的训练集准确率达到了 98% 多一点。典型的机器学习模型在训练集上的表现要比测试集好，这是因为模型正在学习如何识别训练集中的数字，它还没有看到测试集中的任何图像数据。一个在训练数据上表现很好但在测试数据上表现不佳的模型被称为"过度拟合"。

对神经网络（*http://bit.ly/2jSTlbr*）的一个批评是它们是"黑箱"算法。我们提供网络训练数据，优化权重，并在测试数据上运行模型。如果测试集的结果看起来不错，那么很容易在不质疑算法是如何得出结论的情况下继续前进。

如果你的算法只是读取邮政编码，那么这似乎没什么大不了，但是如果它要做出高风险的决策，例如，神经网络正在确定如何在股票市场上进行交易，谁应该有资格获得银行贷款，或者向客户收取多少保险费，那么弄懂算法是如何得出结论的就很重要。

因此，为了一窥我们的算法可能在"思考"什么，让我们可视化进入隐藏层中每个神经元的权重矩阵。为此，我们运行示例 3-8 中的代码。该代码将在 Jupyter Notebook 环境中运行，并使用了 Python 的数据可视化库 matplotlib。这个库可以使用 **pip install matplotlib** 从命令行安装。内嵌 Jupyter "魔术"命令 % matplotlib 告诉 Jupyter 你希望显示与代码单元格内联的图像。

示例 3-8：可视化神经网络的隐藏层

```
# pip install matplotlib
import matplotlib.pyplot as plt

# If using the Jupyter Notebook, for inline data visualizations
%matplotlib inline

fig, axes = plt.subplots(10,10)
```

```
fig.set_figwidth(20)
fig.set_figheight(20)

for coef, ax in zip(mlp.coefs_[0].T, axes.ravel()):
    ax.matshow(coef.reshape(8, 8), cmap=plt.cm.gray, interpolation='bicubic')
    ax.set_xticks(())
    ax.set_yticks(())

plt.show()
```

我们的隐藏层包含 100 个神经元，负责在某些方面帮助网络确定数字分配。输入层包含
64 个神经元（因为我们的数字图像是 8×8 像素），因此 100 个隐藏层神经元中的每一个都
接收 64 个输入。在示例 3-8 中，我们通过将这 64 个值重塑为 8×8 矩阵并绘制灰度图像
来可视化每个神经元的权重矩阵，如图 3-5 所示。神经网络隐藏层中 100 个神经元的图像
显示为 10×10 网格。

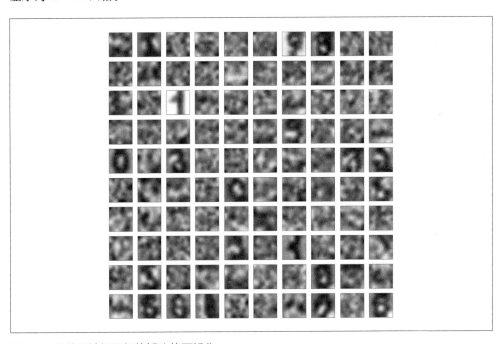

图 3-5：隐藏层神经元权值矩阵的可视化

虽然图 3-5 中的大多数图像看起来不太像数字，但其中一些图像肯定与数字相似，你会
感觉到网络正在思考如何考虑不同的形状以及如何在尝试分配标签时对不同的像素值进
行加权。

最后，我们在示例 3-9 中演示如何使用经过训练的神经网络识别从测试数据集提取的数
字。你需要安装 numpy 库，该库可以用 **pip install numpy** 命令安装。

示例 3-9：使用训练的神经网络对测试集中的一些图像进行分类

```
import numpy as np # pip install numpy
predicted = mlp.predict(X_test)

for i in range(5):
    image = np.reshape(X_test[i], (8,8))
    plt.imshow(image, cmap=plt.cm.gray_r, interpolation='nearest')
    plt.axis('off')
    plt.show()
    print('Ground Truth: {0}'.format(y_test[i]))
    print('Predicted: {0}'.format(predicted[i]))
```

运行示例 3-9 得到的一些输出如图 3-6 所示。在每个图像的下面是手写数字的真值标签，跟着是神经网络分类器预测的数字。我们可以看到网络正在对图像进行准确分类。

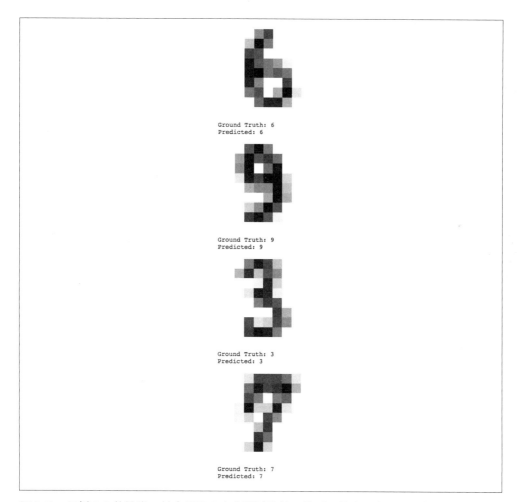

图 3-6：示例 3-9 的输出，其中显示了来自测试集的一些手写数字图像，以及真值标签和受过训练的神经网络的预测

3.4.3 使用预训练的神经网络在照片中识别物体

神经网络，特别是"深度学习"系统，是具有许多复杂隐藏层的神经网络，它们正在改变整个行业。今天人们通常认为的"人工智能"很大程度上（尽管不是唯一的）是深度学习系统的许多应用，包括机器翻译、计算机视觉、自然语言理解、自然语言生成等。

如果你想进一步了解人工神经网络是如何工作的，那么 Michael Nielsen 的著作 *Neural Networks and Deep Learning*（*http://bit.ly/2IzOycW*）是一个很好的资源，该书可在线获得。另请参阅 *Machine Learning for Artists*（*http://bit.ly/2rChK9i*），尤其是"Looking Inside Neural Networks"（*http://bit.ly/2Kimo3c*）一章。

建立和训练用于对象识别的人工神经网络并不是一项简单的任务。要得到具有较高准备率的人工神经网络需要选择合适的神经网络结构，收集大量的预标记图像来训练网络，选择合适的超参数，然后训练网络足够长的时间。

幸运的是，这项工作已经完成，而且这项技术已经足够商品化，现在任何人都可以使用近乎尖端的计算机视觉 APIs。

我们将使用 Google Cloud Vision API，这个工具允许开发者使用 Google 强大的预训练神经网络分析图像。它能够检测图像中的各种物体，检测人脸，提取文本并标记显式及其他特征。

导航到 Cloud Vision API（*http://bit.ly/2IEmOny*）页面，然后向下滚动到"Try the API."。如果你还没有注册账户，则需要在 Google 云平台上注册一个账户。在撰写本书时，Google 提供了一个免费套餐，12 个月内可以获得 300 美元的信用额度。注册时需要添加信用卡，但它仅用于身份验证，如果你没有信用卡，可以添加银行信息。

接下来你需要在 Google 云平台上创建一个项目（*http://bit.ly/2rE0Zul*）。这些项目就像你必须在 Instagram 开发者平台上创建的客户端一样。

可以从"云资源管理器"（Cloud Resource Manager）（*http://bit.ly/2wyV5zD*）页面创建项目。赶快进入"云资源管理器"页面创建一个项目，起一个你想要的名字（例如，"MTSW"），将其附加到你的结算账户。即使你没有 Google 的免费套餐，前 1000 个 Cloud Vision API 调用也是免费的。

创建项目后，请访问 API 仪表盘，如图 3-7 所示。

你需要启用 Cloud Vision API，因此单击"Enable APIs and Services"，搜索"Vision API"，然后为你的项目启用该 API。

最后一步是获取 API 密钥。从 API 仪表盘，导航到凭据页（Credentials page）（*http://bit.*

ly/2I9JT1H），你能够在导航栏中看到该链接。在那里，单击"Create credentials"并选择"API key"。

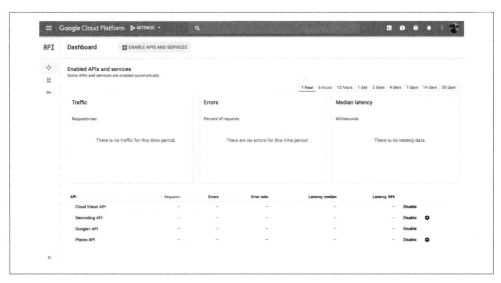

图 3-7：Google 云平台 API 仪表盘

祝贺你！现在你已经拥有访问 Google Cloud Vision API 所需的一切。虽然这可能让人觉得有很多步骤，但这些步骤对于 Google 确保其平台的安全和允许合理使用其技术是必要的。

复制你刚创建的 API 密钥，然后将其粘贴到示例 3-10 中，并将其存储在 GOOGLE_API_KEY 变量中。Google 云平台带有一个 Python 库，用于以编程方式访问该平台。该库使用 **pip install google-api-python-client** 进行安装。我们还要利用 Pillow Python 库进行图像处理，使用命令 **pip install Pillow** 安装 Pillow。

示例 3-10：利用 Google Cloud Vision API 对图像执行标签检测

```python
import base64
import urllib
import io
import os
import PIL # pip install Pillow
from IPython.display import display, Image

GOOGLE_API_KEY = ''

# pip install google-api-python-client
from googleapiclient.discovery import build
service = build('vision', 'v1', developerKey=GOOGLE_API_KEY)

cat = 'resources/ch05-instagram/cat.jpg'

def label_image(path=None, URL=None, max_results=5):
```

```
'''Read an image file (either locally or from the web) and pass the image data
to Google's Cloud Vision API for labeling. Use the URL keyword to pass in the
URL to an image on the web. Otherwise, pass in the path to a local image file.
Use the max_results keyword to control the number of labels returned by
the Cloud Vision API.
'''
if URL is not None:
    image_content = base64.b64encode(urllib.request.urlopen(URL).read())
else:
    image_content = base64.b64encode(open(path, 'rb').read())
service_request = service.images().annotate(body={
    'requests': [{
        'image': {
            'content': image_content.decode('UTF-8')
        },
        'features': [{
            'type': 'LABEL_DETECTION',
            'maxResults': max_results
        }]
    }]
})
labels = service_request.execute()['responses'][0]['labelAnnotations']
if URL is not None:
    display(Image(url=URL))
else:
    display(Image(path))
for label in labels:
    print ('[{0:3.0f}%]: {1}'.format(label['score']*100, label['description']))

    return

# Finally, call the image labeling function on the image of a cat
label_image(cat)
```

与 Vision API 的交互可能有些棘手，因此示例 3-10 中的示例代码包含执行对象检测和标记所需的全部内容，这些图像要么存储在本地硬盘上，要么可以通过 Web 访问。

运行示例 3-10 中的代码，将打开一个包含猫的照片的图像文件（见图 3-8）。读取图像文件，并将图像数据通过 API 传递给 Google。在 service_request 变量中，我们加载了执行图像标记的请求。

这是代码的运行结果：

```
[ 99%]: cat
[ 94%]: fauna
[ 93%]: mammal
[ 91%]: small to medium sized cats
[ 90%]: whiskers
```

Cloud Vision API 会为照片返回 5 个标签，并有 99％ 的置信度认为这是猫。其他标签（"fauna"（动物）、"mammal"（哺乳动物）等）也准确且适当。

随时尝试使用此代码，从你的计算机上载其他文件，并查看其返回的标签。

图 3-8：雪地上的猫的照片（图片作者：Von.grzanka（*https://bit.ly/2obUbly*），许可协议 CC BY-SA 3.0（*https://bit.ly/1pawxfE*）或 GFDL（*http://2wlkJoO/*）的图像，来自维基共享）

3.5 神经网络在 Instagram 帖子中的应用

现在，你已经了解了神经网络的基本工作原理，并掌握了在 API 背后访问强大的云托管神经网络的代码，我们将把最后的部分放在一起。本节涵盖对象识别和人脸检测，并利用我们的 Instagram 订阅源获取一些图像。

3.5.1 标记图像内容

最困难的部分结束了。现在，准备从我们的 Instagram 订阅源中提供 Cloud Vision API 需要的图像。这些图像不是托管在我们的计算机上，而是托管在 Instagram 的服务器上。别担心。我们编写 label_image 函数的方式意味着我们可以像示例 3-11 中那样传递 URL。

示例 3-11：在 Instagram 订阅源中对图像执行对象检测和标记

```
uri = ('https://api.instagram.com/v1/users/self/media/recent/?access_token='
response = requests.get(uri+ACCESS_TOKEN)
recent_posts = response.json()

for post in recent_posts['data']:
    url = post['images']['low_resolution']['url']
    label_image(URL=url)
```

自己尝试一下，看看标签的准确性如何。一些示例输出如图 3-9 所示。

```
[ 92%]: building
[ 75%]: medieval architecture
[ 74%]: classical architecture
[ 71%]: facade
[ 61%]: city
```

```
[ 83%]: city
[ 81%]: sky
[ 69%]: roof
[ 67%]: building
[ 67%]: panorama
```

图 3-9：在作者的 Instagram 订阅源中的图像上运行示例 3-11 中的代码的结果

3.5.2 在图像中检测人脸

人脸识别系统（*http://bit.ly/2KTvuEy*）非常有用。如果你使用过数码相机（例如智能手机中的数码相机），则可能已经用过它们。在摄影中，它们用于识别照片的主题并将图像聚焦在主题上。

检测人脸要求我们稍微更改对 API 的服务请求。示例 3-12 中给出了修改后的代码。

示例 3-12：使用 Google Cloud Vision API 人脸检测功能的示例代码

```python
from PIL import Image as PImage
from PIL import ImageDraw

def detect_faces(path=None, URL=None):
    '''Read an image file (either locally or from the web) and pass the image data
    the URL to Google's Cloud Vision API for face detection. Use the URL keyword
    to pass in to an image on the web. Otherwise, pass in the path to a local image
    file. Use the max_results keyword to control the number of labels returned by
    Cloud Vision API.
    '''
    if URL is not None:
        image_content = base64.b64encode(urllib.request.urlopen(URL).read())
    else:
        image_content = base64.b64encode(open(path, 'rb').read())
    service_request = service.images().annotate(body={
        'requests': [{
            'image': {
                'content': image_content.decode('UTF-8')
            },
            'features': [{
                'type': 'FACE_DETECTION',
                'maxResults': 100
            }]
        }]
    })
    try:
        faces = service_request.execute()['responses'][0]['faceAnnotations']
    except:
        # No faces found...
        faces = None
    if URL is not None:
        im = PImage.open(urllib.request.urlopen(URL))
    else:
        im = PImage.open(path)
    draw = ImageDraw.Draw(im)

    if faces:
        for face in faces:
            box = [(v.get('x', 0.0), v.get('y', 0.0))
            for v in face['fdBoundingPoly']['vertices']]
            draw.line(box + [box[0]], width=5, fill='#ff8888')
    display(im)
    return
```

你可以像以前一样将人脸检测系统应用到你的 Instagram 订阅源或者任何一张图片上。在这里，我们将其应用到 1967 年甲壳虫乐队的图像上。如图 3-10 所示，该算法可以正确识别所有四个人脸。

图 3-10：在 1967 年甲壳虫乐队的一张新闻照片上运行示例 3-12 中人脸检测代码的结果（原始图像由 Parlophone Music Sweden 提供，许可协议 CC BY-SA 3.0（*https://bit.ly/1b8Hyff*），来自维基共享）

3.6 本章小结

Instagram 创建了一个非常受欢迎的平台，用于共享世界各地成千上万人使用的照片。平台上的数据类型与我们在其他章节中分析过的数据不同，Instagram 内容主要由带标题的图像组成，因此它需要一套不同的分析工具。

当今存在一些先进的工具可用于教计算机如何查看图像数据，它们由经过训练可识别事物的人工神经网络组成。"训练"意味着向神经网络显示数千个已经被人类标记的示例，并调整网络以建立相同的关联。

这些类型的计算机视觉系统已内置在相机、安全系统、自动驾驶汽车和无数其他产品中。在本章中，我们打开了构建你自己的计算机视觉系统的大门，并向你展示了如何连接到一些强大的视觉 API。

开发这些系统的研究人员通常必须聘请人工助手来浏览大型图像数据库并手动标记每个图像，这是耗时且昂贵的。在诸如 Facebook 和 Instagram 之类的社交平台上，人们每天都在上载无数图像并添加自己的主题标签，这些平台意识到了这些信息的实用性。Facebook 已经开始使用数十亿带有主题标签的 Instagram 图像来训练其人工智能系统（*http://bit.ly/2IzMPEs*），使其能够像人类那样查看照片。

帮助机器从视觉上了解世界，带来了不可思议的可能性。尽管也可以使用相同的工具做同样的事，但这类研究的最佳成果对人类仍然是大有帮助的，例如可以在行人、骑自行车的人和其他障碍物中安全行驶的自动驾驶汽车，或可以在早期阶段准确识别出肿瘤的医学成像技术。了解这些技术的工作原理是倡导适当使用它们的第一步。

 本章和所有其他章节所用的源代码可在 GitHub（*http://bit.ly/Mining-the-Social-Web-3E*）上以便捷的 Jupyter Notebook 格式获得，强烈建议你在熟悉的 Web 浏览器中试验一下。

3.7 推荐练习

- Instagram 以不同的分辨率存储上传的照片，你应该能够通过检查 API 返回的帖子元数据找到它们的 URL，比较不同分辨率下同一图像上的图像标签或人脸检测系统的准确性。

- 尝试使用我们建立的用于识别手写数字的神经网络架构。在本章中，我们使用具有 100 个神经元的单个隐藏层，当我们将隐藏层中的神经元数量减少到 50、20、10 或 5 时，测试集准确率会如何变化？如何更改隐藏层的数量？查看有关 MLP 分类器（*http://bit.ly/2jQt90V*）的 scikit-learn 文档。MLP 是多层感知器（multiplayer perceptron）（*http://bit.ly/2Ie80ME*）的缩写，我们正在使用的神经网络架构就是这种类型。

- 如果你已通过手机将照片上传到 Instagram，则图像很可能与地理坐标相关联。Instagram 在拍摄照片时使用手机的 GPS 传感器（如果你允许该应用访问位置服务）来检测你的位置，并在编辑帖子时帮助你标记位置或地标。查看你是否可以在帖子元数据中找到地理信息。循环浏览帖子，然后将所有经纬度打印到屏幕上。

- 在第 4 章中，你将学习如何使用另一种 Google API 进行地理编码以查找地球上的位置。阅读该章后，请返回到这些 Instagram 示例，并尝试提取 Instagram 帖子或图像描述中提到的对象的元数据中包含的地理信息。尝试根据此数据创建 KML 文件，然后使用 Google Earth 打开它。这是一种在地图上直观显示所有拍照地点的巧妙方法。

- 如果你在将照片发布到 Instagram 时使用主题标签，请比较你的主题标签与 Google Cloud Vi-sion API 为你的照片返回标签的相似程度，考虑一下如何使用计算机视觉系统（例如 Cloud Vision API）来构建自动的主题标签推荐系统。

3.8 在线资源

下面是本章的链接清单，对于复习本章内容可能会很有帮助：

- Instagram 的开发者文档（*http://bit.ly/2Ibb4JL*）。

- Instagram 的应用程序沙盒模式（*http://bit.ly/2Ia88Nr*）。

- 具象状态传输（*http://bit.ly/2rC8oJW*）。

- Instagram 的 Graph API（*http://bit.ly/2jTGHce*）。

- Instagram 的 API 端点（*http://bit.ly/2I9iAEF*）。

- 内容交付网络（*http://bit.ly/2Gb0DzH*）。

- 生物神经网络（*http://bit.ly/2KWaOvR*）。

- 人工神经网络（*http://bit.ly/2IcVrkK*）。

- 反向传播算法（*http://bit.ly/2jRgYRB*）。

- 损失函数（*http://bit.ly/2KdyVoo*）。

- 计算机视觉（*http://bit.ly/2IygU79*）。

- 人脸检测（*http://bit.ly/2KTvuEy*）。

- 光学字符识别（*http://bit.ly/2IjnqLX*）。

- MNIST 数据库（*http://bit.ly/2IaAxmC*）。

- EMNIST（*http://bit.ly/2rAZrS4*）。

- *Hands-On Machine Learning with Scikit-Learn and TensorFlow*（*https://oreil.ly/2KVa4XS*）。

- *Neural Networks and Deep Learning*，第 1 章（"Using Neural Nets to Recognize Handwritten Digits"）（*http://bit.ly/2IzOycW*）。

- 多层感知器（*http://bit.ly/2Ie80ME*）。

- scikit-learn 的 MLP 分类器（*http://bit.ly/2jQt90V*）。

- 卷积神经网络（*http://bit.ly/2rDgnHD*）。

- 关于分类问题的最新计算机视觉算法的结果，包括 MNIST（*http://bit.ly/2G8eSpa*）。

- "The Dark Secret at the Heart of AI"（*http://bit.ly/2jSTlbr*）。

- 艺术家的机器学习（*http://bit.ly/2rChK9i*）。

- "Looking inside neural nets"（艺术家机器学习的一部分）（*http://bit.ly/2Kimo3c*）。

- Google 视觉 API（*http://bit.ly/2IEmOny*）。

- Google 云平台控制台（*http://bit.ly/2Kin4FM*）。

- Google 云平台 API 仪表盘（*http://bit.ly/2rARWdU*）。

第4章

挖掘 LinkedIn：分组职位、
聚类同行等

本章介绍在 LinkedIn 上挖掘海量数据的技术和注意事项。LinkedIn 是一个专注于职业和商业关系的社交网站，尽管它初看起来可能和其他的社交网站比较像，但其 API 提供的数据与其他社交网站有本质上的不同。如果你把 Twitter 比作城镇广场那样繁忙的公共场所，把 Facebook 比作一个坐满了亲朋好友的大房间，其中人们谈论着（大部分）适合晚餐的话题，那么你可能把 LinkedIn 比作一个要求半正式着装的私人聚会，这里每个人都表现出最好的状态，并尝试表达他们可以给职业市场带来的价值和技能专长。

考虑到隐藏在 LinkedIn 中数据的敏感特性，它的 API 有自己的微妙之处，使其不同于我们在本书中看到过的许多 API。人们加入 LinkedIn 主要是因为对商业机遇感兴趣，它提供的这些机遇与随意的社会交往不同，它需要一直提供关于商业关系、工作记录等的敏感细节。例如，虽然通常你可以访问你的 LinkedIn 联系人的教育背景和之前工作职位的所有细节，但是你不能像 Facebook 那样确定任意两个人是否"相互认识"，因为这里的 API 故意未提供这样的功能。API 本身无法构建像 Facebook 或 Twitter 那样的社交图谱，因此需要你对可利用的数据提各种问题。

为了回答下面几类问题，本章剩下的内容将教你用 LinkedIn API 来读取数据，同时也会介绍一些基本的数据挖掘技术，来帮助你根据相似度来聚类不同的行业。

- 你的哪些联系人最符合你的标准（例如职位）？

- 你的哪些联系人曾在你想去的公司工作过？

- 你的大多数联系人住在什么地方？

在所有情况下，使用聚类技术进行分析的模式基本上是相同的：在联系人的档案中提取一些特征，定义一个相似度来比较每个档案中的特征，并用聚类技术将足够相似的联系人分在同一组。使用这种方法聚类 LinkedIn 数据是可行的，并且你也能对遇到的几乎任何其他数据应用这种技术。

 请始终从 GitHub（*http://bit.ly/Mining-the-Social-Web-3E*）在线获取本章（及其他所有章）的最新 bug 修复源代码。并确保利用附录 A 中的虚拟机体验，以最大限度地理解示例代码。

4.1 概述

本章介绍的内容是机器学习的基础，并且一般情况下会比前两章要高级一些。建议你在阅读本章之前，牢固地掌握前两章的知识。阅读本章你会学习到：

- LinkedIn 的开发平台以及发起 API 请求。

- 三种常用的聚类方法。聚类是一个基础的机器学习主题，它可以应用于几乎任何问题领域。

- 数据清洗以及规范化。

- 地理编码，一种从描述一个地点的文本参考中获得一系列坐标的方法。

- 用 Google Earth 和统计地图来可视化地理数据。

4.2 探索 LinkedIn API

你需要一个 LinkedIn 的账号，并且要求在你的职业人脉中有一些联系人，这样你跟着本章的示例进行操作才会很有意义。如果你没有 LinkedIn 账号，你仍旧可以将要学到的基本聚类技术应用到其他的领域，但是这样就无法充分学好本章的知识，因为如果你没有自己的 LinkedIn 数据，就不能依照本章的例子来进行操作。LinkedIn 账号在你的职业生活中很有价值，如果你还没有账号，那么现在就开始申请账号并构建你的 LinkedIn 职业人脉吧。

尽管本章绝大多数的分析都是针对 LinkedIn 联系人信息的逗号分隔值（Comma-Separated Value，CSV）文件进行操作的（该文件可以下载得到），但是为保证与其他章的一致性，本节首先提供 LinkedIn API 的概述。如果你对 LinkedIn API 不感兴趣，可以直接跳转到 4.2.2 节的分析部分，之后需要了解 API 使用细节时再回头来阅读。

4.2.1 发起 LinkedIn API 请求

和其他社交网络（如我们在前面章节讨论的 Twitter 和 Facebook）的情形相同，获得

LinkedIn API 使用权的第一步就是创建一个申请。你可以在开发人员站点 *https://www.linkedin.com/secure/developer* 上创建一个申请。记下你提交的 ID 和密码这些认证信息，你会在编程调用 API 的时候用到它们。图 4-1 显示了在你创建一个申请后的情形。

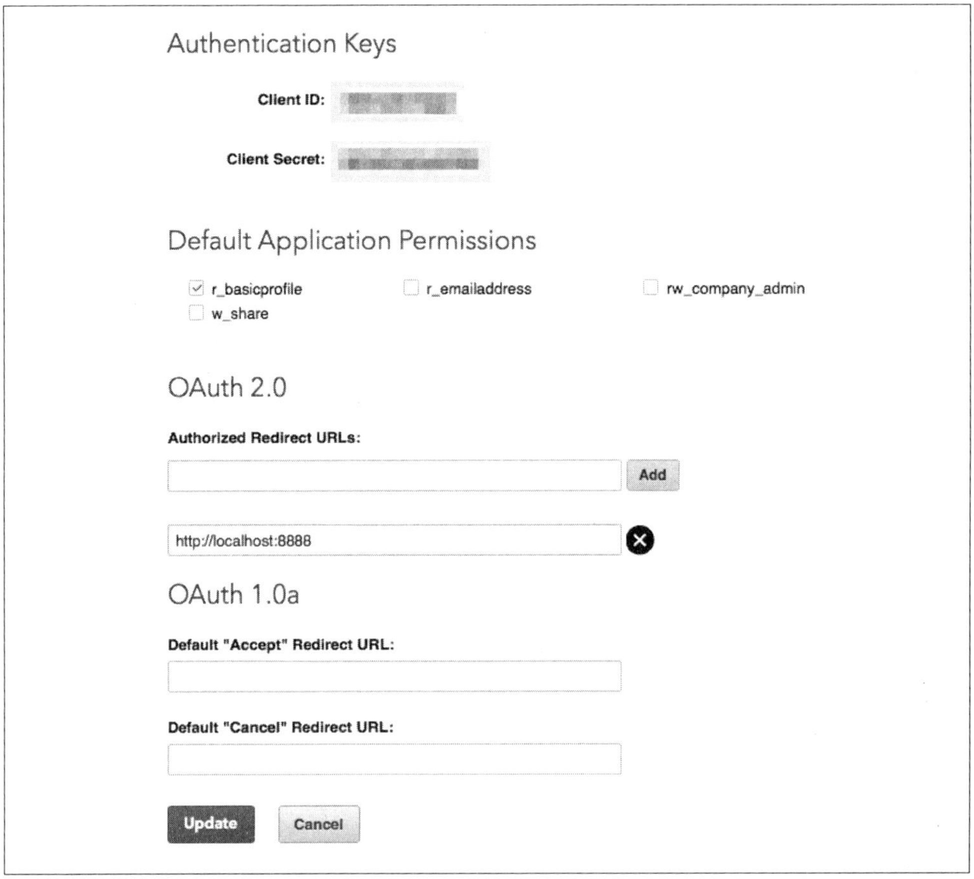

Authentication Keys

Client ID: ▓▓▓▓▓▓▓

Client Secret: ▓▓▓▓▓▓▓

Default Application Permissions

☑ r_basicprofile   ☐ r_emailaddress   ☐ rw_company_admin
☐ w_share

OAuth 2.0

Authorized Redirect URLs:

[   ] [Add]

[http://localhost:8888] ✖

OAuth 1.0a

Default "Accept" Redirect URL:

[   ]

Default "Cancel" Redirect URL:

[   ]

[Update] [Cancel]

图 4-1：要访问 LinkedIn API，需要创建一个应用程序并记下可从应用程序详细信息页面获得的客户端 ID 和密码（图中打码的部分）

有了必需的 OAuth 认证信息后，要使用 API 读取自己的个人数据，需要把这些认证信息提供给程序库，这样你才能发起 API 请求。如果你没有借助本书的虚拟机，你需要在终端键入 `pip install python3-linkedin` 命令来安装必要的内容。

 实现 OAuth 2.0 的细节可以参考附录 B，你需要用它来建立一个申请，这个申请需要使用者授权来读取账户数据。

示例 4-1 阐述了一个样例脚本，它用你的 LinkedIn 认证信息来创建一个 LinkedInApplication 类的实例，该类可以读取你的账户数据。注意该脚本的最后一行检索了你的基本档案信息，包括你的名字和概要。在进一步研究前，你应该花些时间浏览它的 REST API 文档（*http://linkd.in/1a1lZuj*），以了解什么 LinkedIn API 操作对开发者可用，该文档介绍了所有你可以做的事情。尽管我们可以通过包装了 HTTP 请求的 Python 包来调用 API，但是核心 API 的文档总是最权威的参考手册，并且大多数好的程序包都模仿了它的风格。

示例 4-1：用 LinkedIn OAuth 验证信息来获取开发和读取数据的权限

```
from linkedin import linkedin # pip install python3-linkedin

APPLICATON_KEY    = ''
APPLICATON_SECRET = ''

# OAuth redirect URL, must match the URL specified in the app settings
RETURN_URL = 'http://localhost:8888'

authentication = linkedin.LinkedInAuthentication(
                    APPLICATON_KEY,
                    APPLICATON_SECRET,
                    RETURN_URL)

# Open this URL in the browser and copy the section after 'code='
print(authentication.authorization_url)

# Paste it here, careful not to include '&state=' and anything afterwards
authentication.authorization_code = ''

result = authentication.get_access_token()

print ("Access Token:", result.access_token)
print ("Expires in (seconds):", result.expires_in)

# Pass the access token to the application
app = linkedin.LinkedInApplication(token=result.access_token)

# Retrieve user profile
app.get_profile(selectors=['id', 'first-name', 'last-name',
                           'location', 'num-connections', 'headline'])
```

简而言之，使用 LinkedInApplication 实例的调用和使用 REST API 调用是一样可行的。并且 GitHub 上的 python-linkedin 文档（*http://bit.ly/1a1m2Gk*）提供了许多查询来帮助你起步。最值得关注的一对 API 是联系人 API（Connections API）和查询 API（Search API）。回忆一下前面的简要讨论，你不能获得"朋友的朋友"（在 LinkedIn 语法中为联系人的联系人），但是联系人 API 会返回一个联系人的列表，它提供了一个获得档案信息的起点。查询 API 提供了对 LinkedIn 上人、公司或工作等的一种查询方式。

你还可以使用其他 API，花点时间熟悉一下它们是值得的。但要注意的是，多年来，LinkedIn 已对其 API 进行了修改，并且严格限制了可以通过其 API 自由访问的信息。例如，如果你尝试通过 API 检索所有连接数据，则可能会收到 403（"禁止访问"）错误。但 LinkedIn 仍然允许你下载所有成员数据的存档，我们将在 4.2.2 节中讨论，这些数据是与你通过身份验证后使用浏览器在 LinkedIn 网站上看到的数据是相同的。

 当使用 LinkedIn API 的时候要小心：速率上限限制直到世界标准时间（Coordinated Universal Time，UTC）的午夜才会重置，并且如果你不够小心，一个有 bug 的循环会打乱你下一个 24 小时的计划。

例如，示例 4-2 显示了如何获取你自己的档案的完整工作职位历史记录。

示例 4-2：显示你档案中的工作职位历史记录和获取档案的配置文件

```python
import json

# See https://developer.linkedin.com/docs/fields/positions for details
# on additional field selectors that can be passed in for retrieving
# additional profile information.

# Display your own positions...
my_positions = app.get_profile(selectors=['positions'])
print(json.dumps(my_positions, indent=1))
```

样本输出显示出每个职位的一些具体信息，包括公司的名字、行业、简介和雇用日期：

```json
{
 "positions": {
  "_total": 10,
  "values": [
   {
    "startDate": {
     "year": 2013,
     "month": 2
    },
    "title": "Chief Technology Officer",
    "company": {
     "industry": "Computer Software",
     "name": "Digital Reasoning Systems"
    },
    "summary": "I lead strategic technology efforts...",
    "isCurrent": true,
    "id": 370675000
   },
   {
    "startDate": {
     "year": 2009,
     "month": 10
    }
    ...
   }
  ]
 }
}
```

正如预期的那样，一些 API 返回值可以不需要包括你想知道的所有信息，另一些返回值也可能包含比你需要的更多的信息。你应该利用好字段选择器的语法（*http://bit.ly/2E7vahT*）来定制你所需要返回的信息，而不是调用多次 API 并将信息拼接在一起或是武断地去除你不需要的信息。示例 4-3 显示了你该如何对公司信息只检索其 `name`、`industry` 和 `id` 三个字段作为回应档案职位查询的一部分。

示例 4-3：用字段选择器的语法在 API 中请求附加的细节

```
# See http://bit.ly/2E7vahT for more information on the field selector syntax

my_positions = app.get_profile(selectors=['positions:(company:(name,industry,id))'])
print json.dumps(my_positions, indent=1)
```

一旦你熟悉了对你有用的基本 API，有了一些便利的文档标签，还多次调用过 API 来熟悉一些基础技术，你就可以开启你的 LinkedIn 之旅了。

4.2.2 下载 LinkedIn 的联系人并保存为 CSV 文件

尽管使用 API 可以编程访问授权用户可见的位于 *http://linkedin.com* 的所有内容，但是你还可以将你的 LinkedIn 连接导出为 CSV 文件格式的地址簿数据，从而获得本章大部分内容需要的所有职位的详细信息。方法是：导航到"LinkedIn Setting & Privacy"页面并找到"Download your data"选项，进入图 4-2 所示的"Export LinkedIn Connections"对话框（*http://linkd.in/1a1m4ho*）。

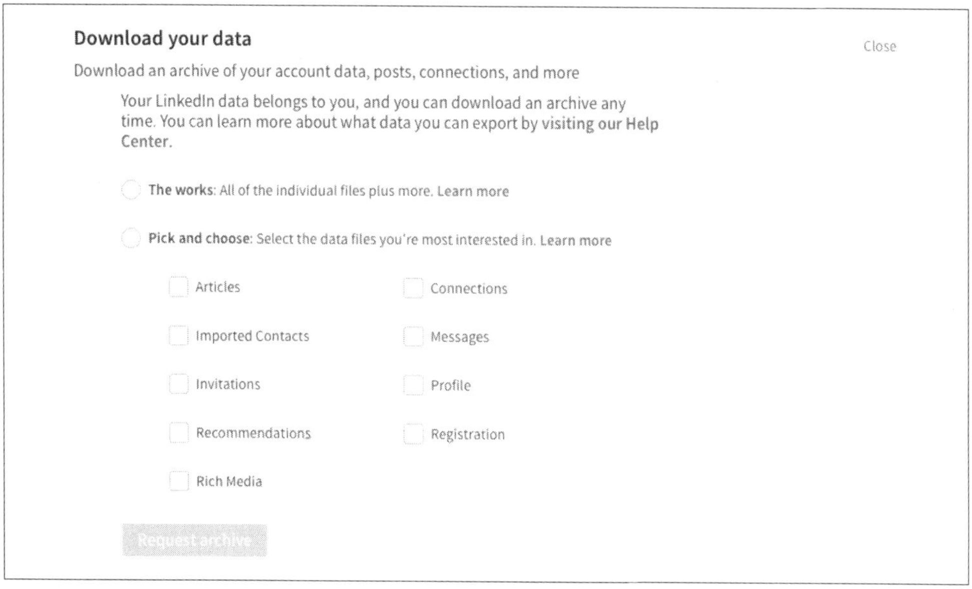

图 4-2：LinkedIn 的一个鲜为人知的功能是，你可以使用方便且可移植的 CSV 格式导出所有联系人

4.3 数据聚类速成

现在你已经基本了解了如何访问 LinkedIn 的 API，我们下面采用聚类技术[注1]进行更具体的分析。聚类是一种无监督机器学习技术，它是数据挖掘工具包中的重要组成部分。聚类是对获取的一些信息条目集合进行处理，然后根据通常用于比较集合中信息条目的启发式方法，将它们划分为较小的集合。

聚类是一种基本的数据挖掘技术，本章包括了针对其背后的数学原理的一些脚注和讨论。尽管你最后应该尝试去理解这些细节，但你不需要掌握所有的要点就能成功使用聚类技术，当你第一次看到它们的时候，也不需要对掌握它们感到压力。如果你没有必要的数学基础，你或许需要一点时间来消化这些讨论的内容。

例如，如果你正在考虑地理信息的重新划分，你可能会发现将你的 LinkedIn 联系人聚类成几个地理区域来更好地发现可用的商业机会是很有用的。我们随后会再次谈到这个概念，但是首先我们要花一点时间来简略讨论一些有关聚类的细节问题。

当在 LinkedIn 或其他地方实现聚类问题的解决方案时，你将会重复遇到聚类分析过程中的至少两个主要问题（对第三个问题的讨论参见后面的"降维在聚类中的作用"）。

数据标准化

即使你正用一个很好的 API 来检索数据，得到的数据通常也不是你想要的格式，往往需要花一些时间将数据转为适合分析的形式。例如，LinkedIn 会员可以在文本框中输入他们的职位名称，这样你就不能总是得到完全规范化的职位名称。一个总经理可能会选择" Chief Technology Officer"这样的名称，然而另外一个总经理可能会选择更含糊的名称" CTO"，并且还会有其他各种各样的名称来表达相同的职位。我们将会再次讨论数据规范化的问题，并随后实现一种对 LinkedIn 数据特定方面进行处理的模式。

相似度计算

假设你拥有良好的规范化后的条目，你需要计算它们中任意两个的相似度，它们可能是职位名称、公司名字、职业兴趣、地理坐标或是其他你能作为文本输入的字段，因此你需要定义一个能粗略估计任意两个值相似度的启发式方法。在某些情况下，定义计算相似度的启发式方法会十分简单，但是在另一些情况下可能会很难。例如，比较 2 个人的工作年限是十分简单的，只需要加法操作，但是用完全自动化的方式来比较像领导能力这样的职业元素将会很困难。

注 1：在技术上没有细微差别的情况下，它通常也被称为近似匹配（approximate matching）、模糊匹配（fuzzy matching）、去重（deduplication）等。

降维在聚类中的作用

尽管数据规范化和相似度计算是聚类在抽象层次上会遇到的两个重要主题，但是一旦你使用的数据规模变得很大，降维就会成为第三个重要主题。为了用相似度度量的方法将集合中的所有条目聚类，你会将每个条目与其他条目相比较。这样，对于一个有 n 个条目的数据集，最坏的情况下你的算法中需要 n^2 次相似度计算，因为你需要将 n 个条目的每一个和其他 $n-1$ 个相比较。

计算机科学家称这个问题为 n 平方问题，通常用 $O(n^2)$ 来表示这种问题；通俗地讲，你会称其为"n 平方的大 O"问题。对于很大的 n 值，$O(n^2)$ 问题会很棘手。大多数情况下，"棘手"意味着要想解决方案计算完毕，你要等"很长"时间。根据问题的性质和问题的限制，"很长"可能是几分钟、几年甚至永远。

数据降维技术的探究超出了我们现在要讨论的范畴，但是知道一点即可：一个经典的数据降维技术涉及用一个函数将"足够相似"的条目放到固定数目的桶内，这样每个桶内的条目可以更充分地相互比较。数据降维通常既是艺术又是科学，并且那些应用降维方法成功获得竞争优势的机构经常把它当作产权信息或商业秘密。

聚类技术是任何数据挖掘者所必备工具的基本组成部分，因为几乎任何部门（从国防情报（defense intelligence）到银行的欺诈检测（fraud detection）再到美化环境等）中，都有大量半规范化的相关数据需要分析。在过去几年，数据科学家工作机会的增加也证实了这一点。

通常，一个公司会建立一个数据库来收集各种信息，但不是每个字段都落入预先定义好的有效答案范围中。无论是应用程序的用户界面逻辑设计得不正确（一些字段没有指示出已经确定的值）还是因用户体验很关键而允许用户在文本框中输入他们喜欢的任意内容，结果往往都是相同样的：你最终获得了大量半规范化的数据，或是"脏记录"。虽然对一个特定字段可能会有 N 个不同的字符串表示，但是有些字符串实际上表示相同的意思。冗余可能由多种原因造成，例如拼写错误、缩写或速记、单词大小写方面的区别等。

如前所述，这是我们在挖掘 LinkedIn 数据时遇到的典型情况：LinkedIn 成员能够以自由文本的形式输入其职位信息，这样就不可避免地导致获取的结果中有一定数量的半规范化数据或"脏记录"。例如，如果你想检测你的职业人脉，并试着发现你的联系人大都在哪工作，你就需要考虑公司名字的常见变化。即使是最简单的公司名字也有一些常见的变化，这几乎是肯定要遇到的情况。例如，很明显对大多数人来说"Google"是"Google, Inc."的缩写形式，但是即使是命名规范中这些简单变化也要在规范化过程中做出明确的说明。在规范化公司名字过程中，最好是首先考虑后缀，如 LLC 和 Inc。

4.3.1 对数据进行规范化处理以便进行分析

规范化是建立一个实用聚类算法必需且有效的步骤,让我们来探索你可能在规范化 LinkedIn 数据过程中遇到的几种典型情况。在本节我们将实现一种用于规范化公司名称和职位的通用模式。作为更高级的练习,我们也将简要讨论 LinkedIn 档案信息中地理信息的二义性和地理编码的问题。(换句话说,我们将要尝试将 LinkedIn 档案中像"Greater Nashville Area"这样的标签转换为可以在地图上画出的坐标。)

 数据规范化的主要目的是允许你能够计数并分析数据的重要特征,并能够使用像聚类这样先进的数据挖掘技术。例如,对 LinkedIn 的数据,我们会检视像公司的职位和地理位置这样的内容。

规范化并计算公司的数量

让我们尝试规范化职业人脉中公司的名称。回忆一下你读取 LinkedIn 数据的两种基本方式,分别是使用 LinkedIn API 来以编程的方式检索相关字段,以及通过使用较少人知道的机制将你的职业人脉导出为包含姓名、职位名称、公司和联系人这类基本信息的通讯录数据。

假设你有从 LinkedIn 导出的通讯录的 CSV 文件,你可以规范化该数据,并输出从直方图中选择的实体,如示例 4-4 所示。

 你可能会在示例 4-4 的代码清单的开头注释中看到,你需要复制并重新对你的 LinkedIn 联系人的 CSV 文件命名,该文件处于源代码检查点下的某个目录,每一步均已在 4.2.2 节中进行了介绍。

示例 4-4:简单规范化通讯录数据中的公司名称后缀

```
import os
import csv
from collections import Counter
from operator import itemgetter
from prettytable import PrettyTable

# Download your LinkedIn data from: https://www.linkedin.com/psettings/member-data.
# Once requested, LinkedIn will prepare an archive of your profile data,
# which you can then download. Place the contents of the archive in a
# subfolder, e.g., resources/ch03-linkedin/.

CSV_FILE = os.path.join("resources", "ch03-linkedin", 'Connections.csv')

# Define a set of transforms that convert the first item
# to the second item. Here, we're simply handling some
```

```
# commonly known abbreviations, stripping off common suffixes,
# etc.

transforms = [(', Inc.', ''), (', Inc', ''), (', LLC', ''), (', LLP', ''),
              (' LLC', ''), (' Inc.', ''), (' Inc', '')]

companies = [c['Company'].strip() for c in contacts if c['Company'].strip() != '']

for i, _ in enumerate(companies):
    for transform in transforms:
        companies[i] = companies[i].replace(*transform)
pt = PrettyTable(field_names=['Company', 'Freq'])
pt.align = 'l'
c = Counter(companies)

[pt.add_row([company, freq]) for (company, freq) in
    sorted(c.items(), key=itemgetter(1), reverse=True) if freq > 1]

print(pt)
```

下面显示了频率分析的典型结果：

```
+-----------------------------------+------+
| Company                           | Freq |
+-----------------------------------+------+
| Digital Reasoning Systems         | 31   |
| O'Reilly Media                    | 19   |
| Google                            | 18   |
| Novetta Solutions                 | 9    |
| Mozilla Corporation               | 9    |
| Booz Allen Hamilton               | 8    |
| ...                               | ...  |
+-----------------------------------+------+
```

 Python 允许通过解引用列表和词典传递参数给函数，有时这会很方便，如示例 4-4 所示。例如，只要 args 定义为 [1,7]，kw 定义为 {'x':23}，调用 f(*args,**kw) 和调用 f(1,7,x=23) 就是相同的。更多 Python 的技巧可以查看附录 C。

记住，你需要更巧妙地处理更复杂的情况，例如，你可能会遇到公司名称的各种表示形式，如 O'Reilly Media 这个名字就是经过了多年的变化得到的。例如，你可能会看到该公司的名称表示为 O'Reilly & Associates、O'Reilly Media、O'Reilly, Inc. 或只是 O'Reilly。[注2]

规范化并计算职位的数量

可能正如所期望的那样，当考虑职位名称的时候出现了和规范化公司名称相同的问题，不

注 2：如果你认为这开始变得复杂了，考虑下 Dun & Bradstreet (*http://bit.ly/1a1m4Om*) 在公司信息的"Who's Who"上所做的工作，它面对着维护全世界的公司名录的挑战，该名录可以识别全世界跨多种语言的公司。

同的是这个问题变得更糟糕了，因为职位名称有更多的变化。表 4-1 列出了你可能在软件公司遇到的一些职位名称，它包含了一些很自然的变化。下面列出的 10 个职位名称有多少是代表不同意思的呢？

表 4-1：技术公司的职位样例

职位名称
Chief Executive Officer
President/CEO
President & CEO
CEO
Developer
Software Developer
Software Engineer
Chief Technical Officer
President
Senior Software Engineer

尽管可以定义一个别名或缩写的列表来将像 CEO 和 Chief Executive Officer 的名称等同起来，但是要人工定义将所有可能领域的一般情况下的职位名称（如 Software Engineer 和 Developer）等同起来的列表是不切实际的。然而，即便是在最混乱领域的最糟糕的情况下，将数据压缩到易于让专业人士进行复查并随后反馈给程序的程度也不困难，程序可以用与专家以前做过的几乎相同的方式来处理数据。大多数情况下，这也是各个机构所偏爱的方法，因为它能够让人简短地介入主循环并执行质量控制。

回想一下，当处理任何数据集的时候，一个最明显的起始点就是记录事件发生的次数，并且这种情况都是相同的。让我们重新使用规范化公司名称的相同思想来实现规范化常见的职位名称，随后对这些名称做一个基本的频率分析作为聚类的基础。假设你已经导出了一个合理数量的联系人资料，你遇到的职位名称间的细小差别实际上可能会是令人吃惊的，但是我们在开始之前，先介绍一些示例代码来建立一些规范化记录的模式，以及获得根据频率排序的基本表单。

下面的示例 4-5 检查职位名称并打印职位和其中单个词项的频率信息。

示例 4-5：规范化常见的职位名称并计算它们的频率

```
import os
import csv
from operator import itemgetter
from collections import Counter
from prettytable import PrettyTable
```

```
# Point this to your 'Connections.csv' file
CSV_FILE = os.path.join('resources', 'ch03-linkedin', 'Connections.csv')

csvReader = csv.DictReader(open(CSV_FILE), delimiter=',', quotechar='"')
contacts = [row for row in csvReader]

transforms = [
    ('Sr.', 'Senior'),
    ('Sr', 'Senior'),
    ('Jr.', 'Junior'),
    ('Jr', 'Junior'),
    ('CEO', 'Chief Executive Officer'),
    ('COO', 'Chief Operating Officer'),
    ('CTO', 'Chief Technology Officer'),
    ('CFO', 'Chief Finance Officer'),
    ('VP', 'Vice President'),
    ]

# Read in a list of titles and split apart
# any combined titles like "President/CEO."
# Other variations could be handled as well, such
# as "President & CEO", "President and CEO", etc.

titles = []
for contact in contacts:
    titles.extend([t.strip() for t in contact['Position'].split('/')
                if contact['Position'].strip() != ''])

# Replace common/known abbreviations

for i, _ in enumerate(titles):
    for transform in transforms:
        titles[i] = titles[i].replace(*transform)

# Print out a table of titles sorted by frequency

pt = PrettyTable(field_names=['Job Title', 'Freq'])
pt.align = 'l'
c = Counter(titles)
[pt.add_row([title, freq])
 for (title, freq) in sorted(c.items(), key=itemgetter(1), reverse=True)
    if freq > 1]
print(pt)

# Print out a table of tokens sorted by frequency

tokens = []
for title in titles:
    tokens.extend([t.strip(',') for t in title.split()])
pt = PrettyTable(field_names=['Token', 'Freq'])
pt.align = 'l'
c = Counter(tokens)
[pt.add_row([token, freq])
 for (token, freq) in sorted(c.items(), key=itemgetter(1), reverse=True)
    if freq > 1 and len(token) > 2]
print(pt)
```

简而言之，该代码读入 CSV 格式的记录，将用斜线连在一起的名称分开（如"President/CEO"）并替换缩写词来尝试将名称规范化。除此之外，它仅仅显示了职位全称和包含在职位名称中的单个词项的频率分布结果。

这与之前用公司名称的练习没多少不同，但是它是一个有用的初始模板，并提供给你有关数据如何分解的一些合理的洞见。

示例代码的运行结果如下：

```
+---------------------------------------+------+
| Title                                 | Freq |
+---------------------------------------+------+
| Chief Executive Officer               | 19   |
| Senior Software Engineer              | 17   |
| President                             | 12   |
| Founder                               | 9    |
| ...                                   | ...  |
+---------------------------------------+------+


+---------------+------+
| Token         | Freq |
+---------------+------+
| Engineer      | 43   |
| Chief         | 43   |
| Senior        | 42   |
| Officer       | 37   |
| ...           | ...  |
+---------------+------+
```

对于示例结果值得注意的一件事是，使用精确匹配时最常见的职位名称是"Chief Executive Of-ficer"，紧随其后的是其他高级职位，如"President"和"Founder"。因此，该职业人脉的拥有者可以很好地接触到企业家和商业领袖。职位名称中最常用的词项是"Engineer"和"Chief"。"Chief"跟我们之前所设想的一样与公司高层相关，而"Engineer"对职业人脉的本质提供了略微不同的暗示。尽管"Engineer"不是最常出现的职位名称的一部分，但它确实出现在大量的职位名称中，如"Senior Software Engineer"和"Software Engineer"，这些词也出现在职位名称列表的前几位。因此，该人脉的拥有者看起来也与技术开发人员有联系。

在职位名称或通讯录的数据分析中，这种方法促进了对近似匹配和聚类算法的需求。下一节将做进一步研究。

规范化并计算位置的数量

虽然 LinkedIn 包含关于你的联系人的常规通讯录信息，但你不能再导出常规地理信息。这就引出了数据科学中的一个普遍问题，即如何处理丢失的信息。如果一个地理信息是模棱两可的，或者有多个可能的表示，那该怎么办？例如，"New York""New York

City"、"NYC"、"Manhattan"和"New York Metropolitan Area"都与相同的地理位置相关，但是可能需要规范化才能进行正常的计数。

作为一个广义问题，消除地理位置引用的歧义是相当困难的。纽约市的人口规模非常大，以至于当我们提起"纽约"时，你就可以合理地推断出它指的是纽约市，但是当提起 Smithville 时又如何呢？在美国有许多 Smithville，大多数的州都会有几个 Smithville，因而要做出正确的决定，我们需要周边州等地理上下文信息。在 LinkedIn 上不会看到像"Greater Smithville Area"这样非常模棱两可的信息，但是它可以用来说明找准实际地理位置时遇到的普遍问题，以便可以将其解析为一组特定的坐标。

与上面提到的广义问题相比，对 LinkedIn 联系人的位置进行歧义消除和地理编码要容易一些。因为大多数人倾向于识别与他们相关联的较大的大都市区，并且这些地区的数量相对有限。尽管并非总是如此，但你通常可以采用粗略的假设，即 LinkedIn 档案中所提及的位置是一个相对知名的位置，并且可能是该名称中"最流行"的都市区。

如果缺少准确的信息，是否可以进行合理的估计？现在，LinkedIn 不会导出你的联系人位置，是否还有另一种方法可以推断你的联系人的生活和工作位置？

事实证明，我们可以通过对联系人所在的公司地址进行地理查找来对联系人地址进行有根据的猜测。对于未公开列出地址的公司，此方法可能会失败。另一种失败的情况是我们的联系人在多个城市设有办公地点，那么我们的查询可能返回错误的地理位置。不过，作为第一种方法，我们可以开始以这种方式了解我们联系人的地理位置。

你可以通过使用命令 `pip install geopy` 来安装一个叫作 geopy 的 Python 包。它提供了一个普遍的方法来传递位置的标签，并传回可能匹配的坐标列表。geopy 包是多个 Web 服务供应商（如 Bing 和 Google）的代理，用来执行地理编码，使用该包的优势之一就是该包提供了多种地理编码服务的标准 API 接口，这样你就不需要手动设计请求并解析反馈。geopy 在 GitHub 的代码库（*http://bit.ly/1a1m7Ka*）是阅读在线文档的起点。

示例 4-6 说明了如何在 Google Maps 地理编码 API 中使用 geopy。要运行脚本，你需要从 Google Developers Console（*http://bit.ly/2EGbF15*）请求 API 密钥。

示例 4-6：使用 Google Maps API 对位置进行地理编码

```
from geopy import geocoders # pip install geopy

GOOGLEMAPS_APP_KEY = '' # Obtain your key at https://console.developers.google.com/
g = geocoders.GoogleV3(GOOGLEMAPS_APP_KEY)

location = g.geocode("O'Reilly Media")
print(location)
print('Lat/Lon: {0}, {1}'.format(location.latitude,
                                  location.longitude))
```

```
print('https://www.google.ca/maps/@{0},{1},17z'.format(location.latitude,
                                                       location.longitude))
```

接下来，我们遍历所有联系人，并在 CSV 文件的"Company"列中对名称进行地理查找，如示例 4-7 所示。该脚本的示例结果遵循并说明了使用诸如"Nashville"之类的歧义标签解析一组坐标的性质：

```
[(u'Nashville, TN, United States', (36.16783905029297, -86.77816009521484)),
 (u'Nashville, AR, United States', (33.94792938232422, -93.84703826904297)),
 (u'Nashville, GA, United States', (31.206039428710938, -83.25031280517578)),
 (u'Nashville, IL, United States', (38.34368133544922, -89.38263702392578)),
 (u'Nashville, NC, United States', (35.97433090209961, -77.96495056152344))]
```

示例 4-7：对公司名称进行地理编码

```
import os
import csv
from geopy import geocoders # pip install geopy

GOOGLEMAPS_APP_KEY = '' # Obtain your key at https://console.developers.google.com/
g = geocoders.GoogleV3(GOOGLEMAPS_APP_KEY)

# Point this to your 'Connections.csv' file
CSV_FILE = os.path.join('resources', 'ch03-linkedin', 'Connections.csv')

csvReader = csv.DictReader(open(CSV_FILE), delimiter=',', quotechar='"')
contacts = [row for row in csvReader]

for i, c in enumerate(contacts):
    progress = '{0:3d} of {1:3d} - '.format(i+1,len(contacts))
    company = c['Company']
    try:
        location = g.geocode(company, exactly_one=True)
    except:
        print('... Failed to get a location for {0}'.format(company))
        location = None

    if location != None:
        c.update([('Location', location)])
        print(progress + company[:50] + ' -- ' + location.address)
    else:
        c.update([('Location', None)])
        print(progress + company[:50] + ' -- ' + 'Unknown Location')
```

运行示例 4-7 的输出如下所示：

```
 40 of 500 - TE Connectivity Ltd. -- 250 Eddie Jones Way, Oceanside, CA...
 41 of 500 - Illinois Tool Works -- 1568 Barclay Blvd, Buffalo Grove, IL...
 42 of 500 - Hewlett Packard Enterprise -- 15555 Cutten Rd, Houston, TX...
.. Failed to get a location for International Business Machines
 43 of 500 - International Business Machines -- Unknown Location
 44 of 500 - Deere & Co. -- 1 John Deere Pl, Moline, IL 61265, USA
.. Failed to get a location for Affiliated Managers Group Inc
 45 of 500 - Affiliated Managers Group Inc -- Unknown Location
 46 of 500 - Mettler Toledo -- 1900 Polaris Pkwy, Columbus, OH 43240, USA
```

在本章的后面，我们将使用地理编码返回的位置作为聚类算法的一部分，聚类算法是分析职业人脉的一种好方法。首先，我们将研究另一个有用的可视化技术，该方法称为"统计地图"（cartogram），它可能会很有用。

运行示例 4-7 中的代码所用的时间取决于需要处理的 API 调用的数量，现在是保存这些处理过的数据的好时机，JSON 是一种保存数据的通用格式，示例 4-8 中的代码说明了如何进行数据保存。

示例 4-8：将处理的数据保存为 JSON

```
CONNECTIONS_DATA = 'linkedin_connections.json'

# Loop over contacts and update the location information to store the
# string address, also adding latitude and longitude information
def serialize_contacts(contacts, output_filename):
    for c in contacts:
        location = c['Location']
        if location != None:
            # Convert the location to a string for serialization
            c.update([('Location', location.address)])
            c.update([('Lat', location.latitude)])
            c.update([('Lon', location.longitude)])

    f = open(output_filename, 'w')
    f.write(json.dumps(contacts, indent=1))
    f.close()
    return

serialize_contacts(contacts, CONNECTIONS_DATA)
```

在 4.3.3 节的"k-means 聚类"中我们将从读取保存的数据开始。

用统计地图可视化位置信息

统计地图（*http://bit.ly/1a1m5Ss*）是一种可视化技术。它根据控制参数按比例缩放地理的边界来展示地理信息。例如，可以将美国地图的每个州的大小按比例缩放，这个比例是根据肥胖率、贫困水平、百万富翁的数量等参数决定的。可视化结果不需要呈现完全整合的地理内容，因为每个州的缩放比例不一致，将不再适合整合在一起。你可能还会想到对控制每个州比例缩放的参数的总体状态做些文章。

Dorling 统计地图（*http://stanford.io/1a1m5SA*）的特殊变化是用像圆圈这样的图形来替代地图上的每个区域，这些图形是根据控制参数，按其原区域所在大概位置及大小比例进行设定的。表述 Dorling 统计地图的另外一个方式是将其作为"地理聚合的泡泡图"。它是一个重要的可视化工具，因为它允许你用直觉来确定信息可以出现在二维地图表面的什么位置，你也能用非常直观的图形属性（如面积和颜色）来编码参数。

鉴于 Google Maps 地理编码服务返回的结果包括每个城市都被地理编码的州，让我们利用这些信息，为你的职业人脉构建一个 Dorling 统计地图，你可以根据每个州的联系人总数对其进行比例缩放。先进的可视化工具包 D3（*http://bit.ly/1a1kGvo*）包括了 Dorling 统计地图的大部分机制，并提供了高度可定制的方法，如果需要，你可以在可视化操作中包含其他参数。D3 也包括了一些可以表达地理信息的其他可视化方式，如 heatmaps、symbol maps 和 choropleth maps，可以很容易地使用它们表达工作数据的内容。

实际上，只需要执行一项数据处理任务即可按州可视化你的联系人，并且可以从地址解析器的响应中解析州。Google Maps 地理编码器返回结构化的输出，使我们能够从每个结果中提取州名称。

示例 4-9 说明了如何解析地址解析器的响应，并写出可由 D3 支持的 Dorling 统计地图可视化程序加载的 JSON 文件。由于我们正在准备的数据可视化仅集中在美国各州，因此我们需要过滤掉其他国家的位置。为此，我们编写了一个辅助函数 checkIfUSA，如果该位置在美国境内，则该函数返回布尔值 True。

示例 4-9：使用正则表达式从 Google Maps 地理编码器结果中解析状态

```python
def checkIfUSA(loc):
    if loc == None: return False
    for comp in loc.raw['address_components']:
        if 'country' in comp['types']:
            if comp['short_name'] == 'US':
                return True
            else:
                return False


def parseStateFromGoogleMapsLocation(loc):
    try:
        address_components = loc.raw['address_components']
        for comp in address_components:
            if 'administrative_area_level_1' in comp['types']:
                return comp['short_name']
    except:
        return None

results = {}
for c in contacts:
    loc = c['Location']
    if loc == None: continue
    if not checkIfUSA(loc): continue
    state = parseStateFromGoogleMapsLocation(loc)
    if state == None: continue
    results.update({loc.address : state})

print(json.dumps(results, indent=1))
```

示例代码的运行结果说明了该技术的有效性：

```
{
 "1 Amgen Center Dr, Thousand Oaks, CA 91320, USA": "CA",
 "1 Energy Plaza, Jackson, MI 49201, USA": "MI",
 "14460 Qorvo Dr, Farmers Branch, TX 75244, USA": "TX",
 "1915 Rexford Rd, Charlotte, NC 28211, USA": "NC",
 "1549 Ringling Blvd, Sarasota, FL 34236, USA": "FL",
 "539 S Main St, Findlay, OH 45840, USA": "OH",
 "1 Ecolab Place, St Paul, MN 55102, USA": "MN",
 "N Eastman Rd, Kingsport, TN 37664, USA": "TN",
 ...
}
```

通过从 LinkedIn 通讯录中提取可靠的州缩写的功能，你现在可以计算每个州出现的频率，这就是用 D3 驱动 turnkey Dorling 统计地图可视化所需的全部。职业人脉的可视化示例如图 4-3 所示。尽管可视化只是地图上精心展示的圆圈，但是每个圆圈所对应的州是比较明显的（请注意，在许多统计地图中，阿拉斯加和夏威夷均显示在可视化图的左下角，就像很多地图显示为嵌体的情况一样）。将鼠标悬停在圆圈上会出现提示信息，默认情况下会显示州的名称，并且通过查看标准 D3 最佳实践范例，你将不难实现其他自定义信息的显示。产生用于 D3 可视化的输出结果的过程，不过是获取各州出现的频率分布并将其输出到 JSON 文件中。

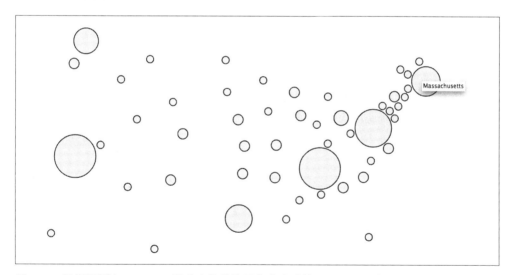

图 4-3：根据解析自 LinkedIn 职业人脉的位置信息生成的 Dorling 统计地图，鼠标放在圆圈上（在本图中，鼠标放在了马萨诸塞州的上面）会出现含有该州名字的提示

为了简便起见，从本节起省略了根据你的 LinkedIn 联系人创建 Dorling 统计地图的一些代码，但是全部的代码包含在本章的 Jupyter Notebook 的完整的 turnkey 示例中。

4.3.2 测量相似度

之前我们对数据进行了规范化的操作，现在我们将注意力转向计算相似度的问题，这是聚类问题的核心基础。以有效的方式聚类一系列字符串（本例中是职位名称）时需要我们做出的最实质性的决定是，使用哪种相似度度量方法。有许多有用的字符串相似度度量方法，要根据你的目标选择更适合的那一个。

尽管这些相似度的计算方法不难定义和执行，但我们正好可以借这个机会来介绍自然语言工具箱（Natural Language Toolkit，NLTK）（*http://bit.ly/1a1mc0m*），它是一个 Python 工具箱，是挖掘社交网络的"新武器"。和其他的 Python 包安装方法相同，只需要运行 **pip install nltk** 命令进行正常安装即可。

根据你对 NLTK 使用的需要，可能还需要下载一些附加的数据集，因为这些数据没有和 NLTK 打包在一起。如果你没有使用本书的虚拟机，可以运行 **nltk.download()** 命令来下载 NLTK 附加的数据集。你可在文档（*http://bit.ly/1a1mcgV*）中阅读更多关于安装 NLTK 数据的内容。

以下是一些常见的相似度度量方法，可能有助于比较 NLTK 中实现的职位名称：

编辑距离

编辑距离（edit distance）也叫作 Levenshtein 距离（*http://bit.ly/1JtgTWJ*），是对从一个字符串转为另一个字符串所需的插入、删除和替换次数的简单测量。例如，将 dad 转换为 bad 所需的代价（cost）为一次替换操作（将第一个 d 替换为 b），同时产生的代价值为 1。NLTK 通过 nltk.metrics.distance.edit_distance 函数来实现编辑距离的度量。

两个字符串之间实际的编辑距离不同于计算编辑距离所需的操作数量；对于长度为 M 和 N 的两个字符串计算编辑距离通常需要 $M \times N$ 次操作。换句话说，计算编辑距离是一个计算复杂度很高的操作，因此针对一般的数据需要巧妙地使用该方法。

n 元文法相似度

n 元文法 n-gram 是一种表达文本中连续 *n* 个符号的每一种排列可能性的简洁方法，它提供了计算搭配词所需的基本数据结构。*n* 元文法相似度有许多种变形，但是我们考虑最直接的方式：计算 2 个字符串中所有词的所有可能二元文法，并通过计算字符串间相同的二元文法数来对字符串的相似度打分，如示例 4-10 所示。

n 元文法和搭配的扩展讨论参见 5.4.4 节。

示例 4-10：用 NLTK 计算二元文法

```
from nltk.util import bigrams

ceo_bigrams = list(bigrams("Chief Executive Officer".split(),
                           pad_left=True, pad_right=True))
cto_bigrams = list(bigrams("Chief Technology Officer".split(),
                           pad_left=True, pad_right=True))

print(ceo_bigrams)
print(cto_bigrams)

print(len(set(ceo_bigrams).intersection(set(cto_bigrams))))
```

以下示例就是用二元文法计算的两个不同职位名称的交集和它们之间的差值：

```
[(None, 'Chief'), ('Chief', 'Executive'), ('Executive', 'Officer'),
('Officer', None)]
[(None, 'Chief'), ('Chief', 'Technology'), ('Technology', 'Officer'),
('Officer', None)]
2
```

关键词参数 pad_right 和 pad_left 的使用是为了允许开头和结尾词项也进行匹配，使二元文法（None,'Chief'）可以被正确处理，这对于职位名称的对比是很重要的。NLTK 提供了相当全面的二元文法和三元文法的打分函数，这些函数定义在 nltk.metrics.association 模块中的 BigramAssociationMeasures 和 Trigram-AssociationMeasure 类里面。

Jaccard 距离

通常情况下，我们可以计算两个集合（其中集合是指包含无序元素的群组）之间的相似度。Jaccard 相似度度量就是表达两个集合之间的相似度，并定义为集合之间交集与并集的比值。在数学上，Jaccard 相似度可以写为：

$$\frac{|Set1 \cap Set2|}{|Set1 \cup Set2|}$$

也就是两个集合中共有元素的数量（交集的基数）除以两个集合中截然不同元素的数量（并集的基数）。从直觉上来看，该比值是一种获得归一化相似度的合理方法。总的来说，你可以使用 n 元文法（包括一元文法）计算 Jaccard 相似度来测量两个字符串的相似度。

鉴于 Jaccard 相似度测量了两个集合之间的紧密度，你可以通过用 1.0 减去该值来获得 Jaccard 距离。

除了这些方便的相似度度量方法和许多其他的实用工具，NLTK 还提供了一个类，你可以通过 nltk.FreqDist 来访问。它生成一个频率分布，和我们一直使用的 Python 标准库中的 collections.Counter 使用方式相似。

计算相似度是任何聚类算法的关键部分，一旦你对正在挖掘的数据有了更好的想法，就可以很容易尝试不同的相似度启发式方法，它是你在数据科学领域工作的一部分。下一节我们将编写用 Jaccard 相似度来聚类职位名称的脚本。

4.3.3 聚类算法

有了我们之前介绍的数据规范化方法以及相似度启发式方法，现在我们从 LinkedIn 上收集一些真实的数据，并进行一些有意义的聚类来发现职业人脉的更多信息。不论你是想客观地看看你增添人脉的技巧是否在帮助你遇到"正确的人群"，或是想用一种特殊的商业调查或建议来找到最可能符合特定社会经济体的人，抑或是想确定是否有一个更好的地方供你居住或者开一个远程办事处来推广商业业务，一定能在包含大量高质量数据的职业人脉中挖掘出有价值的信息。本节剩下的部分会通过更深入地讨论分组相似职位名称的问题来展示一些不同的聚类方法。

贪心聚类

假定我们认为职位中的重叠部分很重要，我们通过计算 Jaccard 距离将职位名称互相比较（示例 4-5 的延伸）来将它们聚类。示例 4-11 将相似的名称聚类然后展示相应的通讯录。请先浏览代码，尤其是调用 DISTANCE 函数的嵌套循环，然后我们再来讨论。

示例 4-11：用贪心启发式方法聚类职位名称

```
import os
import csv
from nltk.metrics.distance import jaccard_distance

# Point this to your 'Connections.csv' file
CSV_FILE = os.path.join('resources', 'ch03-linkedin', 'Connections.csv')

# Tweak this distance threshold and try different distance calculations
# during experimentation
DISTANCE_THRESHOLD = 0.6
DISTANCE = jaccard_distance

def cluster_contacts_by_title():

    transforms = [
        ('Sr.', 'Senior'),
        ('Sr', 'Senior'),
        ('Jr.', 'Junior'),
        ('Jr', 'Junior'),
        ('CEO', 'Chief Executive Officer'),
```

```
    ('COO', 'Chief Operating Officer'),
    ('CTO', 'Chief Technology Officer'),
    ('CFO', 'Chief Finance Officer'),
    ('VP', 'Vice President'),
    ]

separators = ['/', ' and ', ' & ', '|', ',']

# Normalize and/or replace known abbreviations
# and build up a list of common titles.

all_titles = []
for i, _ in enumerate(contacts):
    if contacts[i]['Position'] == '':
        contacts[i]['Position'] = ['']
        continue
    titles = [contacts[i]['Position']]
    # flatten list
    titles = [item for sublist in titles for item in sublist]
    for separator in separators:
        for title in titles:
            if title.find(separator) >= 0:
                titles.remove(title)
                titles.extend([title.strip() for title in
                    title.split(separator) if title.strip() != ''])

    for transform in transforms:
        titles = [title.replace(*transform) for title in titles]

    contacts[i]['Position'] = titles
    all_titles.extend(titles)

all_titles = list(set(all_titles))

clusters = {}
for title1 in all_titles:
    clusters[title1] = []
    for title2 in all_titles:
        if title2 in clusters[title1] or title2 in clusters and title1
            in clusters[title2]:
            continue
        distance = DISTANCE(set(title1.split()), set(title2.split()))

        if distance < DISTANCE_THRESHOLD:
            clusters[title1].append(title2)

# Flatten out clusters

clusters = [clusters[title] for title in clusters if len(clusters[title]) > 1]

# Round up contacts who are in these clusters and group them together

clustered_contacts = {}
for cluster in clusters:
    clustered_contacts[tuple(cluster)] = []
    for contact in contacts:
        for title in contact['Position']:
```

```
            if title in cluster:
                clustered_contacts[tuple(cluster)].append('{0} {1}.'.format(
                    contact['FirstName'], contact['LastName'][0]))

    return clustered_contacts


clustered_contacts = cluster_contacts_by_title()

for titles in clustered_contacts:
    common_titles_heading = 'Common Titles: ' + ', '.join(titles)

    descriptive_terms = set(titles[0].split())
    for title in titles:
        descriptive_terms.intersection_update(set(title.split()))
    if len(descriptive_terms) == 0: descriptive_terms = ['***No words in common***']
    descriptive_terms_heading = 'Descriptive Terms: '
        + ', '.join(descriptive_terms)
    print(common_titles_heading)
    print('\n'+descriptive_terms_heading)
    print('-' * 70)
    print('\n'.join(clustered_contacts[titles]))
    print()
```

上述代码首先使用公共连接列表将组合的标题分隔开，然后将常用职位名称规范化。随后用一个嵌套循环迭代所有的职位名称，并根据 Jaccard 相似度（DISTANCE 定义的）的阈值将它们聚类，这里采取把 jaccard_distance 分配给 DISTANCE 的方式，因此我们可以很容易将其替换为不同的距离计算方式来做实验。这个紧凑的循环是代码清单中大部分的计算真正发生的地方：将每个名称都和其他名称相比较。

如果任何两个名称的距离（根据相似度启发式方法而定）是"足够接近的"，我们贪心地将它们分为一组。这里"贪心"的意思是在第一次能够认定一个条目适合一个类别时，我们就将其分到一类而不再进一步考虑其是否有更适合的类别，如果后面出现更适合的我们也不再考虑了。这种方法非常实用，并产生了非常合理的结果。很明显，选择有效的相似度启发式方法是成功的关键，但是考虑到嵌套循环的特性，我们调用打分函数的次数越少，代码执行的速度就越快（主要关心对大量数据的操作）。下一节我们将讨论更多这方面的问题，但是要注意，我们要尽可能用一些条件判断来避免重复的不必要计算。

剩下的代码仅仅是查找通讯录，把具有特定职位名称的联系人分为一组并显示出来，但是在聚类的过程中有另一个需要考虑的细节，就是你通常需要为每一类分配一个有意义的标签。该方法的实现是考虑每类职位名称中的相交条目来计算其类别，这是最明显而常见的思路，并且看上去是合理的。如果用其他的方法来计算距离肯定会有所不同。

你可能期望这段代码运行得到的结果有用，期望它能够把在工作中可能有相同职责的人分列一起。正如我们前面提到的，出于多个原因，该信息可能会是有用的，例如，你在计划一个涉及"CEO Panel"的活动，尝试找到最能帮助你做出下一步职业规划的人，或是考虑到你自己的职业责任和对未来的愿望，来试图确定你是否跟其他有相似职业的人有足够好的联系。对于一个样例职业人脉进行聚类的简略结果如下：

```
Common Titles: Sociology Professor, Professor
Descriptive Terms: Professor
-----------------------------------------------------------------
Kurtis R.
Patrick R.
Gerald D.
April P.
...

Common Titles: Petroleum Engineer, Engineer

Descriptive Terms: Engineer
-----------------------------------------------------------------
Timothy M.
Eileen V.
Lauren G.
Erin C.
Julianne M.
...
```

运行时间分析

 本节包括对聚类计算细节的相对深入的讨论，因为不是所有人都对它感兴趣，所以你可以选择性地阅读。如果这是你第一次阅读本章，可以跳过本节，当你再次遇到该问题的时候再回来详细阅读。

在最差的情况下，示例4-11中的嵌套循环执行DISTANCE函数需要花费我们之前提到的$O(n^2)$的时间复杂度，换句话说，它将被调用 len(all_titles)*len(all_titles) 次。嵌套循环为达到聚类目的而将每个元素与其他的元素相比较，这对于非常大的 n 值不是一个具有良好扩展性的方法，但是考虑到你的职业人脉中不同职位名称的数量不可能非常多，它应该不会造成太大的性能问题。这可能看起来不是一个大问题，毕竟只是一个嵌套循环，但是复杂度为 $O(n^2)$ 的算法的症结在于，处理输入数据集合所需的比较次数随集合中的元素数量增加而成指数级增加。例如，对于含有 100 个职位名称的小输入集合只需要 10 000 次打分操作，而对于 10 000 个职位名称的输入集合将会需要 100 000 000 次打分操作。这种操作从数学上来讲不会运行得很好，并最终会遇到问题，即使你有很多的硬件来进行操作。

当遇到看起来不可扩展的窘境时，你的最初反应可能是尽量缩小 n 值。但是大多数情况下随着输入数据的增加，你不可能将其减小很多而使你的解决方案可扩展，因为你的算法复杂度仍然是 $O(n^2)$。我们真正想要做的是设计一个复杂度是 $O(kn)$ 的算法，这里 k 是一个比 n 小得多的数，并且是容易控制的数值，也就是随着 n 值的增长，k 值的增长要慢得多。

和任何其他工程决策一样，在真实世界的每个角落都有性能和质量因素的权衡，并且获得恰当的平衡是十分具有挑战的事情。事实上，许多成功实现可扩展的匹配分析的数据挖掘公司，都将其实现方式作为知识产权（商业机密），因为这些方法会带来明显的商业优势。

复杂度是 $O(n^2)$ 的算法是不可接受的，你可能尝试重写上述基本方法的嵌套循环，随机选择样本来进行打分，这样就会使复杂度减为 $O(kn)$，这里 k 是抽样的大小。然而随着抽样的大小接近 n，其运行时间也开始接近 $O(n^2)$ 的运行时间。下面对于示例 4-11 的修改显示了抽样技术在代码中的具体实现，与之前代码的不同之处用粗体字来突出显示。对于每个外层循环，我们执行内层循环的次数很少且是固定的：

```
# ... snip ...

all_titles = list(set(all_titles))
clusters = {}
for title1 in all_titles:
    clusters[title1] = []
    for sample in range(SAMPLE_SIZE):
        title2 = all_titles[random.randint(0, len(all_titles)-1)]
        if title2 in clusters[title1] or clusters.has_key(title2) and title1
            in clusters[title2]:
            continue
        distance = DISTANCE(set(title1.split()), set(title2.split()))
        if distance < DISTANCE_THRESHOLD:
            clusters[title1].append(title2)

# ... snip ...
```

另外一个方法是将数据随机抽样到 n 个桶中（n 是一个通常不大于数据集中元素数平方根的数），然后在每个桶中执行聚类操作，随后根据情况合并输出结果。例如，如果你有 100 万个数据，一个复杂度为 $O(n^2)$ 的算法就需要执行 1 万亿次逻辑操作。然而将 100 万个数据放入 1000 个桶中，每个桶中有 1000 个数据，聚类每个桶只需要 10 亿次操作（1000 个桶，每个桶进行 1000×1000 次操作）。10 亿仍然是一个很大的数字，但是比 1 万亿小 3 个数量级，这也是一个巨大的进步（尽管在一些情况下，该进步还不够大）。

除了抽样和分桶的方法，文献中还有许多其他方法可以更好地缩小问题的规模。例如，理论上你应该比较数据集中的每个数据，你所使用的特定技术对于较大的 n 值应该避免复杂度是 $O(n^2)$ 的情形，然而你要基于现实世界的限制和你想获得的结果，通过实验和特定领域的知识来选取不同的技术。当你在考虑可实施性的时候，记住机器学习领域提供了许多技术来应对这类问题，可以使用不同的概率模型和成熟的采样技术来解决。在后面的"k-means 聚类"部分，我们将会介绍这个直观且著名的聚类算法，它是一个聚类多维空间的通用无监督方法。我们将在后面使用该技术针对地理坐标来聚类通讯录。

层次聚类

示例 4-11 介绍了一个直观、贪心的聚类方法，主要是作为练习的一部分，向你介绍问题的基本方面。现在有了对基本问题的正确认知，我们来介绍 2 个常用的聚类算法，分别是层次聚类（hierarchical clustering）和 k-means 聚类。你在数据挖掘职业生涯中会经常遇到它们并应用到不同的场合。

层次聚类表面上与我们一直在使用的贪心启发式方法相似，而 k-means 聚类则有根本上的不同。本章的剩余小节将重点关注 k-means 聚类方法，但是有必要简单介绍一下这两个方法的基本理论，因为你很有可能在阅读文章和做研究的时候遇到它们。可以使用 cluster 模块完美地实现这两个方法，该模块可以通过命令 **pip install cluster** 来安装。

层次聚类是一种很直观的算法，它计算了所有数据之间的距离并得到一个全矩阵[注3]，然后遍历该矩阵将满足最小距离阈值的数据归为一类。遍历矩阵是分层次的，在遍历矩阵的过程中对数据聚类，会产生一个树结构来表达数据间的相对距离。在文献中，你可能会看到这种技术叫作"聚合"(agglomerate)，因为它先通过将每个数据项分到不同的类别来建立一个树结构，然后这些类分层次地归并到其他类中直至所有的数据集都聚集到树顶。树的叶节点表示正在被聚类的数据，而树的中间节点则分层次地将这些数据聚合到不同的类中。

为使"聚合"的想法概念化，我们先来看看图 4-4，你会注意到叫"Andrew O."和"Matthias B."的联系人是聚类后树的叶节点，而如"Chief, Technology, Officer"的节点将这些叶节点聚合成一类。尽管树的结构只有两层，但是不难想象如果再聚合一层的话，也就是使用如"Chief, Officer"之类的标签概念化商业主管，它可以将"Chief, Technology, Officer"和"Chief, Executive, Officer"节点聚合在一起。

聚合技术和示例 4-11 中的方法相似，但它们的本质是不同的，示例 4-11 是用贪心的启发式方法来聚类，而不是连续地构建层级。因此，运行层次聚类的代码可能会花费更长的时间，并且你可能还需要调整打分函数和相应的距离阈值[注4]。通常，聚合聚类不适合大的数据集，因为它会花费不可估量的时间。

如果我们要用 cluster 包来重写示例 4-11，执行聚类中 DISTANCE 计算的嵌套循环可以用下面的代码来替代：

```
# ... snip ...

# Define a scoring function
def score(title1, title2):
    return DISTANCE(set(title1.split()), set(title2.split()))
```

注 3：全矩阵的计算意味着多项式的运行时间。对于聚合聚类，运行时间的复杂度通常是 $O(n^3)$。

注 4：动态规划（*http://bit.ly/1a1maFO*）和其他巧妙的统计技术的使用会省去大量执行时间，使用实现好的工具包的一个优势就是这些巧妙的优化通常都已经帮你实现好了。例如，像职位名称这样的两个元素之间的距离几乎肯定是对称的，你只需要计算一半的距离矩阵，而不是全部。这样，即使算法的复杂度仍旧是 $O(n^2)$，也只有 $n^2/2$ 的运行次数，而不是 n^2。

```
# Feed the class your data and the scoring function
hc = HierarchicalClustering(all_titles, score)

# Cluster the data according to a distance threshold
clusters = hc.getlevel(DISTANCE_THRESHOLD)

# Remove singleton clusters
clusters = [c for c in clusters if len(c) > 1]

# ... snip ...
```

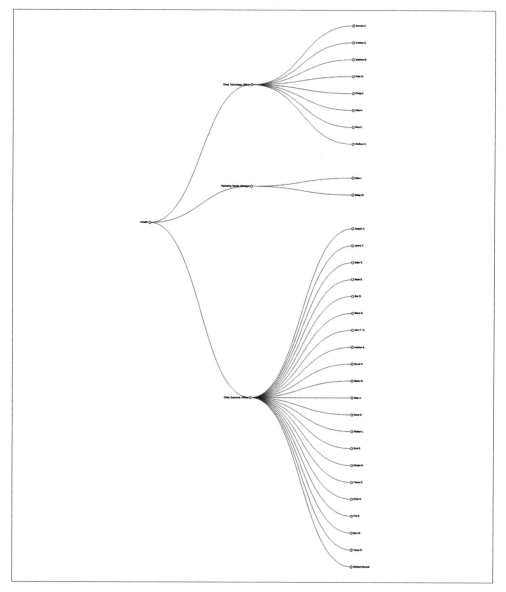

图 4-4：通过职位名称聚类得到的通讯录的树状图结构，树状图通常是用显式分层方式来显示的

如果你对层次聚类的变化感兴趣，一定要查阅 HierarchicalClustering 类中的 setLinkageMethod 方法，该方法提供了有关该类如何计算簇之间距离的一些细微变化。例如，你可以指定是否应通过计算任意两个簇之间的最短、最长或平均距离来确定簇之间的距离。根据数据的分布，选择不同的链接方法可能会得到十分不同的结果。

图 4-4 和图 4-5 分别展示了一部分职业人脉的树状图和节点连接的树结构，它们是由我们之前介绍的可视化工具 D3（*http://bit.ly/1a1kGvo*）制作而成的。节点连接的布局更有效地利用了空间。可能使用该方案对于这个数据集来说是更好的选择，然而如果你想在更复杂的数据集中找到树的每一层之间的联系，树状图（*http://bit.ly/1a1md4B*）是个非常好的选择（也就是相当于层次聚类中每层的聚合）。如果展开的层次更深，树状图会有明显的优势，但是当前的聚类方法只有两层，因此对于该数据集来说，相比于其他方式，节点连接展开的布局看起来更美观。如这些可视化效果图所展示的，当你看到你的职业人脉的一个简图时，会出现许多令人吃惊的信息。

 为了简洁起见，在这里省略了上述两种可视化方法的代码，但是它们会包含在本章的 Jupyter Notebook 中。

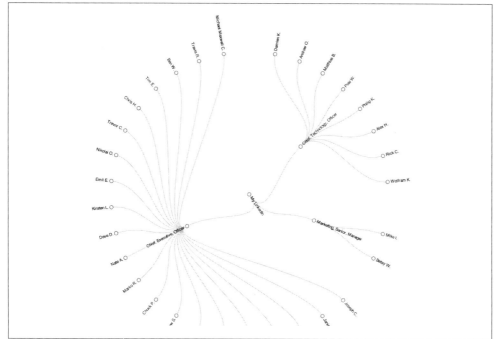

图 4-5：通过职业名称聚类得到的通讯录的节点连接树的结构，它和图 4-4 所表达的信息相同，节点连接树与上一种方法相比较是一种更美观且令人满意的结构

k-means 聚类

层次聚类是一个确定性技术，它会遍历所有的可能性，因而通常会有 $O(n^3)$ 的计算复杂度，而 k-means 聚类通常只需要 $O(kn)$ 次计算。即使对于小的 k 值，节省的计算次数也是非常大的。计算性能的提高是以对结果近似为代价的，但是结果仍有可能非常棒。在包含 n 个点的多维空间中，该算法要聚集 k 个簇所需的步骤如下：

1. 随机地在数据空间中选择 k 个点作初值，它们会被用来计算 k 个簇：K_1, K_2, …, K_k。

2. 对于每个点，找到 n 个最近的点 K_n，并将其归为一类（簇），这样只需要 kn 次比较就有效地将它们分成了 k 个簇。

3. 对于 k 个簇中每一个，计算其质心（*http://bit.ly/1a1mbcW*）或均值，并将 K_i 替换为该值。(这样，算法的每次迭代就会计算 "k 个均值"）。

4. 重复上述第 2 ~ 3 步，直至两个迭代周期之间每个簇的成员不再发生改变。一般来说，只需若干次迭代该算法就会收敛。

k-means 乍看起来可能不太直观，图 4-6 展示了算法每次迭代得到的结果，如网上的 "Tutorial on Clustering Algorithms"（聚类算法教程）（*http://bit.ly/1a1mbtp*）所显示的那样，该图是用一个交互的 Java 小程序来实现的。使用的样本参数涉及了 100 个数据点，k 值设为 3，也就是说该算法会产生 3 类（簇）。每次迭代需要重点注意的是方框的位置以及这些数据点的归类情况。该算法只需要 9 次迭代就完成了。

尽管你可以在 2 维或 2000 维的点上运行 k-means 方法，但是通常情况下维度的范围都在几十，然而最常见的情况是 2 维或 3 维。当你工作的空间维度相对较小的时候，k-means 可以是一个有效的聚类技术，因为它会运行得相当快并能够产生十分合理的结果。然而你需要选择适当的 k 值，该值一般不是显而易见的。

本节剩下的内容会演示如何使用 k-means 方法对你的职业人脉进行地理上的聚类并将其可视化，同时用 Google Maps（*http://bit.ly/1a1mdRV*）或 Google Earth（*http://bit.ly/1a1meFC*）输出结果。

用 Google Earth 将地理位置上的簇可视化

观察 k-means 是否有效的一个有用方式是通过聚类职业 LinkedIn 人脉将数据点画在二维空间中来可视化。除了通过可视化直观获得联系人的分布情况以及记录其模式或异常现象外，你也可以用联系人、联系人的不同的雇主或联系人主要居住的不同都市区域来分析这些聚出的簇。这三种方式可能会分别得到出于不同目的有用的结果。

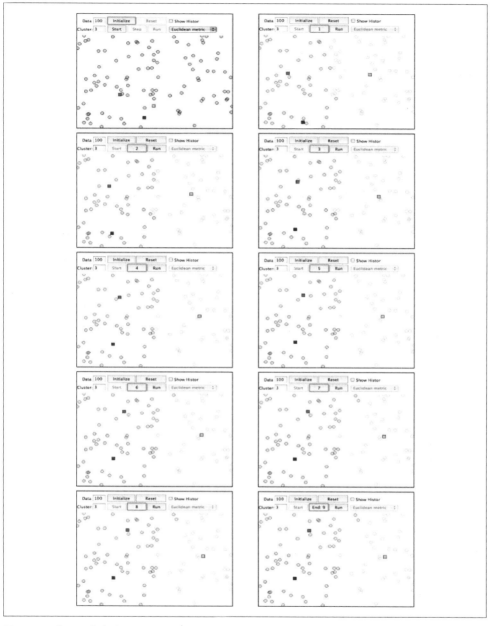

图 4-6：对 100 个点进行 k-means 聚类的过程，k 值为 3。注意在该算法前几次迭代中簇形成的速度很快，剩下的迭代只会影响每个簇边界附近的数据点

回想一下，通过 LinkedIn API，你可以获取描述主要都市区的位置信息，如"Greater Nashville Area"，我们将把这些位置信息进行地理编码，并存为特定的格式（如 KML 格式（*http://bit.ly/1a1meWb*）），并通过如 Google Earth 这样的工具绘制出来以提供交互性的用户

体验。

 出于可视化的目的，Google 新的地图引擎也提供了多种上传数据（*http://bit. ly/1a1mep1*）的方法。

为了将你的 LinkedIn 通讯录转换为像 KML 这样的格式，你必须做的一些基本的事情，包括分析每个联系人档案中的地理位置，并为如 Google Earth 这样的可视化工具构建 KML 文件。示例 4-7 演示了如何对档案信息进行地理编码，并为收集我们需要的数据提供了工作基础。cluster 包中的 KMeansClustering 类可以为我们进行聚类计算，这样我们剩下的工作就是处理数据和将聚类结果存为 KML 格式，这是使用 XML 工具进行的比较机械的工作。

跟示例 4-11 一样，涉及可视化聚类结果的大部分工作都是围绕着数据处理进行的。最有趣的细节也都在 KMeansClustering 的 getclusters 的函数调用中实现，该方法先将通讯录的位置分组，然后将它们聚类，随后对聚类的结果计算其质心。图 4-7 和图 4-8 是运行示例 4-12 代码的结果。该示例首先读取我们在示例 4-8 中保存为 JSON 对象的地理编码联系人信息。

示例 4-12：根据通讯录的位置聚类 LinkedIn 的职业人脉，并输出 KML 格式以借助 Google Earth 将其可视化

```python
import simplekml # pip install simplekml
from cluster import KMeansClustering
from cluster.util import centroid

# Load this data from where you've previously stored it
CONNECTIONS_DATA = 'linkedin_connections.json'

# Open up your saved connections with extended profile information
# or fetch them again from LinkedIn if you prefer
connections = json.loads(open(CONNECTIONS_DATA).read())


# A KML object for storing all your contacts
kml_all = simplekml.Kml()

for c in connections:
    location = c['Location']
    if location is not None:
        lat, lon = c['Lat'], c['Lon']
        kml_all.newpoint(name='{} {}'.format(c['FirstName'], c['LastName']),
                        coords=[(lon,lat)]) # coords reversed

kml_all.save('resources/ch03-linkedin/viz/connections.kml')
```

```
# Now cluster your contacts using the k-means algorithm into K clusters

K = 10

cl = KMeansClustering([(c['Lat'], c['Lon']) for c in connections
                        if c['Location'] is not None])

# Get the centroids for each of the K clusters
centroids = [centroid(c) for c in cl.getclusters(K)]

# A KML object for storing the locations of each of the clusters
kml_clusters = simplekml.Kml()

for i, c in enumerate(centroids):
    kml_clusters.newpoint(name='Cluster {}'.format(i),
                          coords=[(c[1],c[0])]) # coords reversed

kml_clusters.save('resources/ch03-linkedin/viz/kmeans_centroids.kml')
```

图 4-7：所有联系人位置的地理空间可视化图

示例 4-12 中的代码使用了 simplekml Python 库，该库简化了 KML 对象的创建。该示例中将两个可以加载到地理空间应用程序（例如 Google Earth）中的 KML 文件写入了磁盘。首先写入的是一个包含你的所有 LinkedIn 联系人的估计位置的文件，地理编码器可以根据你的联系人声明的雇主来估算位置。

接下来，在执行 k-means 聚类之后，将 10 个质心的位置写入 KML 文件。你可以在 Google Earth 中比较这两个文件，并查看相对于各个联系人的簇质心的位置。你可能会发现簇的质心位于主要城市或其附近。尝试使用不同的 K 值，看看哪个值最能概括你的 LinkedIn 联系人的地理分布。

图 4-8：使用 k-means 聚类中质心位置的地理空间可视化图

简单地将你的人脉可视化就会有新的发现，但是计算你职业人脉的地理中心也能获得一些有趣的结果。例如，你可能想要计算一系列地区研讨会或较大型的正式会议的候选位置。或者，如果你从事咨询业务并且出差行程很紧张，你可能会想寻找一些好的地点来落脚；或者你想根据职位职责在地图上标出你人脉中的职业人员，或者根据职位名称和经验标出他们可能适合的社会经济体。通过可视化你的职业人脉的位置数据，除了获得更多选择外，地理聚类也会帮助你获得许多解决其他问题的可能性，例如提供连锁管理和旅行推销员（*http://bit.ly/1a1mhkF*）等问题，这些问题都涉及不同位置间的旅行或是运输物资，因而需要将支出最小化。

4.4 本章小结

本章涵盖了一些重要的内容，介绍了聚类的基本概念，并展示了一些将其应用到 LinkedIn 上职业人脉数据中的方法。就核心内容而言，本章毫无疑问比前面章节的内容更高级，因为本章开始着手处理一些常见的问题，如（多少有些）杂乱的数据的规范化、对规范化数据相似度的计算，以及常见数据挖掘技术计算效率的考虑。尽管阅读一遍就学会所有的内容可能有些难，但千万不要气馁，本章内容的一些细节可能需要多阅读几遍才能完全理解。

同时也记住，使用聚类技术不需要对其背后的理论有深刻的理解。尽管一般来说，你应该尽力地理解基础知识来加强你在挖掘社交网络时使用技术的能力。和其他章一样，我们仅仅接触到了冰山的一角，对 LinkedIn 的数据还有许多其他有趣的事可以做，很多方法只会涉及基本的频率分析而不要求进行聚类操作。也就是说，你现在已经有了处理数据的强大工具。

本章和其他章的源码在 GitHub（*http://bit.ly/Mining-the-Social-Web-3E*）上都有，并以方便的 Jupyter Notebook 格式存储，强烈建议你在 Web 浏览器中试试这些内容。

4.5 推荐练习

- 花些时间来研究你拥有的扩展档案信息。试着将人们的工作地点和上学地点建立联系，或者分析一下人们是否倾向于迁入或是迁出某地。

- 试着用 D3 之外的其他可视化方法，如 choropleth map（*http://bit.ly/1a1mg0a*），将你的职业人脉可视化。

- 阅读新的令人兴奋的 geoJSON 规范（*http://bit.ly/1a1mggF*），学习如何通过生成 geoJSON 数据，在 GitHub 上轻松地创建交互式的可视化。试着将这个技术应用到你的职业人脉中来替代 Google Earth。

- 看一下 geodict（*http://bit.ly/1a1mgxd*），在数据科学工具包（Data Science Toolkit）（*http://bit.ly/1a1mgNK*）中有一些其他的地理属性。你能从随机的文章中提取出位置信息，并用有意义的方式来将它们可视化以获得数据中存在的信息，而不必进行通篇阅读吗？

- 挖掘 Twitter 或 Facebook 档案中的地理信息，并用有意义的方式将其可视化。推文和 Facebook 帖子通常包括地理编码，这是它们结构化元数据的一部分。

- LinkedIn API 提供了检索联系人的 Twitter 接口的方法。在你的 LinkedIn 联系人中多少人有和他们职业档案相关联的 Twitter 账户？多少账户是活跃的？从潜在的雇主角度来看，他们网上体现的 Twitter 个性的职业程度有多少？

- 将本章的聚类技术应用到推文上。假定你有一个用户的推文，能够提取有用的推文信息、定义有意义的相似度并以有意义的方式将推文聚类吗？

- 将本章的聚类技术应用到 Facebook 数据（如喜好或帖子）中。假定你收集了一个朋友 Facebook 的"赞"数据，你能定义有意义的相似度计算，并将喜好进行有意义的聚类吗？假定你有你所有朋友的所有喜好，你能够将这些"赞"（或你的朋友的）进行有意义的聚类吗？

4.6 在线资源

下面是本章的链接清单，对于复习本章内容可能会很有帮助：

- 必应地图门户 (*http://bit.ly/1a1m5lq*)。

- 质心 (*http://bit.ly/1a1mbcW*)。

- D3.js 示例库 (*http://bit.ly/1a1lMal*)。

- 数据科学工具包 (*http://bit.ly/1a1mgNK*)。

- 树状图 (*http://bit.ly/1a1md4B*)。

- geopy GitHub 代码库 (*http://bit.ly/1a1m7Ka*)。

- Google Maps API (*http://bit.ly/2GN6QU5*)。

- Keyhole Markup Language (KML) (*http://bit.ly/1a1meWb*)。

- Levenshtein 距离 (*http://bit.ly/1JtgTWJ*)。

- LinkedIn API 字段选择器语法 (*http://bit.ly/2E7vahT*)。

- LinkedIn 数据导出 (*http://linkd.in/1a1m4ho*)。

- LinkedIn REST API 文档 (*http://linkd.in/1a1lZuj*)。

- 在 GitHub 上映射 geoJSON 文件 (*http://bit.ly/1a1mp3J*)。

- python3-linkedin PyPi 页面 (*http://bit.ly/2nNViqS*)。

- 旅行商问题 (*http://bit.ly/1a1mhkF*)。

- 聚类算法教程 (*http://bit.ly/1a1mbtp*)。

## 第 5 章

挖掘文本文件：计算文档相似度、提取搭配等

本章介绍文本挖掘[注1]中的一些基本概念，是本书的一个转折点。我们在本书的开始部分对 Twitter 数据进行了一些基本的频率分析，随后我们对 LinkedIn 档案中更杂乱的数据进行了更复杂的聚类分析，本章将会通过介绍像 TF-IDF、余弦相似度和搭配提取这样的信息检索（Information Retrieval，IR）理论基础，对文档中的文本信息进行分析。相应地，本章的内容会比前面的章节稍微复杂些，仔细阅读前面的章节会对本章的学习大有帮助。

本书的上一版以现已停用的 Google+ 产品作为本章的基础。尽管本书中 Google+ 不再作为示例的基础，但其核心概念仍然被保留并以几乎与以前相同的方式引入。为了保持连续性，本章中的示例继续沿用了 Tim O'Reilly 的 Google+ 帖子以及以前的版本。这些帖子的存档以及该书的示例代码在 GitHub 上提供。

只要有可能，我们就不会白费力气去做重复的工作或从头实现一些分析工具。但是当遇到一些对理解文本挖掘来说必不可少的基本主题时，我们会进行深入的分析。自然语言工具箱（Natural Language ToolKit，NLTK）包含一些强大的技术，如果需要可以回顾一下第 4 章的相关内容，它提供的许多工具我们都会在本章用到。其中丰富的 API 初看起来会很复杂，但是不用担心：尽管文本分析是个十分多样且复杂的研究领域，但是有很多强大的基本原理可以帮助你学习，而不需要再花费大量的精力进行研究。本章及后面章节的目的就是让你学会这些基本原理。（对 NLTK 的详细介绍不在本书的范畴，但是你可以在 NLTK

注 1：本书避免了对文本挖掘、非结构化数据分析（UDA）或信息检索等常见短语所隐含的不同之处进行细枝末节的讨论，而是简单地将它们视为本质上相同的东西。

的网站（*http://bit.ly/1a1mtAk*）查看 *Natural Language Processing with Python: Analyzing Text with the Natural Language Toolkit* [O'Reilly]。)

 始终在 GitHub（*http://bit.ly/Mining-the-Social-Web-3E*）上获得本章（以及所有其他章）的最新 bug 修复源代码。确保利用附录 A 中所述的本书的虚拟机体验，以最大限度地享用示例代码。

5.1 概述

本章使用类似于博客文章的一小部分文本文件开始分析人类语言数据之旅。在本章中，你将学习：

- 词频 – 逆文档频率（Term Frequency - Inverse Document Frequency，TF-IDF），一种分析文档中单词的基本技术。
- 如何将 NLTK 应用到理解人类语言问题中。
- 如何将余弦相似度应用于常见问题，例如通过关键字查询文档。
- 如何通过检测搭配模式从人类语言数据中提取有用的词组。

5.2 文本文件

尽管现在音频和视频内容无处不在，但是文本仍然是整个数字世界中通信的主要形式，而且这种情况不太可能很快改变。哪怕是最低限度地掌握从文本数据中编译和提取有意义的人类语言统计数据的技能，也能让你在你的整个社交网络和其他职场生活中遇到的各种问题上获得重要的优势。通常，你应该假定通过社交 Web API 公开的文本数据是成熟的 HTML 或包含一些基本标记，例如
 标记和转义的 HTML 实体。因此，作为最佳实践，你需要执行一些额外的筛选来清理它们。示例 5-1 说明了如何通过引入名为 cleanHtml 的函数从注释的 content 字段中提炼纯文本。它利用一个称为 BeautifulSoup 的非常便利的包来操作 HTML，将 HTML 格式的文件转换成纯文本。如果你尚未使用过 BeautifulSoup，首先要将其添加到你的工具箱中。它具有以正确的方式处理 HTML 的能力，即使该 HTML 无效且违反了标准或其他合理的要求（如网络数据）。如果尚未安装该软件包，则应通过 **pip install beautifulsoup4** 命令进行安装。

示例 5-1：清理 HTML 内容，去掉 HTML 标记并将 HTML 实体转换回纯文本形式

```
from bs4 import BeautifulSoup # pip install beautifulsoup4

def cleanHtml(html):
```

```
    if html == "": return ""

    return BeautifulSoup(html, 'html5lib').get_text()

txt = "Don&#39;t forget about HTML entities and <strong>markup</strong> when "+\
    "mining text!<br />"

print(cleanHtml(txt))
```

 不要忘记，在学习阶段，pydoc 对于你在终端上收集关于包、类或方法等信息
是很有帮助的。在标准的 Python 解释器中，help 函数也很好用。回想一下，
IPython 中，在方法名后面加上？是显示该方法文档字符串（docstring）的快捷
方法。

用 cleanHtml 清理过的正常的 HTML 内容的输出是相对干净的文本，可以根据需要进一
步精简以消除其他噪声。正如你将在本章及后续章节有关文本挖掘的内容中所了解的那
样，减少文本内容中的噪声是提高准确性的关键方面。这是 Tim O'Reilly 在线思考隐私的
另一个例子。

以下是一些原始内容：

> This is the best piece about privacy that I've read in a long time!
> If it doesn't change how you think about the privacy issue, I'll be
> surprised.   It opens:

"Many governments (including our own,
> here in the US) would have its citizens believe that privacy is a switch (that
> is, you either reasonably expect it, or you don't). This has been demonstrated
> in many legal tests, and abused in many circumstances ranging from spying
> on electronic mail, to drones in our airspace monitoring the movements of
> private citizens. But privacy doesn't work like a switch – at least it shouldn't
> for a country that recognizes that privacy is an inherent right. In fact,
> privacy, like other components to security, works in layers..."

> Please read!

下面是使用函数 cleanHtml() 清理后呈现的内容：

> This is the best piece about privacy that I've read in a long time! If it
> doesn't change how you think about the privacy issue, I'll be surprised.   It
> opens: "Many governments (including our own, here in the US) would have its
> citizens believe that privacy is a switch (that is, you either reasonably expect it,
> or you don't). This has been demonstrated in many legal tests, and abused
> in many circumstances ranging from spying on electronic mail, to drones in our
> airspace monitoring the movements of private citizens. But privacy doesn't work like
> a switch – at least it shouldn't for a country that recognizes that privacy is an
> inherent right. In fact, privacy, like other components to security, works in
> layers..." Please read!

通过其他方法编译 Web API 从任何社交网站或语料库获取干净文本的能力是本章中其余文
本挖掘练习的基础。下一节将介绍理解人类语言数据统计信息的最经典的起点之一。

5.3 TF-IDF 简介

尽管为了获得对文本数据最深刻的理解，使用严格的方法来进行自然语言处理（NLP）是十分必要的（自然语言处理方法包括句子切分（sentence segmentation）、分词（tokenization）、单词组合（word chunking）和实体检测（entity detection）），但是先从信息检索理论来介绍一些基础知识也是很有帮助的。本章剩下的内容会介绍其中更基础的内容，包括 TF-IDF、余弦相似度度量和一些搭配检测（collocation detection）背后的理论。第 6 章将作为这里的延续，提供对 NLP 更深入的讨论。

 如果你想进一步研究 IR 理论，*Introduction to Information Retrieval* 提供了所有这个领域你想知道的信息。该书的作者是 Christopher Manning、Prabhakar Raghavan 和 Hinrich Schiltze，由剑桥大学出版社出版。该书可以在线获得（*http://stanford.io/1a1mAvP*）。

信息检索是一个非常广泛的领域，它横跨了多个学科。这里我们只讨论 TF-IDF，它是从语料库（集合）中提取相关文档最基本的技术之一。TF-IDF 的全称是词频 – 逆文档频率，可以通过计算表示文档中词语相对重要性的归一化后的分数来查询语料库。

从数学的角度来说，TF-IDF 表示为词频和逆文档频率的乘积，即 tf_idf = tf×idf，tf 表示一个词语在具体文档中的重要性，idf 表示一个词语在整个语料库中的重要性。将这两项相乘得到可以同时代表这两个因素的分数，这一直是每个搜索引擎不可或缺的组成部分。为了更直观地了解 TF-IDF 是如何工作的，让我们来看看计算总分时涉及的所有运算。

5.3.1 词频

为了方便说明，假设你有一个包含三个样本文档的语料库，词语是简单地按照空格划分得到的，如示例 5-2 所示。

示例 5-2：用于演示的样本数据结构

```
corpus = {
 'a' : "Mr. Green killed Colonel Mustard in the study with the candlestick. \
Mr. Green is not a very nice fellow.",
 'b' : "Professor Plum has a green plant in his study.",
 'c' : "Miss Scarlett watered Professor Plum's green plant while he was away \
from his office last week."
}
terms = {
 'a' : [ i.lower() for i in corpus['a'].split() ],
 'b' : [ i.lower() for i in corpus['b'].split() ],
 'c' : [ i.lower() for i in corpus['c'].split() ]
 }
```

词频可以简单地表示为它在文档中出现的次数，但是更普遍的用法是通过考虑文本中词的总数对它进行归一化。这样总分就能表示文档长度与词频的相对关系。例如，"green"（已经被规范化为小写）在上面示例中的corpus['a']中出现了两次，在corpus['b']中只出现一次，因此如果词频是唯一的评判标准的话，那么该词在corpus['a']中的得分会更高。然而，如果根据文档长度进行归一化，即便"green"更常出现在corpus['a']中，"green"在corpus['b']的词频得分（1/9）将会略高于corpus['a'] (2/19)，因为corpus['b']的长度相对较短。计算"Mr. Green"这类复合查询得分的常用技术是将文档中每个查询词的词频相加，返回按总体词频得分排序的文档。

让我们通过查询示例语料库中的"Mr.Green"来说明词频的工作方式，例如，查询语料库每个文档中的"Mr. Green"会得到表5-1所示的归一化得分。

表5-1："Mr. Green"的样本词频得分

文档	tf(mr.)	tf(green)	总计
corpus['a']	2/19	2/19	4/19 (0.2105)
corpus['b']	0	1/9	1/9 (0.1111)
corpus['c']	0	1/16	1/16 (0.0625)

对于这个例子，计算累计词频得分的方案是有效的，它按我们的期望返回了corpus['a']，因为只有corpus['a']包含复合词"Mr. Green"。然而，这也带来了许多问题，因为词频得分模型把所有文档都看作一个无序的单词集。例如，即使"Green Mr."或"Green Mr. Foo"这两个复合词都没有出现在样例语句中，但查询它们将与查询"Mr. Green"返回相同的结果。另外，我们很容易想到，当词后面的标点符号没有得到正确处理和计算时没有考虑目标词周围的上下文时，使用词频排序技术会得到很差的结果。

对文档打分时，只考虑词频是常见的错误，因为它没有考虑到很多文档中都很常见的词，即停用词（stopword）[注2]。也就是说，将所有词都均等地加权，而没有考虑它们实际的重要性。例如，"the green plant"包含停用词"the"，它提高了corpus['a']的总词频得分，因为"the"和"green"都在文档中出现了两次。相反，"green"和"plant"在corpus['c']中只出现了一次。

最终得分结果如表5-2所示。其中corpus['a']的得分排名比corpus['c']更高，即使是直觉上我们也会相信结果不应该是这样的（然而，幸运的是corpus['b']的排名仍然是最高的）。

注2：停用词是那些频繁出现于文本中却携带很少信息的词。常见的停用词包括a、an、the以及其他限定词。

表 5-2:"the green plant"的样本词频得分

文档	tf(the)	tf(green)	tf(plant)	总计
corpus['a']	2/19	2/19	0	4/19 (0.2105)
corpus['b']	0	1/9	1/9	2/9 (0.2222)
corpus['c']	0	1/16	1/16	1/8 (0.125)

5.3.2 逆文档频率

NLTK 这样的工具包提供了停用词列表,可以用它来过滤"and""a"和"the"这类词。但是请记住,也有很多词不包含在最佳停用词列表中,这类情况在专业领域仍然是很常见的。逆文档频率提供的计算结果表示了语料库的通用归一化度量。通常情况下,它通过考虑文档集合中出现的所考察的常见词的文档数量,来计算该词在一个文档集合中的出现次数。

对于该度量的直观理解是如果某个词在语料库中不常出现,它就会产生一个更大的值,这有助于解释我们刚才研究的停用词问题。例如,对样本文档语料库中"green"的查询返回的逆文档频率得分应该低于"candlestick",因为每个文档中都有"green",而"candlestick"只出现在一个文档中。从数学角度来说,计算逆文档频率时唯一不同的是使用对数函数将结果压缩到某一范围内,因为我们通常会将它作为比例因子与词频相乘。作为参考,图 5-1 显示了对数函数;正如你看到的一样,对数函数随着其域值的增加而增长得非常缓慢,有效地"挤压"了它的输入。

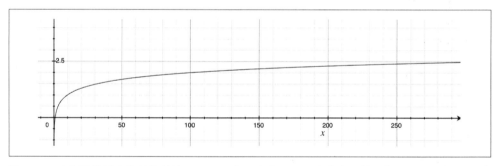

图 5-1:对数函数将大范围的数值压缩到一个更窄空间——注意当 x 值增加时 y 值增加得非常缓慢

表 5-3 展示了前面讲到的与词频相对应的逆文档频率。下一节中的示例 5-3 将展示计算这些得分的源代码。同时,你可以认为词的 IDF 得分是文档的总数除以语料库中包含该词的文本数量的商的对数。鉴于词频的得分是基于每个文档计算的,看到这些表的同时,请记住词的 IDF 分数是基于整个语料库计算的。IDF 意在对整个语料库常见单词进行归一化,期望这样做会有效。

表 5-3：出现在"mr. green"和"the green plant"中词的样例逆文档频率得分

idf(mr.)	idf(green)	idf(the)	idf(plant)
1+ log(3/1) = 2.0986	1 + log(3/3) = 1.0	1 + log(3/1) = 2.0986	1 + log(3/2) = 1.4055

5.3.3 TF-IDF

现在，我们回到原点并设计一种计算多个词查询得分的方法。这种得分可以表示文档中单词出现的频率，含有特定单词的文档长度，以及整个语料库中单词在各个文档中的独特性。我们可以将词频和逆文档频率相乘得到一个分数值，即 TF-IDF = TF × IDF。示例 5-3 是这个问题的简单实现，它有助于我们理解描述的概念。花一些时间来阅读它，随后我们将讨论一些查询样例。

示例 5-3：在样本数据上计算 TF-IDF

```python
from math import log

# Enter in a query term from the corpus variable
QUERY_TERMS = ['mr.', 'green']

def tf(term, doc, normalize=True):
    doc = doc.lower().split()
    if normalize:
        return doc.count(term.lower()) / float(len(doc))
    else:
        return doc.count(term.lower()) / 1.0


def idf(term, corpus):
    num_texts_with_term = len([True for text in corpus if term.lower()
                              in text.lower().split()])

    # tf-idf calc involves multiplying against a tf value less than 0, so it's
    # necessary to return a value greater than 1 for consistent scoring.
    # (Multiplying two values less than 1 returns a value less than each of
    # them.)

    try:
        return 1.0 + log(float(len(corpus)) / num_texts_with_term)
    except ZeroDivisionError:
        return 1.0

def tf_idf(term, doc, corpus):
    return tf(term, doc) * idf(term, corpus)


corpus = \
    {'a': 'Mr. Green killed Colonel Mustard in the study with the candlestick. \
Mr. Green is not a very nice fellow.',
     'b': 'Professor Plum has a green plant in his study.',
     'c': "Miss Scarlett watered Professor Plum's green plant while he was away \
from his office last week."}
```

```
for (k, v) in sorted(corpus.items()):
    print(k, ':', v)
print()

# Score queries by calculating cumulative tf_idf score for each term in query

query_scores = {'a': 0, 'b': 0, 'c': 0}
for term in [t.lower() for t in QUERY_TERMS]:
    for doc in sorted(corpus):
        print('TF({0}): {1}'.format(doc, term), tf(term, corpus[doc]))
    print('IDF: {0}'.format(term), idf(term, corpus.values()))
    print()

    for doc in sorted(corpus):
        score = tf_idf(term, corpus[doc], corpus.values())
        print('TF-IDF({0}): {1}'.format(doc, term), score)
        query_scores[doc] += score
    print()

print("Overall TF-IDF scores for query '{0}'".format(' '.join(QUERY_TERMS)))
for (doc, score) in sorted(query_scores.items()):
    print(doc, score)
```

示例代码输出如下：

```
a : Mr. Green killed Colonel Mustard in the study...
b : Professor Plum has a green plant in his study.
c : Miss Scarlett watered Professor Plum's green...

TF(a): mr. 0.105263157895
TF(b): mr. 0.0
TF(c): mr. 0.0
IDF: mr. 2.09861228867

TF-IDF(a): mr. 0.220906556702
TF-IDF(b): mr. 0.0
TF-IDF(c): mr. 0.0

TF(a): green 0.105263157895
TF(b): green 0.111111111111
TF(c): green 0.0625
IDF: green 1.0

TF-IDF(a): green 0.105263157895
TF-IDF(b): green 0.111111111111
TF-IDF(c): green 0.0625

Overall TF-IDF scores for query 'mr. green'
a 0.326169714597
b 0.111111111111
c 0.0625
```

尽管我们是对很小规模的数据进行计算的，但是该方法同样适用于更大的数据集。表 5-4 是对如下三个样本查询（涉及 4 个不同的词）输出结果的综合调整：

- "green"

- "mr. green"

- "the green plant"

表 5-4：TF-IDF 样本查询涉及的计算过程，它是由示例 5-3 计算的

文档	tf(mr.)	tf(green)	tf(the)	tf(plant)
corpus['a']	0.1053	0.1053	0.1053	0
corpus['b']	0	0.1111	0	0.1111
corpus['c']	0	0.0625	0	0.0625

idf(mr.)	idf(green)	idf(the)	idf(plant)
2.0986	1.0	2.0986	1.4055

	tf-idf(mr.)	tf-idf(green)	tf-idf(the)	tf-idf(plant)
corpus['a']	0.1053×2.0986 $= 0.2209$	0.1053×1.0 $= 0.1053$	0.1053×2.099 $= 0.2209$	0×1.4055 $= 0$
corpus['b']	0×2.0986 $= 0$	0.1111×1.0 $= 0.1111$	0×2.099 $= 0$	0.1111×1.4055 $= 0.1562$
corpus['c']	0×2.0986 $= 0$	0.0625×1.0 $= 0.0625$	0×2.099 $= 0$	0.0625×1.4055 $= 0.0878$

虽然词语的 IDF 计算是针对整个语料库的，但它们是基于每个文档显示的，这样你就可以跳过一行并把两个值相乘从而很容易对 TF-IDF 结果进行验证。表中的数据值得你花几分钟时间熟悉一下，这样就可以了解计算的具体过程了。鉴于不考虑文档中单词的接近性和顺序，当完成查询时你会发现 TF-IDF 是十分强大的。

与每个查询相同的结果也展示在表 5-5 中，TF-IDF 值是在每个文档上进行累计得到的。

表 5-5：由示例 5-3 计算的样本查询的总 TF-IDF 值（加粗部分分别是三个查询的最大值）

查询	corpus['a']	corpus['b']	corpus['c']
green	0.1053	**0.1111**	0.0625
Mr. Green	$0.2209 + 0.1053$ $= \mathbf{0.3262}$	$0 + 0.1111$ $= 0.1111$	$0 + 0.0625$ $= 0.0625$
the green plant	$0.2209 + 0.1053 + 0$ $= \mathbf{0.3262}$	$0 + 0.1111 + 0.1562$ $= 0.2673$	$0 + 0.0625 + 0.0878$ $= 0.1503$

从定性的角度来说，查询结果是非常合理的。corpus['b'] 文档对于 "green" 的查询是最好的，其次是 corpus['a']。在这种情况下，决定因素是 corpus['b'] 的长度比 corpus['a'] 小得多：归一化的 TF 得分倾向于只出现了一次 "green" 的 corpus['b']，即使 "green" 在 corpus['a'] 中出现了两次。由于 "green" 在三个文档中均有出现，因

此 IDF 对计算结果不产生影响。

然而，一定要注意，如果在 IDF 计算"green"的结果中返回了 0.0 而不是 1.0，正如一些实现中所做的那样，那么由于要在 TF 上乘以 0，所以三个文档中"green"的 TF-IDF 得分都是 0.0。根据不同的情况，IDF 得分返回为 0.0 可能要比返回为 1.0 好。例如，如果有10 万个文档，所有这些文档中都出现了"green"，那么你几乎可以肯定地认为它是停用词，而且应该完全去掉它对查询的影响。

对于查询"Mr. Green"，最好的是 corpus['a'] 文档。然而，该文档对于查询"the green plant"也有最好的得分。我们可以考虑一下为什么对于该查询 corpus['a'] 得到最高的分数，而不是第一眼看起来会得到高分的 corpus['b']。

我们需要注意的最后一点是，因为我们处理的文档集过于简单了，所以示例 5-3 中的示例实现是将 IDF 得分在对数函数计算后额外加了 1.0，这样是为了便于演示。不在计算中加上 1.0，idf 函数可能会返回小于 1.0 的值，这会导致在 TF-IDF 计算中要进行相乘的两个因子都是小于 1.0 的分数。这样两个因子的乘法结果比它们本身还要小，所以它其实是TF-IDF 计算中容易被忽视的边缘情况。这里的调整是呼应了 TF-IDF 计算的初衷：希望将两项相乘之后，能够使相关的查询相对不太相关的查询产生较大的 TF-IDF 得分。

5.4 用 TF-IDF 查询人类语言数据

让我们将之前章节中学习的理论应用到实际工作中。在本节中，我们将正式地介绍NLTK，它是处理自然语言的强大工具包，我们将要用它来分析人类语言数据。

5.4.1 自然语言工具包概述

如果你还没有安装 Python 的自然语言工具包（NLTK），现在请你通过执行 **pip install nltk** 命令来安装它。编写 NLTK 是为了让你在无前期大规模投入的情况下轻松地研究数据，并能够对自然语言处理有一个初步印象。然而，在跳过这一部分内容之前，考虑跟随示例 5-4 的解释器会话来了解 NLTK 提供的强大功能。你之前可能没有使用过 NLTK，不过没有关系，在你需要时可以随时使用内置的 help 函数获得更多的信息。例如，输入help(nltk) 将在解释器会话中提供关于 NLTK 包的文档。

NLTK 中并不是所有功能都是面向产品型软件的，因为其输出是被写到控制台的，不能被链表这样的数据结构获取。这样，像 nltk.text.concordance 这样的方法被认为是演示功能。说到这个话题，许多 NLTK 模块都有 demo 函数，你可以调用 demo 函数来了解如何使用它们提供的功能，这些 demo 函数的源代码是学习如何使用新 API 的一个好的起点。例如，可以运行解释器中的 nltk.text.demo() 来了解更多关于 nltk.text 模块提供的功能的信息。

示例 5-4 的演示可以作为探索数据的良好起点，它的样例输出也作为交互式解释器会话的一部分包含在数据中，用来探索数据的一些命令也都包含在本章的 Jupyter Notebook 部分里。请跟随这个例子并观察它的每一步的输出，看一下你是否能够看懂并理解解释器会话的处理流程。我们随后会讨论它的一些细节。

 下一个例子包括停用词，正如我们之前讲的，它是在文本中经常出现但却传达非常少信息的词（如 a、an 和 the 等）。

示例 5-4：用 NLTK 探索文本数据

```
# Explore some of NLTK's functionality by exploring the data.
# Here are some suggestions for an interactive interpreter session.

import json
import nltk

# Download ancillary nltk packages if not already installed
nltk.download('stopwords')

# Load in human language data from wherever you've saved it
DATA = 'resources/ch05-textfiles/ch05-timoreilly.json'
data = json.loads(open(DATA).read())

# Combine titles and post content
all_content = " ".join([ i['title'] + " " + i['content'] for i in data ])

# Approximate bytes of text
print(len(all_content))

tokens = all_content.split()
text = nltk.Text(tokens)

# Examples of the appearance of the word "open"
text.concordance("open")

# Frequent collocations in the text (usually meaningful phrases)
text.collocations()

# Frequency analysis for words of interest
fdist = text.vocab()
print(fdist["open"])
print(fdist["source"])
print(fdist["web"])
print(fdist["2.0"])

# Number of words in the text
print('Number of tokens:', len(tokens))
```

```
# Number of unique words in the text
print('Number of unique words:', len(fdist.keys()))

# Common words that aren't stopwords
print('Common words that aren\'t stopwords')
print([w for w in list(fdist.keys())[:100]
    if w.lower() not in nltk.corpus.stopwords.words('english')])

# Long words that aren't URLs
print('Long words that aren\'t URLs')
print([w for w in fdist.keys() if len(w) > 15 and 'http' not in w])

# Number of URLs
print('Number of URLs: ',len([w for w in fdist.keys() if 'http' in w]))

# Top 10 Most Common Words
print('Top 10 Most Common Words')
print(fdist.most_common(10))
```

 本章的示例都使用 split 方法来分词。然而，分词并不意味着简单地用空格来划分单词，第 6 章会介绍更复杂的适用于一般情形的分词方法。

解释器会话（interpreter session）中的最后一个命令列出了单词的频率分布，并按频率进行了排序。毫不奇怪，像 the、to 和 of 这些停用词是最常出现的单词，但是频率分布会急速下降并有一个长长的拖尾。尽管我们现在是对一个小的文本样例进行处理，但是此特点适用于任何自然语言的频率分析。

Zipf 法则（*http://bit.ly/1a1mCUD*）是自然语言中著名的经验法则，该法则认为一个语料库中单词的频率和它在频率表中的排序成反比。这句话的意思是如果最常出现的单词在语料库中占所有单词的 N%，那么第二高频率的单词会占（N/2）%，第三高频率的单词占（N/3）%，依此类推。当制成图后，这样的分布就像图 5-2 中紧贴每个坐标轴行走的曲线那样（即便是对一个小样本量的数据也是如此）。

尽管开始不够明显，但这种分布的大部分区域都在它的尾部，并且针对一门语言合理采样所得到充分大的语料库，尾部也总是很长。如果在图中绘制这种分布，且坐标轴用对数函数进行变换，对足够大的代表样本绘制的曲线会接近直线。

Zipf 法则让你看到了语料库中单词频率的分布，并且提供了对预测频率有用的经验法则。例如，如果你知晓一个语料库中有 100 万个单词，并假设频率最高的词（对英语来说，通常是 the）占整个语料库的 7%[注3]，这时如果从频率分布中考虑一个特定的词语片段，就可

注 3：单词 the 在 Brown 语料库的词项中占 7%。在不知道其他信息的条件下，这为了解一个语料库提供了很不错的起点。

以得出算法执行的逻辑计算的总量。有时这种简单的算法就是对长时间运行程序的检测，或者用来确定在大数据集上的计算是否可行。

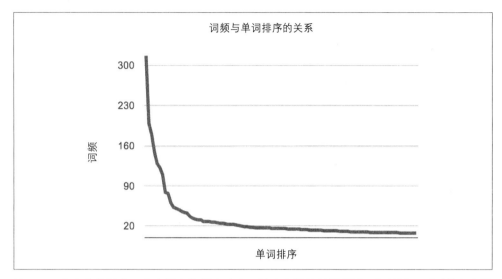

图 5-2：在文本数据中一个小样本的频率分布，该分布紧贴着坐标轴；如果用双重对数图来绘制该分布，会得到一个很接近负数斜率的直线

 你是否可以使用本章介绍的技术与第 1 章介绍的 IPython 的绘图功能相结合，为自己的小型语料库的文本内容绘制图 5-2 所示的相同类型的曲线？

5.4.2 对人类语言使用 TF-IDF

让我来对之前收集的文本数据应用 TF-IDF 进行处理，看一下它作为查询数据的工具是如何运用的。NLTK 提供了一些不需要我们自己编写就可以直接使用的函数，因此在你理解了基本理论后，要做的事情就不多了。示例 5-5 假定你将本章之前使用的文本数据保存为 JSON 格式文件，该代码可以让你传入多个查询项，这些查询项用于根据相关性对文档进行打分。

示例 5-5：用 TF-IDF 来查询文本数据

```
import json
import nltk

# Provide your own query terms here

QUERY_TERMS = ['Government']
```

```
# Load in human language data from wherever you've saved it
DATA = 'resources/ch05-textfiles/ch05-timoreilly.json'
data = json.loads(open(DATA).read())

activities = [post['content'].lower().split()
                for post in data
                  if post['content'] != ""]

# TextCollection provides tf, idf, and tf_idf abstractions so
# that we don't have to maintain/compute them ourselves

tc = nltk.TextCollection(activities)

relevant_activities = []

for idx in range(len(activities)):
    score = 0
    for term in [t.lower() for t in QUERY_TERMS]:
        score += tc.tf_idf(term, activities[idx])
    if score > 0:
        relevant_activities.append({'score': score, 'title': data[idx]['title']})

# Sort by score and display results

relevant_activities = sorted(relevant_activities,
                            key=lambda p: p['score'], reverse=True)
for activity in relevant_activities:
    print('Title: {0}'.format(activity['title']))
    print('Score: {0}'.format(activity['score']))
    print()
```

Tim O'Reilly 的一些在线思考中关于"Government"的查询结果如下:

```
Title: Totally hilarious and spot-on. Has to be the best public service video...
Score: 0.106601312641

Title: Excellent set of principles for digital government. Echoes those put...
Score: 0.102501262155

Title: "We need to show every American competent government services they can...
Score: 0.0951797434292

Title: If you're interested about the emerging startup ecosystem around...
Score: 0.091897683311

Title: I'm proud to be a judge for the new +Code for America tech awards. If...
Score: 0.0873781251154


    ...
```

在分析非结构化文本数据时,对于给定的搜索词,能够根据相关性对内容进行排序是非常有益的。尝试一些其他的查询,并检查一下查询结果,看看自己的 TF-IDF 度量是如何工作的。记住,分数的绝对值并不是十分重要,根据相关性找到并排序文档才是我们所关心的。随后,我们通过各种调整或放大度量的方法来看一下如何能使其更加有效。一个很明显的改进是去除动词的变化（给读者留作练习），这样元素（如时态和语法）中的变化就可以归为一类，并可以用相似度的计算来精确地解释。`nltk.stem` 模块实现了几个好用的词干提取算法。

现在我们来使用新的工具，并将它们应用到寻找相似文档的基本问题上。总而言之，一旦你确定了感兴趣的文档，下一步就是去发现其他可能感兴趣的内容。

5.4.3 查找相似文档

一旦你查询并发现了相关文档，接下来你可能要做的一件事就是查找相似文档。虽然 TF-IDF 可以提供基于搜索项来缩小语料库范围的方法，但余弦相似度是比较文档的最常用技术之一，这正是寻找相似文档的精髓所在。理解余弦相似度需要对向量空间模型（vector space model）有一定了解，下面来讨论这个主题。

向量空间模型和余弦相似度

虽然我们已经强调过，TF-IDF 是将文档建模为无序的单词集合，但另一个适合对文档进行建模的方法是向量空间模型。向量空间模型的基本理论是认为你有一个很大的多维空间，这个空间对每个文档都有一个向量，向量的距离就表示文档间的相似度。向量空间模型最美妙的地方在于你可以将查询表示成一个向量，并通过寻找与查询向量距离最近的文档向量，来发现最相关的文档。

尽管仅依靠本节短短的内容不可能非常透彻地讲清楚这个主题，但是如果你对文本挖掘或者 IR 有兴趣，就应当对向量空间模型有基本的理解。如果你对理论不感兴趣，并想直接跳到细节的实现，请直接跳到下一节。

 这部分假定你对三角学有基本的理解。如果你对三角学不熟悉，本章会是复习高中数学的一个绝佳机会。如果你对它不感兴趣，可以直接跳过该部分。请放心，我们用来查找相似文档的相似度计算是有一些精确的数学理论作支撑的。

因为单词向量对不同的领域会有很多细微的差别，所以我们首先要弄清楚向量的意义。总的来说，向量是一个数组的链表，它可以表示方向和大小，大小就是到原点的距离。在 N 维空间中，向量可以表示为一个原点到空间中一点的线段。

为了说明问题，假设有一个文档，该文档由两个单词（"Open"和"Web"）组成，相应的向量为 $(0.45, 0.67)$，该向量的值可以是单词的 TF-IDF 分数。在向量空间中，该文档可以表示为二维空间中 $(0, 0)$ 点到 $(0.45, 0.67)$ 点的线段。就 x/y 坐标平面而言，x 轴表示

"Open"，y 轴表示"Web"，从（0, 0）到（0.45, 0.67）的向量将表示我们讨论的文档。非平凡文档（nontrivial document）通常至少包含数百个单词，但在这些高维空间中建模文档的基本原理是相同的，只是难于可视化。

试试将二维向量可视化文档的方法应用到有三个维度的文档中，例如"Open""Web"和"Government"。然后考虑接受很难可视化的多维向量。如果你可以做到，你就会相信，对二维空间向量的操作也可以应用到 10 维或 367 维的空间中。图 5-3 展示了三维空间中的一个样例向量。

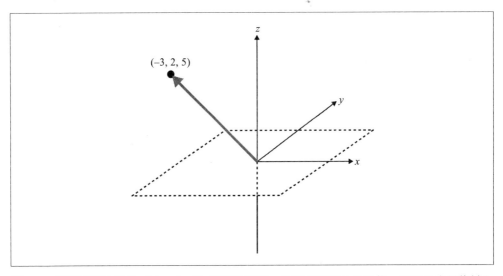

图 5-3：三维空间上值为（-3, -2, 5）的样例向量；从原点左移 3 个单位、后移 2 个单位并上移 5 个单位即得到该点

假设可以将文档建模为面向单词的向量，文档中的每个单词都由相应的 TF-IDF 分数表示，我们的任务是决定最能代表两个文档相似度的度量。事实证明，两个向量夹角的余弦值是比较两个文档相似度的有效度量，称为向量余弦相似度。尽管不够直接，但是多年的科学研究表明，计算文档间单词向量的余弦相似度是一个非常有效的度量方式（不过，它确实与 TF-IDF 有许多相同的问题；请参阅 5.5 节以获得简短的概要）。对余弦相似度的严密证明超出了本书的范畴，但是其核心内容是任何两个向量夹角的余弦表明它们之间的相似度，并且等于它们单位向量的点积（dot product）（*http://bit.ly/1a1mBjn*）。

直觉上可以这样想，如果两个向量越接近，它们之间的夹角也就越小，这样它们之间夹角的余弦值也就越大。两个相同向量之间的夹角是 0 度，因此相似度为 1；正交的两个向量的夹角是 90 度，相似度为 0。下面的简表用于演示这一点：

$\overrightarrow{doc1} \cdot \overrightarrow{doc2} = \|doc1\| \cdot \|doc2\| \cdot \cos\theta$	已知（根据三角学）
$\dfrac{\overrightarrow{doc1} \cdot \overrightarrow{doc2}}{\|doc1\| \cdot \|doc2\|} = \cos\theta$	根据除法
$\hat{doc1} \cdot \hat{doc2} = \cos\theta$	根据单位向量定义
$\hat{doc1} \cdot \hat{doc2} = \text{Similarity}(doc1, doc2)$	根据置换 （假设：$\cos\theta = \text{Similarity}(doc1, doc2)$）

回想一下，单位向量的长度是 1.0（根据定义），你可以看出用单位向量来计算文档的相似度的好处是，它们已经进行了归一化，因而不会在长度上有很大的差异。我们将在后面章节中使用该方法。

用余弦相似度聚类帖子

前面讨论的最重要的一点是要计算两个文档的相似度，你只需要把每个文档转换成一个单词的向量，并对这些文档计算单位向量的点积即可。为方便起见，NLTK 提供 nltk.cluster.util.cosine_distance(v1,v2) 函数来计算余弦相似度，这样就很容易比较两个文档的相似度。如示例 5-6 所显示的，所有的工作都是为了产生正确的单词向量；简而言之，就是通过将 TF-IDF 分数分配到向量中，从而对给定的文档计算单词向量。因为两个文档的词汇表可能不同，所以对在一个文档中不存在而在另外一个文档中存在的单词，要用 0.0 在向量中占位。这样的效果是，两个向量有相同的长度，并且分量按相同的顺序排序，这样就可以进行向量运算。

例如，假设文档 1 有单词 (A, B, C)，并有相应的 TF-IDF 权重 (0.10, 0.15, 0.12)，同时文档 2 有单词 (C, D, E)，并有相应的权重 (0.05, 0.10, 0.09)。因此得到文档 1 的向量为 (0.10, 0.15, 0.12, 0.0, 0.0)，文档 2 的向量为 (0.0, 0.0, 0.05, 0.10, 0.09)。这些向量都可以传给 NLTK 的 cosine_distance 函数，并得到余弦相似度。函数内部 cosine_distance 调用 numpy 模块来高效地计算单位向量的点积并得出结果。

 尽管这一部分的代码重用了我们之前介绍的 TF-IDF 的计算，但是确切的打分函数可以替换为任何有用的度量方式。而 TF-IDF（或对它的一些变形）常用于各种应用，并且它能够提供一个极好的起点。

示例 5-6 阐述了一种使用余弦相似度查找与语料库中每个文档最相似文档的方法。它也可以应用于其他类型的人类语言数据，例如博客帖子或书籍。

示例 5-6：用余弦相似度查找相似文档

```python
import json
import nltk
import nltk.cluster

# Load in human language data from wherever you've saved it
DATA = 'resources/ch05-textfiles/ch05-timoreilly.json'
data = json.loads(open(DATA).read())

all_posts = [ (i['title'] + " " + i['content']).lower().split() for i in data ]

# Provides tf, idf, and tf_idf abstractions for scoring

tc = nltk.TextCollection(all_posts)

# Compute a term-document matrix such that td_matrix[doc_title][term]
# returns a tf-idf score for the term in the document

td_matrix = {}
for idx in range(len(all_posts)):
    post = all_posts[idx]
    fdist = nltk.FreqDist(post)

    doc_title = data[idx]['title'].replace('\n', '')
    td_matrix[doc_title] = {}

    for term in fdist.keys():
        td_matrix[doc_title][term] = tc.tf_idf(term, post)

# Build vectors such that term scores are in the same positions...

distances = {}
for title1 in td_matrix.keys():

    distances[title1] = {}
    (min_dist, most_similar) = (1.0, ('', ''))

    for title2 in td_matrix.keys():
        # Take care not to mutate the original data structures
        # since we're in a loop and need the originals multiple times

        terms1 = td_matrix[title1].copy()
        terms2 = td_matrix[title2].copy()

        # Fill in "gaps" in each map so vectors of the same length can be computed
        for term1 in terms1:
            if term1 not in terms2:
                terms2[term1] = 0

        for term2 in terms2:
            if term2 not in terms1:
                terms1[term2] = 0

        # Create vectors from term maps
        v1 = [score for (term, score) in sorted(terms1.items())]
        v2 = [score for (term, score) in sorted(terms2.items())]
```

```
# Compute similarity amongst documents
distances[title1][title2] = nltk.cluster.util.cosine_distance(v1, v2)

if title1 == title2:
    #print distances[title1][title2]
    continue

if distances[title1][title2] < min_dist:
    (min_dist, most_similar) = (distances[title1][title2], title2)

print(u'Most similar (score: {})\n{}\n{}\n'.format(1-min_dist, title1,
                                                   most_similar))
```

你会发现关于余弦相似度的讨论很有趣。当你发现查询一个向量空间和计算文件之间的相似度是相同的操作，不同之处无非在于用查询向量和文档的向量之间的比较替代文档之间的比较时，你会觉得这是十分神奇的。花点时间来思考一下：这是一个十分有意义的方式，用数学的方法就能够解决。

然而，就实现一个程序来计算整个语料库的相似度而言，最简单的方式就是构建一个含有要查询单词的向量，并和语料库中每个文档相比较。很明显，即使是对一个中等大小的语料库，直接将查询向量与每一个可能的文档向量比较不是一个好的方法。你需要做出一些工程性的决定，这涉及正确地使用索引以获得可扩展的解决方案。

在第 4 章中，我们简单地讨论了聚类中需要降维的基本问题，这里我们看到了相同的思想。不管什么时候，一旦遇到相似度计算，你会迫切需要降维来使它变得容易。

用矩阵图表可视化文件相似度

本节介绍的词条之间的相似度可视化方法是使用类图（graph-like）结构，其中文档之间的链接包含了它们之间的相似度。这样就为使用 matplotlib（*https://matplotlib.org*）引入更多的数据可视化效果提供了一个很好的机会。matplotlib 是一个流行的库，用于在 Python 中创建高质量的图形。如果你正在阅读 Jupyter Notebook 中的代码示例，则可以使用 % matplotlib 内联声明直接在 Notebook 中呈现可视化数据。

示例 5-7 显示了生成可视化文档相似度矩阵所需的代码。分析并存储每对文档之间的余弦相似度，矩阵中的单元格 (i, j) 编码为 1.0 减去文档 i 和 j 之间的余弦距离。distances 数组已在示例 5-6 中进行了计算。该示例代码包含 % matplotlib 的"magic command"及其 inline 参数。此代码行仅在 Jupyter Notebook 环境中才有意义，它指示软件直接在 Notebook 单元之间绘制图像。

示例 5-7：生成图形以直观显示文档之间的余弦相似度

```python
import numpy as np
import matplotlib.pyplot as plt # pip install matplotlib
%matplotlib inline

max_articles = 15

# Get the titles - the keys to the 'distances' dict
keys = list(distances.keys())

# Extract the article titles
titles = [l[:40].replace('\n',' ')+'...' for l in list(distances.keys())]

n_articles = len(titles) if len(titles) < max_articles else max_articles

# Initialize the matrix of appropriate size to store similarity scores
similarity_matrix = np.zeros((n_articles, n_articles))

# Loop over the cells in the matrix
for i in range(n_articles):
    for j in range(n_articles):
        # Retrieve the cosine distance between articles i and j
        d = distances[keys[i]][keys[j]]

        # Store the 'similarity' between articles i and j, defined as 1.0 - distance
        similarity_matrix[i, j] = 1.0 - d


# Create a figure and axes
fig = plt.figure(figsize=(8,8), dpi=300)
ax = fig.add_subplot(111)

# Visualize the matrix with colored squares indicating similarity
ax.matshow(similarity_matrix, cmap='Greys', vmin = 0.0, vmax = 0.2)

# Set regular ticks, one for each article in the collection
ax.set_xticks(range(n_articles))
ax.set_yticks(range(n_articles))

# Set the tick labels as the article titles
ax.set_xticklabels(titles)
ax.set_yticklabels(titles)

# Rotate the labels on the x-axis by 90 degrees
plt.xticks(rotation=90);
```

该代码生成图 5-4 中的矩阵图（文本标签已被略微删节）。突出的黑色对角线编码了语料库中文档的自相似度。

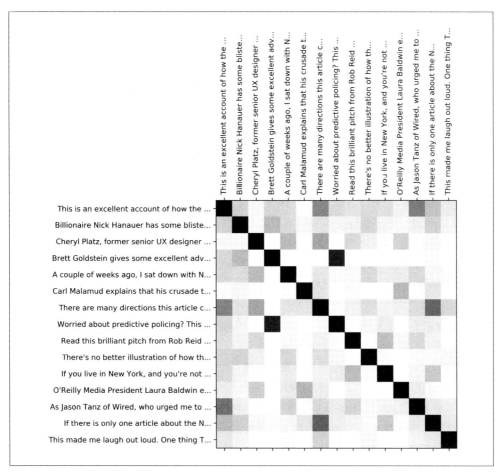

图 5-4：从文本内容中提取链接的矩阵图

5.4.4 分析人类语言中的二元文法

如前面提到的，一个在非结构化的文本处理中常被忽略的问题是，当你能一次观察不止一个词项的时候，你会获得大量的信息，这是因为我们表达的概念很多都是词组，而不仅仅是独立的单词。例如，如果有人要告诉你，一张海报中最常出现的几个词是"open""source"和"government"，你能说这个文本可能是关于"open source"或"open government"的吗？如果你有对作者或内容的先验知识，你可能会猜对。但是如果你全靠机器来分类一个文档是关于协同软件发展的，还是关于政府转型的，你需要回到文本中，并确定哪个词在"open"后出现的频率最高，也就是你要找到以"open"开头的搭配。

回顾下第4章中的相关内容，n元文法仅仅是一种用来表示文本中 n 个连续词的每一种可能顺序的简洁表示方法，并且 n 元文法提供了用于计算搭配的基本数据结构。对

于任意 n，总有 $n-1$ 个 n 元文法，如果考虑 ["Mr.", "Green", "killed", "Colonel", "Mustard"] 的所有二元文法组合，会有四种可能：[("Mr.", "Green"), ("Green", "killed"), ("killed", "Colonel"), ("Colonel", "Mustard")]。你需要比我们的样句更大的文本样例来决定搭配，但是假设你有背景知识或者有另外的文本，下一步应该做的是统计分析二元文法，来决定其中那些是可能的搭配。

N 元文法的存储要求

保存一个 n 元文法模型需要存储 $(T-1) \times n$ 个词（实际上是 $T \times n$），这里 T 是文档中单词的数量，n 是 n 元文法的大小。例如，假设文档中包含 1000 个单词，需要约 8KB 的存储空间。存储文本中所有的二元文法需要两倍于原文本大小的空间，即 16KB，也就是要存储 999×2 个单词。存储所有的三元文法（998×3）需要 3 倍于原空间大小，也就是 24KB。这样，如果没有特殊的数据结构或压缩方法，则对 n 元文法的存储花销将是原存储开销的 n 倍。

---

n 元文法在用于将常见词聚类的问题时十分简单，并且非常有效。如果你计算所有的 n 元文法（即使 n 的值不大），即使不需要额外的工作，你也会发现文本中一些有趣的模式（具有代表性的是，你会经常看到在数据挖掘的练习中使用二元文法和三元文法）。例如，对一个足够长的文本考虑二元文法，你可能会发现如 "Mr. Green" 和 "Colonel Mustard" 这样的专有名以及如 "open source" 和 "open government" 这样的概念等。事实上，用这种方法计算二元文法得到的结果和用之前运行的 collocations 函数所产生的结果是一样的，只是另外需要对不常见单词进行统计分析。当你考虑常用的三元文法或 n 元文法（n 比 3 略大）的时候会有类似的模型。正如你已经在示例 5-4 中看到的，NLTK 可以很好地处理 n 元文法的计算任务，发现文本中的搭配，发现一个或多个单词使用的语境。如示例 5-8 所示。

示例 5-8：对一个句子用 NLTK 来计算二元文法和搭配

```
import nltk

sentence = "Mr. Green killed Colonel Mustard in the study with the " + \
           "candlestick. Mr. Green is not a very nice fellow."

print([bg for bg in nltk.ngrams(sentence.split(), 2)])
txt = nltk.Text(sentence.split())

txt.collocations()
```

使用内置函数（如 nltk.Text.collocations）的一个缺点是，这些函数通常不会返回你可以存储和操作的数据结构。一旦你遇到这样的情况，只要看看实际的源码即可，你可以很容易地从中学到一些东西，并将其修改为你所需要的代码。示例 5-9 展示了如何对一些词项计算搭配和相应的索引，并对结果进行管理。

 在 Python 解释器中，你通常可以通过调用包的 __file__ 属性来查找该包的源路径。例如，试试打印出 nltk.__file__ 的值来查找 NLTK 源代码所在磁盘中的位置。在 IPython 或 Jupyter Notebook 中，你可以通过运行 nltk?? 来使用"double question mark magic"函数，以便立即预览源代码。

示例 5-9：用与 nltk.Text.collocations 样例函数相似的方式，用 NLTK 计算搭配

```python
import json
import nltk
from nltk.metrics import association

# Load in human language data from wherever you've saved it
DATA = 'resources/ch05-textfiles/ch05-timoreilly.json'
data = json.loads(open(DATA).read())

# Number of collocations to find

N = 25

all_tokens = [token for post in data for token in post['content'].lower().split()]

finder = nltk.BigramCollocationFinder.from_words(all_tokens)
finder.apply_freq_filter(2)
finder.apply_word_filter(lambda w: w in nltk.corpus.stopwords.words('english'))
scorer = association.BigramAssocMeasures.jaccard
collocations = finder.nbest(scorer, N)
for collocation in collocations:
    c = ' '.join(collocation)
    print(c)
```

总之，该实现大致仿效了 NLTK 的 collocations 演示功能。它过滤掉了出现次数小于最小值（这里是 2）的二元文法，然后用打分指标对结果进行排序。这种情况下，打分函数是我们在第 4 章讨论的著名的 Jaccard 相似度，它用 nltk.metrics.association. BigramAssocMeasures.jaccard 来定义。BigramAssocMeasures 类用相依表（contingency table）来排序单词的共同出现情况，它是用任意给定的二元文法与在二元文法中出现其他单词的概率相比较而得到的。从概念上说，Jaccard 相似度衡量了集合的相似度，在这种情形下，样本集是用来与文本中出现的二元文法做比较的。

虽然后面的"相依表和打分函数"可以说是高级话题，但这部分提供了有关如何计算相依表和 Jaccard 值的细节的延伸讨论，它们是更深入理解搭配检测的基础。

同时，我们来看看 Tim O'Reilly 的一些文章的输出，很明显，返回带打分的二元文法要比只返回带打分的单词要有用得多，因为附加的上下文赋予了单词更确切的意义：

```
brett goldstein
cabo pulmo
nick hanauer
wood fired
yuval noah
child welfare
silicon valley
jennifer pahlka
barre historical
computational biologist
drm-free ebooks
mikey dickerson
saul griffith
bay mini
credit card
east bay
on-demand economy
white house
inca trail
italian granite
private sector
weeks ago
```

请注意，这里没有使用特殊的启发方法或策略以根据题目大小写来检查文本的专有名词，并且令人惊讶的是有许多专有名词和常见的短语也被过滤掉了。尽管你可以通读全文并找出那些名字，但是机器可以为你做这件事，这样你就能投入精力到更值得关注的分析过程中去。

结果中仍然有一些不可避免的噪声，因为我们还没有从提取的单词中去除标点，但是对于我们已经投入的少量工作来说，得出的结果是极佳的。现在可以说，即使采用相当好的自然语言处理方法，也很难从文本分析的结果中去除所有的噪声。你需要做的是适应噪声并找到启发方法来控制噪声，直到机器能获得一个"完美的"结果。这里的"完美的"是根据受良好教育的人从文本中选出的结果界定的。

希望你得到的观察结果只花费很少精力和时间，我们已经能使用另一个基本技术从一些自由文本数据中抽取一些有用信息，并且结果看起来符合我们的预期。这是令人鼓舞的，因为它表明将相同的技术应用于任何其他类型的非结构化文本可能同样有用，从而使你可以快速了解正在讨论的关键问题。同等重要的是，尽管这种情况下的数据可能证实了你所知道关于 Tim O'Reilly 的事情，但你可能会了解到更多新的事情，这可以从搭配表前面几项出现的人来印证。尽管使用 concordance 方法、正则表达式或者 Python 的 find 方法来找与"Brett Goldstein"相关的内容很简单，但是我们现在将利用我们之前在示例 5-5 中开发的代码，并使用 TF-IDF 来查询 [brett, goldstein]。这是返回结果：

```
Title: Brett Goldstein gives some excellent advice on basic security hygiene...
Score: 0.19612432637
```

这样你达到了目的：有针对性的查询使我们获得了一些有关安全建议的内容。你实际上已经从对文本词汇的理解开始，用搭配分析的方法来关注感兴趣的主题，并用 TF-IDF 在文本中搜索其中的主题。你当然也可以使用余弦相似度来找到（或是任意你想要找的）与其他任何文章最相似的帖子。

相依表和打分函数

本部分细述支撑 `BigramCollocationFinder` 运行的技术：示例 5-9 中使用的 Jaccard 打分函数。如果这是你首次阅读本章或者你对这些细节不感兴趣，可以跳过这个部分，以后再回过头学习。毫无疑问这是一个深入的主题，你不需要充分理解并在本章有效掌握该技术。

一个用来计算关于二元文法度量方法的常见数据结构是相依表。相依表的目的是紧凑的显示关于二元文法不同组合的概率情况。观察表 5-6 的黑体部分，token1 表示二元文法中有 token1 出现，~token1 表示它没有出现在二元文法中。

表 5-6：相依表的例子——斜体的数值表示"边缘"，黑体部分表示的是在二元文法变形下的概率

	token1	~token1	
token2	**frequency(token1, token2)**	**frequency(~token1, token2)**	*frequency(*, token2)*
~token2	**frequency(token1, ~token2)**	**frequency(~token1, ~token2)**	
	frequency(token1, *)		*frequency(*, *)*

尽管在细节上一些单元格对不同的计算会有不同的重要性，但不难看到，表中间的四个单元格表达了不同二元文法中出现的频率。这些单元格中的值可用于计算不同的相似度度量值，可以根据这些度量值按照可能的重要性对二元文法进行打分和排序，正如前面所介绍的 Jaccard 相似度那样，我们接下来会仔细分析这个问题。我们先简要讨论一下相依表的内容是如何计算的。

相依表中不同词条的计算方式，直接与你预先计算的或已经可用的数据结构相关。如果你假设只拥有文本中出现的各个二元文法的频率分布，那么计算 frequency(token1, token2) 的方式就是直接查表，但是 frequency(~token1, token2) 又该是多少呢？在没有其他可用信息的情况下，你需要将每一个出现 token2 的二元文法累加，并减去 frequency(token1, token2)。（如果这看起来不够明显，你可以花时间证明一下它的正确性。）

然而，如果假设你有一个可用的频率分布，它除了包括一个二元文法的频率分布，还计算了文本中每个单词出现的次数（即一元文法），那么对于两个查找操作和一个算术操作，你可以用一个低开销的快捷方法。将一元组中出现 token2 的次数减去二元文法 (token1, token2) 出现的次数，剩下的就是二元文法 (~token1, token2) 出现的次数。例如，如果二

元文法 (~"mr.", "green") 出现 3 次，一元文法 ("green") 出现 7 次，则二元文法 (~"mr.", "green") 必然出现 4 次（~"mr." 表示不出现 "mr."）。表 5-6 中，frequence(*, token2) 表示一元文法 token2 是边缘频率，因为它被记录在表的边缘，frequence(token1, *) 的值同样有助于计算 frequence(token1, ~token2)，表达式 frequence(*,*) 表示任何一元组，也就相当于文本中出现的词项总数。假定有 frequence(token1,token2)、frequence(token1, ~token2) 和 frequence(~token1, token2)，要计算 frequence(*,*) 的值，则要计算 frequence(~token1,~token2) 的值。

尽管这里对相依表的讨论看起来可能有些离题，但这是理解不同打分函数的重要基础。例如，让我们回过头来考虑第 4 章的 Jaccard 相似度。理论上来说，该系数表达了两个集合的相似度，其定义为

$$\frac{|Set1 \cap Set2|}{|Set1 \cup Set2|}$$

换句话说，这个定义就是两个集合中相同词条的个数除以两个集合的并集里的不同词条的个数。值得花些时间思考这一简单但有效的计算。如果 Set1 和 Set2 是相同的，两个集合的交集和并集会是相同的，所有结果会得 1.0。如果两个集合完全不同，公式的分子会是 0，这样得到的结果就是 0.0。然后，其他情况的结果便在 0 ~ 1 之间。

一个二元文法的 Jaccard 相似度表示：该二元文法的频率与所有含有感兴趣单词的二元文法出现的频率之和的比率。对该衡量标准的理解是，比率越高，(token1,token2) 出现在文档中的可能性越大，搭配 "token1 token2" 越有可能表达有意义的概念。

选择最恰当的打分函数通常基于隐藏在数据背后的特征和一些直觉，有时还会有点运气。在 nltk.metrics.associations 中定义的大多数度量方法都在 Christopher Manning 和 Hinrich Schütze 的 *Foundations of Statistical Natural Language Processing* (MIT Press) 的第 5 章进行了讨论。该书可以在线（*http://stanford.io/1a1mBQy*）下载，并可作为后面描述内容的参考资料。

"正态"很重要吗

统计学中一个最基本的概念就是正态分布。正态分布因其形状而通常被称为钟形曲线。该分布之所以叫"正态"分布是因为它经常是其他分布所对比的对象。它是一个对称分布，该分布可能是统计学中应用最广泛的分布。它的意义如此深远的一个原因是，它能为现实世界中的许多自然现象提供一个模型，这些现象的范围很广，从人口特性到制造过程缺陷以及抛骰子的预测都有涉及。

表述正态分布有效性的经验法则叫作 68-95-99.7 规则（*http://bit.ly/1a1mEf0*）。这是

一个很简单的启发式方法，可以用来回答近似正态分布的许多问题。对于一个正态分布，可以证明 99.7% 的数据在均值的 3 个标准差范围内，95% 的数据在 2 个标准差内，68% 的数据在 1 个标准差内。这样，如果你知道可以用近似正态分布来解释现实中的一些现象，并知道该分布的均值和标准差，你就可以用它来回答许多有用的问题。图 5-5 给出了 68-95-99.7 规则。

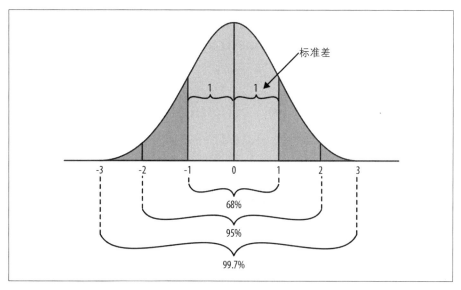

图 5-5：正态分布是统计数学中的重要分布，因为它可以建模许多自然现象的变化

Khan Academy 的 "Introduction to the Normal Distribution" (*http://bit.ly/1a1mCnm*) 提供了关于正态分布的 30 分钟的综述；你也可以观看中心极限定理 (*http://bit.ly/1a1mCnA*) 中截取的 10 分钟内容片段，这一定理也是统计学中同样高深的概念，它表明正态分布会以令人惊讶的方式出现。

对这些度量方法的深刻讨论超出了本书的范围，但是刚刚提到的扩展章节提供了详细的描述和深入的示例。如果你需要建立自己的搭配检测器，Jaccard 相似度、Dice 系数，以及似然率都是好的开端。它们和一些其他的关键术语一起在下面予以描述：

原始频率

　　顾名思义，原始频率是一个 n 元文法频率与所有 n 元文法频率的比率。它对检测文本中特定搭配的整体频率有用。

Jaccard 相似度

　　Jaccard 相似度是用来测量集合之间的相似性的比率。如应用在搭配中，它被定义为一个搭配的频率除以搭配（在感兴趣的搭配中包含至少一个单词）的总数。它对判断给定的单词是否能构成搭配很有用，同时也可以对可能的搭配进行排序。使用与先前描述一致的符号，可以用数学表达式定义为：

$$\frac{freq(term1, term2)}{freq(term1, term2) + freq(\sim term1, term2) + freq(term1, \sim term2)}$$

Dice 系数

Dice 系数与 Jaccard 相似度极为相似。根本的不同是集合之间相似度的权重值是 Jaccard 相似度值的两倍。它的数学公式定义如下：

$$\frac{2 \times freq(term1, term2)}{freq(*, term2) + freq(term1, *)}$$

它也可以简化为

$$Dice = \frac{2 \times Jaccard}{1 + Jaccard}$$

当你想要增加集合重叠部分的分数时，可以用该度量方法来代替 Jaccard 相似度值。当集合间有一个或多个不同，且不同的分数很高的时候，使用该方法很方便。因为当集合间的差集合大小不断增大时，Jaccard 相似度值会随之减小（因为集合的并操作处于 Jaccard 分数的分母上）。

学生的 t 分数

传统意义上，学生的 t 分数适用于假设检验。如应用到 n 元文法分析那样，t 分数可以用来测试两个单词是否是搭配。该计算的统计过程对每个规范的 t 测试使用了标准分布。相对原始频率，t 分数的一个优势是，t 分数考虑了一个二元文法相对其构成的分量的频率。这个特性有助于排序搭配的强弱。t 测试不好的地方在于它需要假定搭配的概率分布是正态分布，而这种情形不是经常被满足。

卡方检验

就像学生的 t 分数，卡方检验这种度量方法通常用来测试两个变量之间的独立性，并可以用来测试搭配的两个词项在 Pearson 卡方检验上是否满足统计显著性。总的来说，应用 t 测试和卡方测试的区别不是很大。卡方检验的优势在于它没有假设变量背后的潜在分布是正态分布，因此，卡方测试的使用更普遍。

似然率

似然率是另一个假设检验的度量方法，它用来测量可能会形成搭配的单词的独立性。一般情况下，相对卡方检验是一个更正确的用来发现搭配的方法。它在一些数据上应用得很好，这些数据也包括许多不常用的搭配。涉及对搭配计算似然估计的方法（如 NLTK 实现的那样），假设它服从二项分布（*http://bit.ly/1a1mEMj*），决定该分布的参数是基于搭配和单词出现的次数来计算的。

逐点互信息

当你知道一个单词的相邻单词的值时，我们可以使用逐点互信息（Pointwise Mutual Information，PMI）来测量从这个单词获得了多少信息。换句话说，就是你从一个单词中可以得到另外一个单词的信息量有多少。具有讽刺意味的是，涉及 PMI 的计算使得高频单词的分数反而低于低频单词的分数，这正好与我们想要的效果相反。因此，这是测量独立性而不是相关性的好方法（例如，它不是对搭配打分的最理想选择）。事实还表明，稀疏的数据会阻碍 PMI 打分，而如似然率这样的方法效果会更好。

评估并选择特定情况下的最好方法通常既是一门科学又是一门艺术。一些问题已经被研究透彻，可以提供指导性方案，然而有一些情形通常需要更多创新的研究和实验。对于最困难的问题，应该查找最近的科学文献（不论是通过 Google 学术（*http://bit.ly/1a1mHYk*）搜索到的书还是文章），来确认正试图解决的问题是否被充分研究过。

5.4.5 分析人类语言数据的反思

本章已经介绍了多种工具和处理方法来分析人类语言数据，结束前的一些反思会对综合其内容有所帮助：

上下文驱动的意义

虽然 TF-IDF 是一个容易使用的强大工具，但在具体实现的时候会有一些限制，为讨论方便我们之前将其忽略了，但是你应该将其考虑在内。最基本的一个限制是，该方法将文档看作一个词袋，这也就意味着文本和查询中的单词顺序被忽略了。例如，如果我们不将查询词的顺序考虑在内，或将查询的内容解释为词组而不是独立的单词，那么查询"Green Mr."与查询"Mr. Green"会返回相同的结果。但显而易见，单词出现的顺序至关重要。

在进行 n 元文法分析来解释搭配和单词顺序时，我们仍会遇到潜在的问题，也就是 TF-IDF 假设所有相同文本值的词项都表示同一个事物。然而，很明显，情况并不是这样。同音同形异义词（homonym）（*http://bit.ly/1a1mFzJ*）是有相同的拼写和发音的单词，它的意思是由上下文决定的，并且你选择的任何同音同形异义词都会是一个反例。同音同形异义词如 book、match、cave 和 cool 就是一些例子，它们表明在决定一个单词的意思时上下文的重要性。

余弦相似度有许多和 TF-IDF 一样的缺点。它也没有将文本的内容或 n 元文法分析中单词的顺序考虑在内，并且它假设向量空间中彼此靠近的单词会是相似的，然而实际并不总是这样。正如 TF-IDF 一样，明显的反例就是同音同形异义词。我们对余弦相似度的实现，也依靠 TF-IDF 打分作为计算文档中单词相对重要性的方法，因此 TF-IDF 错误会有级联效应。

人类语言遭遇上下文过载

你或许已经注意到，在分析非结构化文本的时候会有许多讨厌的细节，而这些细节又十分重要。例如，字符串的对比会有大小写的问题，因此将单词规范化会很重要，这样就能尽可能正确地计算频率。然而，盲目的将其变为小写也会使问题变得复杂，因为特定单词和词组的使用也很重要。

"Mr. Green"和"Web 2.0"是两个值得考虑的例子。对于"Mr. Green"，保留"Green"会有优势，因为它能够提供线索来说明这个单词不是形容词，可能是名词短语中的一部分。我们在第 6 章（讨论 NLP）会再次讨论这个主题，因为用词袋的方法会丢失上下文信息，而用 NLP 更高级的词性标记技术会保留上下文信息。

从人类语言解析上下文不是件容易的事

另一个值得关注的问题源于我们的具体实现，而不是 TF-IDF 的通用框架本身。我们用 split 来分割词项的时候，会在分割的词项中留下标点，这会影响对频率的统计。例如，在示例 5-2 中，语料库 ['b'] 结束是"study."，这和出现在 ['a'] 中的"study"不一样（某人更有可能查询的词项）。在这种情形下，后面的标点会影响 TF 和 IDF 的计算。有时，我们通过一个句点就可以判断一句话的结束，但是对机器来说，要做出相同水准的判断会困难很多。

编写程序来帮助机器更好地理解出现在人类语言数据中的单词内容，是一个充满活力的研究领域，而且对未来的搜索技术和 Web 技术有巨大的潜在价值。

5.5 本章小结

本章介绍了一些清洗人类语言数据的方法，并花了一些时间介绍 IR 理论、TF-IDF、余弦相似度和相关的一些基础知识，以此作为分析我们收集的数据的手段。最后，我们讨论了任何搜索引擎为打造成功的技术产品都会考虑的一些问题。然而，即使我希望通过本章让你们知道如何从非结构化的文本中提取有用的信息，但是对大多数基础概念来说（无论出于理论还是工程方面的考虑），这仅仅是皮毛。信息检索毫不夸张地讲是一个价值数十亿美元的产业，因此不难想象如 Google 和 Bing 这样可以支撑搜索引擎的大公司在理论和实现方面做了多么巨大的投入。

考虑如 Google 这样的搜索提供商的巨大能量，很容易忘记这些基本的搜索技术还存在。然而，了解这些技术会帮助理解搜索现状的假设和限制，也有助于清楚地理解今后出现的核心技术。第 6 章将介绍与本章中某些技术不同的基本范式转换。对于那些属于技术驱动型的、能有效分析人类语言数据的公司，有许多令人兴奋的机会。

 本章和其他所有章节的源代码都可以在 GitHub（*http://bit.ly/Mining-the-Social-Web-3E*）上获得，代码采用了 Jupyter Notebook 格式，我们强烈建议你在自己的 Web 浏览器中尝试运行它们。

5.6 推荐练习

- 利用第 1 章介绍的 Juputer Notebook 的画图特性，为语料库中的单词绘制 Zipf 曲线。

- 如果你想尝试将本章中的技术应用于网络（一般来说），你可能要查看一下 Scrapy（*http://bit.ly/1a1mG6P*），这是一种易于使用且成熟的 Web 抓取和爬取框架，它可以帮助你获取 Web 页面。

- 花一些时间将交互式功能添加到本章介绍的矩阵图中。你能做到添加事件处理程序，当文本被单击时自动跳到帖子吗？你能想出任何有效的方法来对行和列进行排序，以便更容易地识别模式吗？

- 更新生成驱动矩阵关系图的 JSON 的代码，使其以不同的方式计算相似度，从而以不同于默认的方式关联文档。

- 你认为文本中还有哪些其他功能可以使跨文档的相似度计算更加准确？

- 花一些时间对本章介绍的基本 IR 概念进行深入研究。

5.7 在线资源

下面是本章的链接清单，对于复习本章内容可能会很有帮助：

- 68-95-99.7 规则（*http://bit.ly/1a1mEf0*）。

- 二项分布（*http://bit.ly/1a1mEMj*）。

- Brown 语料库（*http://bit.ly/1a1mB2X*）。

- 中心极限定理（*http://bit.ly/1a1mCnA*）。

- HTTP API 概述（*http://bit.ly/1a1mAfm*）。

- *Introduction to Information Retrieval*（*http://stanford.io/1a1mAvP*）。

- "Introduction to the Normal Distribution"（*http://bit.ly/1a1mCnm*）。

- *Foundations of Statistical Natural Language Processing*，第 5 章（" Collocations"）
  (*http://stanford.io/1a1mBQy*)。

- `matplotlib` (*https://matplotlib.org/*)。

- NLTK 在线图书 (*http://bit.ly/1a1mtAk*)。

- Scrapy (*http://bit.ly/1a1mG6P*)。

- Zipf 法则 (*http://bit.ly/1a1mCUD*)。

## 第 6 章

挖掘网页：使用自然语言处理理解人类语言、总结博客内容等

本章延续前面章节的讲解，尝试使用自然语言处理（NLP）的方法对网页信息进行挖掘，并且将其应用到在社交网络（或其他地方）中存在的大量人类语言数据[注1]上。前一章介绍了信息检索（IR）理论中的基本技术，大体上可将文本视为以文档为中心的"词袋"（无序的单词集合），它可以用向量来建模和处理。尽管在大多数情况下这些模型表现很好，但它们没有完全考虑语义的即时上下文信息。

本章采用以上下文为驱动的不同技术对人类语言数据的语义进行更深层次的挖掘。通常，社交网络 API 被认为是至关重要的，它根据明确定义的模式来返回符合要求的数据，但人类还是以自然语言数据作为最基本的交流媒介，比如你在本页读到的内容、Facebook 上发布的内容、链在推文中的网页内容等。到目前为止，人类语言是我们所能得到的最普遍的自然语言数据，在很大程度上未来以数据为驱动的创新依赖于我们是否能够有效地使机器具备理解数字形式的人类交流能力。

 我们强烈推荐你在学习这章之前对前面章节的内容进行了深入的学习。需要对 NLP 有较好的理解，例如对 TF-IDF、向量空间模型等的基本优缺点的评价及其应用知识的理解。从某种程度上来说，本章和上一章比其他章节在这方面的耦合度更高。

延续前几章的学习思路，我们将尝试用最少的细节来让你对本身很复杂的话题有一个基本的了解，同时也提供足够深入的技术介绍，这样你就可以立即进行数据挖掘了。通常我们

注 1：在本章中，人类语言数据指自然语言处理的对象，意在传达与自然语言数据或非结构化数据相同的意思。如果不是数据本身表达出明确的不同，那么对用词的选择不会造成区别。

可以走捷径，通过使用 20% 的关键技能便可以完成 80% 的工作（任何一本书或者小型多卷集书籍的任何一章都不可能完全介绍 NLP 的内容），但是本章的内容实际上是一个实用的技术介绍，会为你提供足够的技术资料来对你在社交网络上获得的人类语言数据做一些有趣的事情。即使我们将重点放在从网页和订阅源中提取出的人类语言数据上，但是不要忘记几乎每个社交网站都会提供 API 来返回人类语言数据，所以这些技术可以推广到几乎所有的社交网站。

 在线获取本章（或其他章节）修复过 bug 的源码地址为 *http://bit.ly/Mining-the-Social-Web-3E*。好好利用本书的虚拟机体验，如同附录 A 中描述的那样，来提高你对示例代码的兴趣。

6.1 概述

本章继续分析人类语言数据，并以网页和订阅源为基础。在本章中，你会学到：

- 获取网页并从中提取人类语言数据。
- 利用 NLTK 完成自然语言处理中的基本任务。
- 在 NLP 中使用上下文驱动的方法进行分析。
- 使用 NLP 来完成分析任务，比如生成文档摘要。
- 度量涉及预测分析领域质量的指标。

6.2 抓取、解析和爬取网页

尽管使用编程语言或者终端工具（比如 curl 或者 wget）来获取网页很烦琐，但提取出你想从网页中得到的独立文本并没有这么烦琐。文本显然已经在网页中了，但还有许多样板（boilerplate）的内容，比如导航栏、页眉、页脚、广告等其他你不关心的内容。因此，并不是去掉 HTML 标签再处理剩下的文本就行了，因为去掉 HTML 标签不会对去掉那些样板有什么作用。有些时候，网页中会有更多的样板给你造成干扰。

好消息是，近年来帮你识别感兴趣内容的工具越来越成熟，并且对你想要进行文本挖掘的材料进行隔离的方法也有了很多出色的可供选择。另外，相对普遍的订阅源，比如 RSS 和 Atom，可以帮助检索出干净的没有网页上那些典型的没用信息的文本，如果你对于获取订阅源内容有先见之明，可以使用它们。

通常订阅源只发布"最近的"内容，所以即使有了订阅源，有时你也需要处理网页。如果给你选择，或许你更倾向于订阅源而不是任意的网页，但你都需要为这二者做好准备。

一个出色的网页抓取（从网页提取文本的过程）工具是基于 Java 的 boilerpipe 库（*http://bit.ly/2MzPXhy*），它是为识别和移除网页中的样板而设计的。该库基于一篇发表的论文，题目是"Boilerplate Detection Using Shallow Text Features"（*http://bit.ly/1a1mN21*），阐释了使用监督机器学习（*http://bit.ly/1a1mPHr*）技术来分离样板和页面内容的效力。该监督学习技术包含从它的领域中有代表性的训练样本创建预测模型的过程，因此 boilerpipe 是可以定制的，你可以调整它来提高准确率。

默认的提取器可以在一般的情况下工作，一个提取器训练用于包含文章的网页和一个提取器训练用于提取页面上大规模的正文，它们可能很适合那些只有一大块文本的网页。在任何情况下，都仍会有对文本进行少量后处理的需求，这取决于你能识别的其他特征是起干扰的作用还是需要注意的内容，但是让 boilerpipe 来做这些困难的工作却是很简单的。

虽然这个库是基于 Java 的，但它采用很有用也很流行的 Python 3 包封装（*http://bit.ly/2sCIFET*）。安装这个包可以使用 `pip install boilerpipe3` 命令。确保你的 Java 版本是相对新的，这就是使用 boilerpipe 的所有要求了。

示例 6-1 展示了提取文章的正文内容的直接使用方式，由传到 Extractor 构造器中的 ArticleExtractor 参数表示。你也可以在线尝试 boilerpipe 的托管版本（*http://bit.ly/1a1mSTF*）来看看其他提取器的不同，比如 LargestContentExtractor 或者 DefaultExtractor。

示例 6-1：使用 boilerpipe 从网页中提取文本

```
from boilerpipe.extract import Extractor

URL='http://radar.oreilly.com/2010/07/louvre-industrial-age-henry-ford.html'

extractor = Extractor(extractor='ArticleExtractor', url=URL)

print(extractor.getText())
```

尽管网页抓取过去常常被视为获取网站内容的唯一方式，但是现在有一种潜在的更简单的方法来获取内容，尤其是当内容来自新的源、博客或其他聚合的源。但是在谈论这些以前，让我们先来快速回顾一些内容。

如果你已经使用网络很长时间了，你也许记得在 20 世纪 90 年代末，那时新闻读者还不存在。如果你想知道一个网站的最新的改变，你不得不亲自到那个网站去看有没有什么改变。之后，聚合格式利用自己发布的博客和诸如 RSS（Really Simple Syndication，简易信息聚合）与 Atom 之类的格式生成进化的 XML（*http://bit.ly/18RFKaW*）规格，现在在处理内容提供者发布内容和用户订阅方面都越来越流行了。解析订阅源是比较简单的问题，因为订阅源是符合（*http://bit.ly/1a1mTqE*）发布标准的格式固定的（*http://bit.ly/1a1mQLr*）XML 数据，尽管网页不一定是格式良好的、有效的或者是遵循最佳实践的。

通常用 Python 包 `feedparser` 来解析订阅源，它是解析订阅源的重要工具。你可以在终端中使用标准的 `pip` 命令 **pip install feedparser** 来安装它。示例 6-2 展示了提取文本、标题、RSS 订阅源入口的源 URL 的最简单的使用方法。

示例 6-2：使用 feedparser 从 RSS 和 Atom 订阅源中提取文本（和其他域）

```
import feedparser

FEED_URL='http://feeds.feedburner.com/oreilly/radar/atom'

fp = feedparser.parse(FEED_URL)

for e in fp.entries:
    print(e.title)
    print(e.links[0].href)
    print(e.content[0].value)
```

HTML、XML 和 XHTML

在早期网络演化的过程中，将网页的内容从展示层分离出来的困难很快成为一个亟待解决的问题，XML（部分上）是当时的一种解决方法。内容的创建者将数据以 XML 的格式发布，并使用样式表将它转换成可向终端用户展示的 XHTML。XHTML 是将 HTML 用格式良好的 XML 写出来的语言：每个标签都是小写，组成树形结构，并且标签都是自封闭的（比如
）或者每个开始标签（比如 <p>）都有相对应的结束标签（</p>）。

在网页抓取的上下文中，这些规定有许多好处，比如让每个网页更容易用解析器处理。在设计方面，XHTML 正是网络所需要的。这个主张有很多好处并且几乎没有坏处：格式良好的 XHTML 内容被证明对 XML 模式有效，而且能享受 XML 的所有其他优点，如使用命名空间（如 RDFa 这类语义网技术依赖的设计）的自定义属性。

问题是它并没有引人注意。结果，我们仍然生活在一个基于 HTML 4.01 标准的语义标记的世界里（虽然经过了十余年，但 HTML 4.01 标准仍然在蓬勃发展），而 XHTML 和基于 XHTML 的技术（比如 RDFa）仍然不是主流。（事实上，像 BeautifulSoup（*http://bit.ly/1a1mRit*）这样的库是为了处理格式不规范的 HTML 而设计的。）大多数网络开发者正屏住呼吸，期待 HTML5（*http://bit.ly/1a1mRz5*）能够创造一个期待已久的融合，比如 microdata（*http://bit.ly/1a1mRPA*）技术的流行和发布工具的现代化。如果你对这段历史感兴趣的话，维基百科中关于 HTML 的文章（*http://bit.ly/1a1mS66*）很值得一读。

爬取网站是对和这一节提到的相同概念的逻辑扩展：它通常包括获得页面、提取页面中的超链接，然后系统地获得所有超链接的页面。这个过程根据你的目标可以重复任意多层。这也是最早的搜索引擎的工作方法，并且也是现在大多数索引网页的搜索引擎所使用的。尽管爬取网页并不在我们的讨论范围之内，但解决这个问题所应用的知识很有用，所以让我们简单地思考一下获得所有页面的计算复杂性。

如果你想实现自己的网络爬虫，Scrapy（*http://bit.ly/1a1mG6P*）是一个很好的基于 Python 的网页爬取框架。Scrapy 的文档可以指导你不费吹灰之力就能爬取目标网页。下一节将简单地讨论一般情况下实现网页爬取的计算复杂性，这样你就能更好地理解你要做的东西。

如今我们可以从诸如亚马逊 Common Crawl Corpus（*http://amzn.to/1a1mXXb*）这样的源，来获得一个符合大部分科研目的周期性更新的网页爬取，它记录了超过 50 亿的网页和超过 81 兆兆字节的数据！

网页爬取中的广度优先搜索

这一节包括细节的内容以及对如何实现网页爬取的分析，对于你理解本章的内容影响不大（尽管你很可能觉得这一节很有趣也很有启发意义）。如果这是你第一次读这一章，可以把本节留作下次阅读。

网页爬取最基本的算法是广度优先搜索（*http://bit.ly/1a1mYdG*），这种搜索是有固定开始节点和一定约束条件的树状或者图形结构。在我们的网页爬取方案中，开始节点是最初的网页，相邻节点是超链接的网页。

其他的方案中，包括深度优先搜索（*http://bit.ly/1a1mVPd*）。选择哪一种策略取决于可用的计算资源、特定的领域知识，甚至理论层面的考虑。广度优先搜索在示例 6-3 中用伪代码展示了它是如何工作的。

示例 6-3：广度优先搜索的伪代码

```
Create an empty graph
Create an empty queue to keep track of nodes that need to be processed

Add the starting point to the graph as the root node
Add the root node to a queue for processing

Repeat until some maximum depth is reached or the queue is empty:
  Remove a node from the queue
  For each of the node's neighbors:
    If the neighbor hasn't already been processed:
      Add it to the queue
```

```
Add it to the graph
Create an edge in the graph that connects the node and its neighbor
```

通常我们不会花这么长时间来分析一种方法，但是广度优先搜索是你需要了解的非常重要的一种方法。一般对算法有两种度量标准：效率和效力（或者说性能和质量）。

通常对算法的性能分析包括最坏情况的时间和空间复杂性——换句话说，就是程序的执行时间和在处理大规模数据的时候对内存的要求。我们爬取网页的广度优先方法本质上就是广度优先搜索，除非没有要查找的东西，因为扩展图时，除了达到最大层数或遍历完所有的节点，并没有终止条件。如果我们要搜索特定的东西而不是任意地爬取链接，就需要考虑实际的广度优先搜索。因此，通常将广度优先搜索演变为有边界的广度优先搜索，正如示例中一样，会对搜索的最大层数进行限制。

对于广度优先搜索（或广度优先爬取）来说，最坏情况下的时间和空间复杂性都能限制在 b^d，b 是图的分支数，d 是层数。你可以像图 6-1 那样在纸上画一个草图，经过简单思考，结果就会变得很显然。

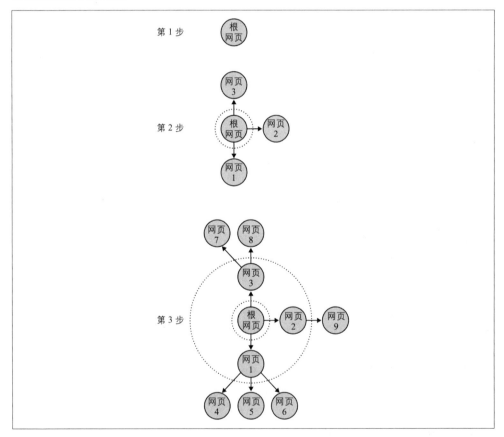

图 6-1：在广度优先搜索中，每进行一步就扩展一层，直到达到最大层数或者满足其他的终止条件

如果图中的每个节点都有 5 个相邻节点，并且只有一层，那么你结束时总共遍历了 6 个节点：根节点和它的 5 个相邻节点。如果这 5 个相邻节点又都有 5 个相邻节点，再扩展一层，那么结束时总共遍历了 31 个节点：根节点、根节点的 5 个相邻节点以及每个根节点的相邻节点的 5 个相邻节点。表 6-1 展示了 b^d 在 b 和 d 的规模都比较小时是如何增长的。

表 6-1：不同层数的图的分支数的计算

分支数	层数 = 1 的节点数	层数 = 2 的节点数	层数 = 3 的节点数	层数 = 4 的节点数	层数 = 5 的节点数
2	3	7	15	31	63
3	4	13	40	121	364
4	5	21	85	341	1365
5	6	31	156	781	3906
6	7	43	259	1555	9331

图 6-2 形象地展示了表 6-1 中的值。

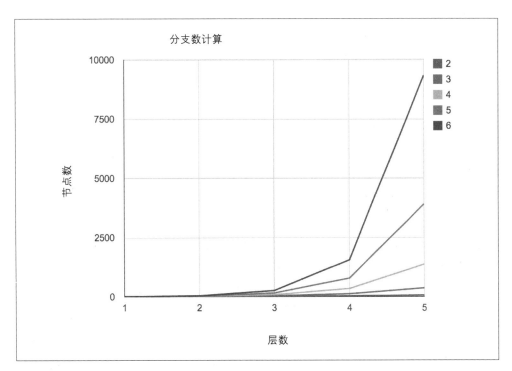

图 6-2：随着广度优先搜索的层数增加而增加节点数

尽管前面主要讲了算法的理论界限，但值得注意的最终考虑因素是：对于一个固定大小的数据集，该算法的实际性能到底如何。对代码的简单分析表明，从"绝大多数时间都用在等待对库的调用来返回处理的内容"的观点来看，它主要是 I/O 约束。这种情况下，线程池技术（*http://bit.ly/1a1mW5M*）是提高性能的普遍方法。

6.3 通过解码语法来探索语义

回想一下前面的章节，TF-IDF 和余弦相似度最基本的缺点是这两个模型本身就不要求深入了解数据的语义，并且抛开了许多关键的上下文环境。然而，那一章的示例能利用非常基本的句法，用空格分割词项来把其他不透明的文档分解为"词袋"（*http://bit.ly/1a1lHDF*），并使用频率和简单的统计相似性度量来确定数据中的哪些词项可能是重要的。虽然你可以使用这些技术做一些非常了不起的事情，但是它们并没有真正告诉你某个文档上下文中出现的词项的意义。包含"fish""bear"或"google"这类同形异义词（*http://bit.ly/1a1mWCL*）的句子就是一个很好的例子；它们既可以是名词，也可以是动词。[注2]

NLP 本身就很复杂，甚至很难做到完美，在常用语言的大型集合中完全掌握它可能会是世纪难题。尽管很多人认为这个问题离解决还有很远的距离，但是我们对网络的"更深理解"的兴趣已经有所提高。比如 Google 的知识图谱（Google's Knowledge Graph, *http://bit.ly/2NKhEZz*），正被推举为未来的搜索核心技术。毕竟，对 NLP 的完全掌握实质上是掌握图灵测试（*http://bit.ly/1a1mZON*）的合理策略，对于最仔细的观察者来说，实现这种"理解"的计算机程序虽然是用软件对大脑建模而不是真正的大脑，但也说明了人工智能的不可思议。

虽然结构化或半结构化源基本上是记录的集合，同时这些记录已经为可以被直接分析的每个字段预设了一些意义，但是即使是最简单的任务，处理人类语言数据也有更多细致的考虑。例如，让我们假设给了你一个文档，并要求你统计其中句子的总数。如果你是人类并且基本了解英语语法的话，这是非常简单的任务，但是对于机器来说，这就完全是另一回事了，它要求复杂而详细的指令集来完成这个任务。

值得庆幸的是：只要数据的结构相对合理，机器就可以检测出其断句的位置，不但速度很快，而且准确率也很高。即使你已经准确地检测到了所有的句子，你仍然不了解这些句子中词或短语的用法。想想说反话或者讽刺语这样的例子，即使对数据的结构信息的了解已经相当完全了，你还需要这个句子之外的上下文来准确地理解它。

因此，作为极度广泛的概括，我们可以说 NLP 基本上是关于使用由符号的有序集组成的不透明文档，这些符号遵循正确的句法和定义明确的语法，并最终推导出与这些符号相关的语义。

注 2：同音异义词是同形异义词的特例。如果两个单词有相同的拼写，那么这两个单词是同形异义词。如果两个单词拼写相同，发音相同，那么这两个单词是同音异义词。出于某种原因，同音异义词似乎比同形异义词更常见，即使它被滥用了。

让我们回到大多数 NLP 流程的第一步：检测句子来说明 NLP 的复杂性。似乎很容易高估简单的基于规则的启发式方法的作用，但重要的是通过一个练习来让你了解关键问题是什么，不要把时间浪费在尝试重蹈覆辙上。

解决句子检测问题的最初尝试可能只是统计文本中句号、问号和感叹号的数量。这可能是开始时最明显的启发式方法，但是它相当不成熟，可能会产生很大的误差范围。看一下下面的（非常明确的）控诉：

> Mr. Green killed Colonel Mustard in the study with the candlestick. Mr. Green is not a
> very nice fellow.

通过标点符号（本例中是句号）来简单地切分这个文本，会产生下面的效果：

```
>>> txt = "Mr. Green killed Colonel Mustard in the study with the \
... candlestick. Mr. Green is not a very nice fellow."
>>> txt.split(".")
['Mr', 'Green killed Colonel Mustard in the study with the candlestick',
 'Mr', 'Green is not a very nice fellow', '']
```

显而易见的是：不综合考虑上下文或者高级信息，只是盲目地按句号断句来执行句子检测是不够的。在本例中，问题是英语中常见的缩写词"Mr."的使用。虽然前面的章节对该样本的 n 元语法分析已经说明"Mr.Green"实际上是一个被称为搭配或词块的复合标记，但是如果要分析数量更大的文本，就不难想象难以检测以搭配出现为基础的其他边界情况。提前想一下，同样值得指出的是：使用简单的逻辑在句子中查找关键主题也并不容易完成。作为聪明的人类，你可以很容易地推断出样本中的关键主题可能是"Mr. Green""Colonel Mustard""the study"和"the candlestick"，但是训练机器得出相同的结果是一项复杂的任务。

在继续讨论剩余部分之前，花时间想一下怎么写程序解决这个问题。

可能会出现一些明显的可能性，如使用正则表达式检测'首字母大写'、构建常见缩写词列表解析出专有名词，以及将这个逻辑的一些变形应用到查找句末（EOS）边界的问题中，以防你陷入困境。当然，这些努力会对一些示例有效，但是对于任意的英语文本，误差范围会是怎样的呢？算法能在多大程度上容忍用法不标准的英语文本、诸如文本消息或推文这类高度浓缩的信息或（夹杂）其他浪漫的语言，如西班牙语、法语或意大利语？这里没有简单的答案，这就是文本分析在数字化的人类语言数据几乎每秒都在增加的时代中如此重要的原因。

6.3.1 一步步讲解自然语言处理

我们准备通过一系列示例来讲解使用 NLTK 的 NLP。我们要检查的 NLP 流程有下面几步：

1. 句末检测。

2. 分词。

3. 词性标记。

4. 分块。

5. 提取。

 下面的 NLP 流程按照在 Python 解释器中展开的形式来给出，是为了清晰简明地展示每一步的输入和预期输出。不过，流程的每一步都预先装载到本章的 Jupyter Notebook 中了，所以你可以和其他的例子一起继续学习。

我们继续使用下面的样例文本来说明："Mr. Green killed Colonel Mustard in the study with the candlestick. Mr. Green is not a very nice fellow."请记住，即使你阅读了该文本，了解了它的语法结构，但是对于机器来说，现在它只是一个不透明的字符串值。让我们来更详细地查看这些步骤：

句末检测

这一步把一段文本分解成一个有意义的句子集合。因为句子通常是代表思维的逻辑单元，所以它们往往都包含非常适合于进一步分析的可预见句法。你看到的大多数 NLP 流程都是从这一步开始的，因为分词（下一步）操作的是单句。虽然把文本分解成段或节可能会增加某些分析类型的值，但是它不可能帮助完成句末检测的整体任务。在解释器中，使用 NLTK 解析句子的过程如下：

```
>>> import nltk
>>> txt = "Mr. Green killed Colonel Mustard in the study with the  \
... candlestick. Mr. Green is not a very nice fellow."
>>> txt = "Mr. Green killed Colonel Mustard in the study with the \
... candlestick. Mr. Green is not a very nice fellow."
>>> sentences = nltk.tokenize.sent_tokenize(txt)
>>> sentences
['Mr. Green killed Colonel Mustard in the study with the candlestick.',
 'Mr. Green is not a very nice fellow.']
```

我们会在下一节更多地讨论 sent_tokenize 底层发生了什么。现在，我们将会接受出现在任何文本中的正确的句子检测的字面意义——对在可能是标点符号的字符处停顿的明显改善。

分词

这一步操作的是单个句子，把它们分割成词项。仿照示例解释器会话，需要执行以下操作：

```
>>> tokens = [nltk.tokenize.word_tokenize(s) for s in sentences]
>>> tokens
[['Mr.', 'Green', 'killed', 'Colonel', 'Mustard', 'in', 'the', 'study',
  'with', 'the', 'candlestick', '.'],
 ['Mr.', 'Green', 'is', 'not', 'a', 'very', 'nice', 'fellow', '.']]
```

请注意，对于这个简单的示例，分词和在空格上分割所做的操作一样，只是它能正确地区分句末标记（句号）。在后面一节中我们可以看到，如果我们给它机会的话，它能做的其实更多。而且我们已经知道，句号是句子结束的标记或者作为缩写词的一部分，它们之间的差别有时候也是重要的。有趣的是，有些书面语言，比如象形文字，并不需要用空格分割句子中的词项，而是需要读者（或者机器）来区分边界。

词性标记

这一步把词性（Part-Of-Speech，POS）信息分配给每个单词。在示例解释器会话中，通过另外一步运行词项来用标签标识它们：

```
>>> pos_tagged_tokens = [nltk.pos_tag(t) for t in tokens]
>>> pos_tagged_tokens
[[('Mr.', 'NNP'), ('Green', 'NNP'), ('killed', 'VBD'), ('Colonel', 'NNP'),
  ('Mustard', 'NNP'), ('in', 'IN'), ('the', 'DT'), ('study', 'NN'),
  ('with', 'IN'), ('the', 'DT'), ('candlestick', 'NN'), ('.', '.')],
 [('Mr.', 'NNP'), ('Green', 'NNP'), ('is', 'VBZ'), ('not', 'RB'),
  ('a', 'DT'), ('very', 'RB'), ('nice', 'JJ'), ('fellow', 'JJ'),
  ('.', '.')]]
```

你可能无法直观地了解所有这些标签，但是它们确实表示词性信息。例如，'NNP' 表示这个词项是作为名词短语一部分的一个名词，'VBD' 表示一般过去时中的一个动词，'JJ' 表示一个形容词。宾州树库项目（*http://bit.ly/2C5ecDq*）提供了可返回的词性标签的全面总结（*http://bit.ly/1a1n05o*）。随着词性标记的完成，分析显然会变得非常强大。例如，通过使用词性标签，可以把名词组块作为名词短语的一部分，然后试着讨论它们可能是哪类实体（例如，人、地方、组织等）。如果你从未想过应用这些小学中就有的词性练习，那么仔细想想：这对自然语言处理的正确应用是至关重要的。

分块

这一步包含分析一个句子中所有被标记的词项，聚集表达逻辑概念的复合词项——这是和统计分析搭配词完全不同的方法。可以通过 NLTK 的 chunk.regexp. RegexpParser 来定义一个自定义语法，但是这部分内容超出了本章的讨论范围；请查 Edward Loper、Ewan Klein 和 Steven Birds 的 *Natural Language Processing with*

Python（*http://bit.ly/2szE1HW*）的第 9 章可以获得全部细节。此外，NLTK 还提供了把分块和命名实体提取结合起来的一个函数，它是下一步的内容。

提取

这一步包含每个分块的分析，以及把这些分块进一步标记为命名实体，如人、组织、位置等。解释器中 NLP 继续执行如下：

```
>>> ne_chunks = list(nltk.chunk.ne_chunk_sents(pos_tagged_tokens))
>>> print(ne_chunks)
[Tree('S', [Tree('PERSON', [('Mr.', 'NNP')]),
 Tree('PERSON', [('Green', 'NNP')]), ('killed', 'VBD'),
 Tree('ORGANIZATION', [('Colonel', 'NNP'), ('Mustard', 'NNP')]),
    ('in', 'IN'), ('the', 'DT'), ('study', 'NN'), ('with', 'IN'),
    ('the', 'DT'), ('candlestick', 'NN'), ('.', '.')]),
 Tree('S', [Tree('PERSON', [('Mr.', 'NNP')]),
                    Tree('ORGANIZATION',
                        [('Green', 'NNP')]), ('is', 'VBZ'), ('not', 'RB'),
                        ('a', 'DT'), ('very', 'RB'), ('nice', 'JJ'),
                        ('fellow', 'JJ'), ('.', '.')])]
>>> ne_chunks[0].pprint() # You can pretty-print each chunk in the tree

(S
  (PERSON Mr./NNP)
  (PERSON Green/NNP)
  killed/VBD
  (ORGANIZATION Colonel/NNP Mustard/NNP)
  in/IN
  the/DT
  study/NN
  with/IN
  the/DT
  candlestick/NN
  ./.)
```

不要太专注于试图精确解释上面的树输出的含义。简而言之，它把一些标记组成块，并且试着把它们分成某些类型的实体。（你可以看出：它把"Mr. Green"识别为人，但遗憾的是，它把"Colonel Mustard"分类为组织。）图 6-3 说明了在 Jupyter Notebook 中的输出。

和继续使用 NLTK 探索自然语言一样，这种投入程度虽然值得但却不是我们在这里真正的目的。这一节是为了让你认识到任务的难度，并鼓励你回顾 NLTK book（*http://bit.ly/1a1mtAk*）或其他丰富的在线资源来深入探索。

我们知道 NLTK 的一些方面是可以被定制的，除非另有说明，本章剩余的部分都假设你也"按现在的样子"使用 NLTK。

有了对 NLP 的简单介绍，我们可以开始挖掘一些博客数据了。

```
In [34]:  # Downloading nltk packages used in this example
          nltk.download('maxent_ne_chunker')
          nltk.download('words')

          ne_chunks = list(nltk.chunk.ne_chunk_sents(pos_tagged_tokens))
          print(ne_chunks)
          ne_chunks[0].pprint()

          [nltk_data] Downloading package maxent_ne_chunker to
          [nltk_data]     /Users/mikhail/nltk_data...
          [nltk_data]   Package maxent_ne_chunker is already up-to-date!
          [nltk_data] Downloading package words to /Users/mikhail/nltk_data...
          [nltk_data]   Package words is already up-to-date!
          [Tree('S', [Tree('PERSON', [('Mr.', 'NNP')]), Tree('PERSON', [('Green', 'NNP')]), ('killed', 'VBD'), Tree('ORGANIZATI
          ON', [('Colonel', 'NNP'), ('Mustard', 'NNP')]), ('in', 'IN'), ('the', 'DT'), ('study', 'NN'), ('with', 'IN'), ('the',
          'DT'), ('candlestick', 'NN'), ('.', '.')]), Tree('S', [Tree('PERSON', [('Mr.', 'NNP')]), Tree('ORGANIZATION', [('Gree
          n', 'NNP')]), ('is', 'VBZ'), ('not', 'RB'), ('a', 'DT'), ('very', 'RB'), ('nice', 'JJ'), ('fellow', 'NN'), ('.', '.')
          ])]
          (S
            (PERSON Mr./NNP)
            (PERSON Green/NNP)
            killed/VBD
            (ORGANIZATION Colonel/NNP Mustard/NNP)
            in/IN
            the/DT
            study/NN
            with/IN
            the/DT
            candlestick/NN
            ./.)
```

图 6-3：使用 NLTK 将词项分块并将其分类为命名实体

6.3.2 人类语言数据中的句子检测

当创建 NLP 栈时，句子检测可能是你要考虑的第一个任务，所以从创建栈开始就是非常
有意义的。即使你没有完成流程中剩余的任务，只靠句末检测也能得到一些不错的结果
（如文档摘要），我们将会在下一节中把它作为后续练习。但是首先，我们需要抓取一些整
洁的人类语言数据。让我们使用行之有效的 feedparser 包，还有前几章介绍的基于 nltk
和 BeautifulSoup 的工具，从 O'Reilly Ide-as 网站（*http://oreil.ly/2QwxDch*）抓取一些文
章，并清除掉文章中的 HTML 格式的内容。示例 6-4 的清单抓取了一些文章，并把它们以
JSON 格式保存在本地文件中。

示例 6-4：通过解析订阅源来获取博客数据

```
import os
import sys
import json
import feedparser
from bs4 import BeautifulSoup
from nltk import clean_html

FEED_URL = 'http://feeds.feedburner.com/oreilly/radar/atom'

def cleanHtml(html):
    if html == "": return ""

    return BeautifulSoup(html, 'html5lib').get_text()
fp = feedparser.parse(FEED_URL)

print("Fetched {0} entries from '{1}'".format(len(fp.entries[0].title),
    fp.feed.title))
```

```
blog_posts = []
for e in fp.entries:
    blog_posts.append({'title': e.title, 'content'
                       : cleanHtml(e.content[0].value), 'link': e.links[0].href})

out_file = os.path.join('feed.json')
f = open(out_file, 'w+')
f.write(json.dumps(blog_posts, indent=1))
f.close()

print('Wrote output file to {0}'.format(f.name))
```

从有信誉的来源获取人类语言数据可以给我们提供假设良好的英语语法优势，但愿这也意味着 NLTK 的即装即用句子检测器可以正常运行。找不到比代码更好的方法来看看到底发生了什么，所以让我们继续前进，看一下示例 6-5 中的代码清单。它提供了 sent_tokenize 和 word_tokenize 方法，它们分别是 NLTK 目前推荐的句子检测器 (sentence detector) 和分词器 (word tokenizer) 的别名。稍后我们会简单讨论一下这个清单。

示例 6-5：使用 NLTK 的 NLP 工具处理博客数据中的人类语言

```
import json
import nltk

BLOG_DATA = "resources/ch06-webpages/feed.json"

blog_data = json.loads(open(BLOG_DATA).read())

# Download nltk packages used in this example
nltk.download('stopwords')

# Customize your list of stopwords as needed. Here, we add common
# punctuation and contraction artifacts.

stop_words = nltk.corpus.stopwords.words('english') + [
    '.',
    ',',
    '--',
    '\'s',
    '?',
    ')',
    '(',
    ':',
    '\'',
    '\'re',
    '"',
    '-',
    '}',
    '{',
    u'—',
    ']',
    '[',
    '...'
    ]
```

```
for post in blog_data:
    sentences = nltk.tokenize.sent_tokenize(post['content'])

    words = [w.lower() for sentence in sentences for w in
                nltk.tokenize.word_tokenize(sentence)]

    fdist = nltk.FreqDist(words)

    # Remove stopwords from fdist
    for sw in stop_words:
        del fdist[sw]

    # Basic stats

    num_words = sum([i[1] for i in fdist.items()])
    num_unique_words = len(fdist.keys())

    # Hapaxes are words that appear only once
    num_hapaxes = len(fdist.hapaxes())

    top_10_words_sans_stop_words = fdist.most_common(10)

    print(post['title'])
    print('\tNum Sentences:'.ljust(25), len(sentences))
    print('\tNum Words:'.ljust(25), num_words)
    print('\tNum Unique Words:'.ljust(25), num_unique_words)
    print('\tNum Hapaxes:'.ljust(25), num_hapaxes)
    print('\tTop 10 Most Frequent Words (sans stop words):\n\t\t',
            '\n\t\t'.join(['{0} ({1})'.format(w[0], w[1])
            for w in top_10_words_sans_stop_words]))
    print()
```

NLTK 提供了一些"分词"选项，它通过 sent_tokenize 和 word_tokenize 别名提供了最好的"建议"。在写作这部分内容时（任何时候你都可以使用 IPython 或 Jupyter Notebook 中的 pydoc 或者像命令行那样的 nltk.tokenize.sent_tokenize? 再次确认一下），句子检测器是 PunktSentenceTokenizer，分词器是 TreebankWordTokenizer。让我们简单地介绍一下它们吧！

PunktSentenceTokenizer 在很大程度上依赖能够把缩写词检测为搭配模式的一部分，它通过考虑标点符号用法的公用模式，使用一些正则表达式来试着智能地解析句子。对 PunktSentenceTokenizer 内部结构逻辑的完全解释超出了本书的范围，但是 Tibor Kiss 和 Jan Strunk 的学术性论文："Unsupervised Multilingual Sentence Boundary Detection"（*http://bit.ly/2EzWCEZ*）讨论了它的方法，具有很强的可读性，值得你花点时间来仔细阅读一下。

正如我们一会儿看到的，使用尝试提高它准确率的样本文本来实例化 PunktSentence-Tokenizer 是可能的。所使用的基础算法的类型是非监督学习算法，它不要求你以任何方式显示标记样本训练数据。相反，该算法检查出现在文本本身的某些特性，如大写字母的使用、共同出现的标记等，来获取将文本分解成句子的合适参数。

虽然 NLTK 的 WhitespaceTokenizer 会是我们介绍的最简单的分词器，它通过按空格分解文本创建词项，但是你已经熟悉盲目按空格分解的缺点了。相反，NLTK 目前推荐 TreebankWordTokenizer 作为分词器，它对句子进行操作并使用与宾州树库项目（*http://bit.ly/2C5ecDq*）[注3] 相同的约定。可能会让你措手不及的一件事是 TreebankWordTokenizer 的分词器（*http://bit.ly/2EBDPNQ*）会做一些不太明显的事，如在缩写和所有格形式的名词上分别标记要素。例如，分析句子"I'm hungry"，将会产生不同的要素"I"和"'m"，保留主语和"I'm"动词之间的区别。和你想象的一样，是时候开始仔细检查句子中主语和动词之间关系的高级分析了，对这类语法信息的"细粒度"访问可能非常有价值。

已知句子解析器（sentence tokenizer）和分词器，首先可以把文本解析为句子，然后把每个句子都解析为词项。虽然这种方法非常直观，但是它有一个致命点，因为句子检测器产生的错误会向前传播，可能会约束其他 NLP 栈产生的质量上限。例如，如果句子解析器错误地分解了出现在"Mr. Green killed Colonel Mustard in the study with the candlestick"这段文本中的"Mr."后面某个句子的句号，那么可能无法从文本中提取出"Mr. Green"实体，除非存在专门的修复逻辑。它完全依赖整个 NLP 栈的文本复杂度，以及它如何解释误差传播。

即装即用的 PunktSentenceTokenizer 是在宾州树库项目语料库中训练的，可以良好地执行。语法分析的最终目标是实例化一个便捷的 nltk.FreqDist 对象（很像稍微复杂些的 collections.Counter），该对象需要一个词项列表。示例 6-5 中剩余的代码是一些常用的 NLTK API 的简单用法。

 如果你在使用先进的分词器（如 NLTK 的 TreebankWordTokenizer 或 PunktWord-Tokenizer）方面有很多困难，那么最好使用默认的 WhitespaceTokenizer，直到你确定是否值得投资使用更先进的分词器为止。事实上，有时候使用更简单的分词器可能很有利。例如，对经常内联 URL 的数据使用先进的分词器可能不是一个好主意。

这一节旨在让你熟悉创建 NLP 流程的第一步。与此同时，我们开发了一些试图表示博客数据的度量。我们的流程并不包含词性标记或分块，但是它可以让你基本了解一些概念，让你思考包含的某些细微问题。虽然我们确实可以简单地在空格上分割、统计词数、统计结果和从数据中获取很多信息，但是不久以后你就会很高兴你采取这些初始步骤来深入了解数据。为了说明你刚才学到的一种可能的应用，下一节会介绍一个简单的文档摘要算

注 3："treebank"(树库) 是一个专有名词，指的是使用先进的语言信息专门标记的一个语料库。事实上，把这个语料库称为"树库"的原因是为了强调它是由很多句子组成的一个库（集合），已经把它们解析为遵循特定语法的树。

法，它只依赖于句子分割和频率分析。

6.3.3 文档摘要

执行相当好的句子检测作为挖掘非结构化数据的 NLP 方法的一部分，使得一些非常强大的文本挖掘功能成为可能，比如对文档摘要的虽然不成熟但是合理的尝试。有很多可能性和方法，但是全面开始使用数据的一种最简单的方法来自 *IBM Journal*1958 年 4 月的专题。在 "The Automatic Creation of Literature Abstracts"（*http://bit.ly/1a1n4Cj*）这篇文章中，H.P. Luhn 描述了归结为过滤句子的技术，这些句子包含最常出现的单词，这些单词是彼此邻近的。

这篇学术论文很容易理解，而且非常有趣。Luhn 实际上描述了它如何准备穿孔卡，以便使用不同的参数运行各种测试！令人惊讶的是在一个廉价的商业硬件中，我们用几十行 Python 代码可以实现的内容，他可能用了好长时间把这段代码编写到庞大的主机中。示例 6-6 提供了文档摘要的 Luhn 算法的基本实现。下一节会对该算法进行简要分析。在跳到这个讨论之前，让我们先花一点时间浏览这段代码，看看你是否能确定它的工作原理。

 示例 6-6 使用 numpy 包（高度优化的数字运算的集合），它应该和 nltk 一起安装。如果出于某些原因你没有使用虚拟机并且需要安装它，使用 `pip install numpy` 命令即可。

示例 6-6：基于句子检测和句中频率分析的文档摘要算法

```
import json
import nltk
import numpy

BLOG_DATA = "resources/ch06-webpages/feed.json"

blog_data = json.loads(open(BLOG_DATA).read())

N = 100  # Number of words to consider
CLUSTER_THRESHOLD = 5  # Distance between words to consider
TOP_SENTENCES = 5  # Number of sentences to return for a "top n" summary

# Extend the stopwords somewhat
stop_words = nltk.corpus.stopwords.words('english') + [
    '.',
    ',',
    '--',
    '\'s',
    '?',
    ')',
    '(',
    ':',
    '\'',
```

```
    '\'re',
    '"',
    '-',
    '}',
    '{',
    u'—',
    '>',
    '<',
    '...'
    ]

# Approach taken from "The Automatic Creation of Literature Abstracts" by H.P. Luhn
def _score_sentences(sentences, important_words):
    scores = []
    sentence_idx = 0

    for s in [nltk.tokenize.word_tokenize(s) for s in sentences]:

        word_idx = []

        # For each word in the word list...
        for w in important_words:
            try:
                # Compute an index for where any important words occur in
                # the sentence
                word_idx.append(s.index(w))
            except ValueError: # w not in this particular sentence
                pass

        word_idx.sort()

        # It is possible that some sentences may not contain any important
        # words at all
        if len(word_idx)== 0: continue

        # Using the word index, compute clusters by using a max distance threshold
        # for any two consecutive words

        clusters = []
        cluster = [word_idx[0]]
        i = 1
        while i < len(word_idx):
            if word_idx[i] - word_idx[i - 1] < CLUSTER_THRESHOLD:
                cluster.append(word_idx[i])
            else:
                clusters.append(cluster[:])
                cluster = [word_idx[i]]
            i += 1
        clusters.append(cluster)

        # Score each cluster. The max score for any given cluster is the score
        # for the sentence.

        max_cluster_score = 0

        for c in clusters:
            significant_words_in_cluster = len(c)
```

```
            # True clusters also contain insignificant words, so we get
            # the total cluster length by checking the indices
            total_words_in_cluster = c[-1] - c[0] + 1
            score = 1.0 * significant_words_in_cluster**2 / total_words_in_cluster

            if score > max_cluster_score:
                max_cluster_score = score
        scores.append((sentence_idx, max_cluster_score))
        sentence_idx += 1

    return scores

def summarize(txt):
    sentences = [s for s in nltk.tokenize.sent_tokenize(txt)]
    normalized_sentences = [s.lower() for s in sentences]

    words = [w.lower() for sentence in normalized_sentences for w in
             nltk.tokenize.word_tokenize(sentence)]

    fdist = nltk.FreqDist(words)

    # Remove stopwords from fdist
    for sw in stop_words:
        del fdist[sw]

    top_n_words = [w[0] for w in fdist.most_common(N)]

    scored_sentences = _score_sentences(normalized_sentences, top_n_words)

    # Summarization Approach 1:
    # Filter out nonsignificant sentences by using the average score plus a
    # fraction of the std dev as a filter

    avg = numpy.mean([s[1] for s in scored_sentences])
    std = numpy.std([s[1] for s in scored_sentences])
    mean_scored = [(sent_idx, score) for (sent_idx, score) in scored_sentences
                   if score > avg + 0.5 * std]

    # Summarization Approach 2:
    # Another approach would be to return only the top N ranked sentences

    top_n_scored = sorted(scored_sentences, key=lambda s: s[1])[-TOP_SENTENCES:]
    top_n_scored = sorted(top_n_scored, key=lambda s: s[0])

    # Decorate the post object with summaries

    return dict(top_n_summary=[sentences[idx] for (idx, score) in top_n_scored],
                mean_scored_summary=[sentences[idx] for (idx, score) in mean_scored])

blog_data = json.loads(open(BLOG_DATA).read())

for post in blog_data:

    post.update(summarize(post['content']))

    print(post['title'])
    print('=' * len(post['title']))
```

```
print()
print('Top N Summary')
print('-------------')
print(' '.join(post['top_n_summary']))
print()
print('Mean Scored Summary')
print('-------------------')
print(' '.join(post['mean_scored_summary']))
print()
```

我们会使用 Tim O'Reilly 的 Radar 文章"The Louvre of the Industrial Age"(*http://oreil.ly/1a1n4SO*)作为示例输入/输出。它大约有 460 个单词,我们在这里转载了它,这样就可以比较清单中两个摘要尝试的示例输出了:

This morning I had the chance to get a tour of The Henry Ford Museum in Dearborn, MI, along with Dale Dougherty, creator of Make: and Makerfaire, and Marc Greuther, the chief curator of the museum. I had expected a museum dedicated to the auto industry, but it's so much more than that. As I wrote in my first stunned tweet, "it's the Louvre of the Industrial Age."

When we first entered, Marc took us to what he said may be his favorite artifact in the museum, a block of concrete that contains Luther Burbank's shovel, and Thomas Edison's signature and footprints. Luther Burbank was, of course, the great agricultural inventor who created such treasures as the nectarine and the Santa Rosa plum. Ford was a farm boy who became an industrialist; Thomas Edison was his friend and mentor. The museum, opened in 1929, was Ford's personal homage to the transformation of the world that he was so much a part of. This museum chronicles that transformation.

The machines are astonishing—steam engines and coal-fired electric generators as big as houses, the first lathes capable of making other precision lathes (the makerbot of the 19th century), a ribbon glass machine that is one of five that in the 1970s made virtually all of the incandescent lightbulbs in the world, combine harvesters, railroad locomotives, cars, airplanes, even motels, gas stations, an early McDonalds' restaurant and other epiphenomena of the automobile era.

Under Marc's eye, we also saw the transformation of the machines from purely functional objects to things of beauty. We saw the advances in engineering—the materials, the workmanship, the design, over a hundred years of innovation. Visiting The Henry Ford, as they call it, is a truly humbling experience. I would never in a hundred years have thought of making a visit to Detroit just to visit this museum, but knowing what I know now, I will tell you confidently that it is as worth your while as a visit to Paris just to see the Louvre, to Rome for the Vatican Museum, to Florence for the Uffizi Gallery, to St. Petersburg for the Hermitage, or to Berlin for the Pergamon Museum. This is truly one of the world's great museums, and the world that it chronicles is our own.

I am truly humbled that the Museum has partnered with us to hold Makerfaire Detroit on their grounds. If you are anywhere in reach of Detroit this weekend, I heartily recommend that you plan to spend both days there. You can easily spend a day at Makerfaire, and you could easily spend a day at The Henry Ford. P.S. Here are some of my photos from my visit. (More to come soon. Can't upload many as I'm currently on a plane.)

使用平均分和标准差过滤句子,会产生大约 170 个单词的摘要:

This morning I had the chance to get a tour of The Henry Ford Museum in Dearborn, MI, along with Dale Dougherty, creator of Make: and Makerfaire, and Marc Greuther, the chief curator of the museum. I had expected a museum dedicated to the auto industry, but it's so much more than that. As I wrote in my first stunned tweet, "it's the Louvre of the Industrial Age. This museum chronicles that transformation. The machines are astonishing - steam engines and coal fired electric generators as big as houses, the first lathes capable of making other precision lathes (the makerbot of the 19th century), a ribbon glass machine that is one of five that in the 1970s made virtually all of the incandescent lightbulbs in the world, combine harvesters, railroad locomotives, cars, airplanes, even motels, gas stations, an early McDonalds' restaurant and other epiphenomena of the automobile era. You can easily spend a day at Makerfaire, and you could easily spend a day at The Henry Ford.

另一种摘要算法会产生约 90 个单词的缩略结果，它只考虑了前 N 个句子（在本例中，N=5）。它更简洁，但是仍然是一个很好的信息提取结果：

This morning I had the chance to get a tour of The Henry Ford Museum in Dearborn, MI, along with Dale Dougherty, creator of Make: and Makerfaire, and Marc Greuther, the chief curator of the museum. I had expected a museum dedicated to the auto industry, but it's so much more than that. As I wrote in my first stunned tweet, "it's the Louvre of the Industrial Age. This museum chronicles that transformation. You can easily spend a day at Makerfaire, and you could easily spend a day at The Henry Ford.

和其他涉及分析的情况一样，可以通过检查与全文有关的摘要获得更多见解。

输出几乎可以被所有 Web 浏览器打开的简单标记格式非常简单，只需调整执行输出的代码的最后一部分来进行一些字符串替换。示例 6-7 说明了一种对文档摘要输出可视化的可能方法，即展示全文时，如果是摘要中的句子就作为黑体出现，这样就能轻易地看出来是不是摘要中的句子了。这个脚本将 HTML 文件的集合保存在磁盘中，这样你就能在 Jupyter Notebook 中进行查看或者在浏览器中打开而不需要服务器。

示例 6-7：用 HTML 输出将文档摘要结果可视化

```
import os
from IPython.display import IFrame
from IPython.core.display import display

HTML_TEMPLATE = """<html>
    <head>
        <title>{0}</title>
        <meta http-equiv="Content-Type" content="text/html; charset=UTF-8"/>
    </head>
    <body>{1}</body>
</html>"""

for post in blog_data:

    # Uses previously defined summarize function
    post.update(summarize(post['content']))

    # You could also store a version of the full post with key sentences marked up
```

```
# for analysis with simple string replacement

for summary_type in ['top_n_summary', 'mean_scored_summary']:
    post[summary_type + '_marked_up'] = '<p>{0}</p>'.format(post['content'])

    for s in post[summary_type]:
        post[summary_type + '_marked_up'] =
        post[summary_type + '_marked_up'].replace(s,
        '<strong>{0}</strong>'.format(s))

    filename = post['title'].replace("?", "") + '.summary.' + summary_type +
    '.html'

    f = open(os.path.join(filename), 'wb')
    html = HTML_TEMPLATE.format(post['title'] + ' Summary',
    post[summary_type + '_marked_up'])
    f.write(html.encode('utf-8'))
    f.close()

    print("Data written to", f.name)

# Display any of these files with an inline frame. This displays the
# last file processed by using the last value of f.name
print()
print("Displaying {0}:".format(f.name))
display(IFrame('files/{0}'.format(f.name), '100%', '600px'))
```

输出结果是文档的全文，其中组成摘要的句子以粗体形式突出显示，如图 6-4 所示。和探讨摘要的替代技术一样，浏览器标签之间的快速浏览可以让你直观地了解摘要技术之间的相似性。这里说明的主要差别是文档中间很长（和描述性）的句子，以"The machines are astonishing"开始。

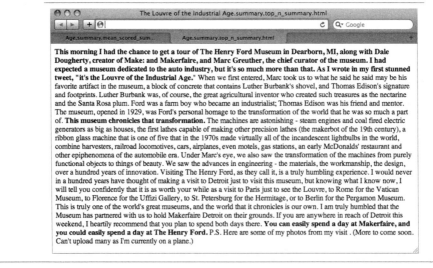

图 6-4：O'Reilly Radar 博文中的文本可视化，其中摘要算法确定的重点句子由粗体字表示

下一节是关于 Luhn 算法的简短讨论。

对 Luhn 摘要算法的分析

 本部分提供了对 Luhn 摘要算法的分析。它的目标是扩大你对人类语言处理技术的理解，但这并不是挖掘社交网络所必需的。如果你觉得你在细节中有些迷茫，可以先跳过本部分，之后再来阅读它。

Luhn 算法的基本前提是文档中的重点句子包含经常出现的单词的句子。不过还是值得指出一些细节。首先，并不是所有经常出现的单词都是重要的。一般来说，停用词是填充器，一般不值得分析。请记住，虽然我们确实可以在样例实现中过滤常见的停用词，但是对于给定的博客或范围，使用附加先验知识创建一个停用词自定义列表是可能的，这可能会进一步增强这个算法或假设已经过滤了停用词的其他算法的效力。例如，专门谈论棒球的博客可能会经常使用"棒球"这个词，应该考虑将它加入一个停用词列表中，即使它不是通用的停用词。（对某个数据源，把 TF-IDF 合并到打分函数中作为说明这个领域中常用词用法的方法会很有趣。）

假设已经尝试消除了停用词，算法的下一步是选择合适的 N 值，选择前 N 个词作为分析的基础。这个算法潜在的假设是这前 N 个词能充分描述文档的特性，对于文档中的任何两个句子来说，包含更多这些单词的句子会被认为更具描述性。确定了文档中的"重点词"后，剩余的工作就是对每个句子应用启发式方法，过滤句子的一些子集来把它作为文档的概要或摘要。需要使用 score_sentences 函数来计算每个句子的得分。这是代码清单中最有趣的部分。

为了计算每个句子的得分，score_sentences 中的算法对聚类词项应用了简单的距离阈值，根据下面的公式计算每个聚类的得分：

$$\frac{(聚类中有意义的词)^2}{聚类中的总词数}$$

每个句子的最终得分与出现在句子中的任何聚类的最高得分相等。让我们考虑一个例句的 score_sentences 中涉及的大体步骤，来看看该方法是如何执行的：

输入：*例句*

```
['Mr.', 'Green', 'killed', 'Colonel', 'Mustard', 'in', 'the',
'study', 'with', 'the', 'candlestick', '.']
```

输入：*重点单词列表*

```
['Mr.', 'Green', 'Colonel', 'Mustard', 'candlestick']
```

输入/假设：聚类阈值（距离）

    3

中间计算：聚类检测

    [['Mr.', 'Green', 'killed', 'Colonel', 'Mustard'], ['candlestick']]

中间计算：聚类得分

    [3.2, 1] # Computation: [(4*4)/5, (1*1)/1]

输出：句子得分

    3.2 # max([3.2, 1])

在 score_sentences 中完成的实际工作只是记账来检测句子中的聚类。一个聚类被定义为包含两个或更多重要词的句子，其中每个重要词与其最近邻的距离在阈值内。虽然 Luhn 的论文建议距离阈值取为 4 或 5，但为了简单起见，我们在示例中用了 3；因此，'Green' 和 'Colonel' 之间的距离被充分地桥接起来了，第一个检测的阈值由句子中的前 5 个词组成。'study' 也出现在了重要词列表中，整个句子（除了最后的标点符号）作为一个聚类出现。

计算了每个句子的得分之后，剩下的就是确定把哪些句子作为原文摘要返回。样例实现提供了两种方法。第一种方法通过计算得分的均值和标准差，使用统计阈值来过滤句子，而后一种方法只是简单地返回了前 N 个句子。根据数据的性质，里程可能会有所不同，但是使用任意一种方法，你都应该可以调整参数来得到合理的结果。使用前 N 个句子的好处是你会深入了解摘要的最大长度。如果很多句子的得分相对接近，使用均值和标准差可能会返回更多的句子。

Luhn 的算法容易实现，对被描述为整个文档中经常出现的单词有效。然后，请记住，和前面的章节讨论的很多 IR 方法一样，Luhn 算法并没有尝试从更深的语义层次上理解数据——虽然它确实不仅仅依赖于"词袋"。它将直接计算摘要作为经常出现的单词的函数，而且它在如何计算句子得分方面也并不十分复杂，但是（和 TF-IDF 的情况一样），这使得其可执行以及似乎可以在随机抽取的博客数据中执行更惊人。

当你权衡实现一个更复杂的方法的利弊时，值得反思一下改进 Luhn 算法产生的这类合理摘要需要的工作量。有时，一个不成熟的启发式方法是你实现你的目标真正需要的。然而，平时你可能需要一些更新的技术。棘手的部分是计算从不成熟的启发式方法到最新的解决方案的成本效益分析。我们很多人往往会对包含的相对工作量过于乐观。

6.4 以实体为中心的分析：范式转换

本章一直在暗示：更深入了解数据的分析方法可能比只是把每个词项作为不透明符号的方

法更强大。但是对数据的"更深入的了解"到底是什么意思呢？

一种解释是能够检测文档中的实体，并以这些实体作为分析的基础，而不是以文档为中心的分析方法，其中包含关键字搜索或将搜索输入解释成特定类型的实体并相应地定制结果。虽然你没有从这方面考虑过它，但这恰恰是 Wolfram|Alpha（*http://bit.ly/2xtPzM7*）这类新兴技术在表示层所做的。例如，在 Wolfram|Alpha 中搜索"Tim O'Reilly"的结果返回表示了"搜索的实体是一个人"这样的理解，不是只返回一个包含关键字的文档列表（参见图 6-5）。无论使用哪种内部技术来实现这个目标，用户体验都会更好，因为这些结果更符合用户期望的格式。

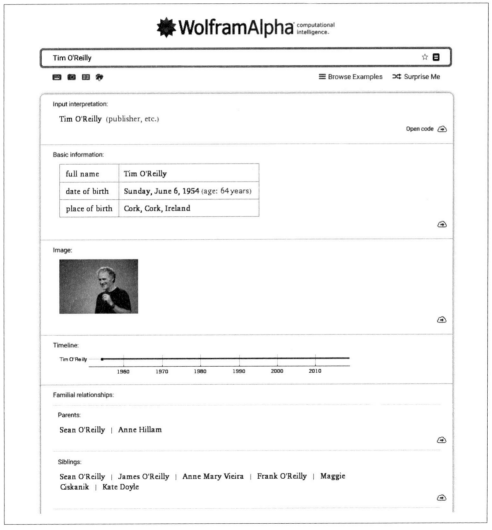

图 6-5：使用 Wolfram|Alpha 查询"Tim O'Reilly"的示例结果

尽管我们在当前的讨论中无法考虑所有以实体为中心的分析的各种可能性，介绍一种从文档中提取实体的方法还是非常合适的，稍后会用它做各种分析。假设使用本章前面介绍的 NLP 示例流程，你可以轻易地从文档中提取所有的名词和名词短语——重要的潜在假设是名词和名词短语（或是一些精心构造的子集）可以作为我们感兴趣的实体。正如后面的示例清单所表达的那样，这确实是合理的假设，而且是以实体为中心的分析的良好起点。请注意，按照宾州树库约定标注的结果，以 'NN' 开头的任何标签都是名词或名词短语。宾州树库标签 (*http://bit.ly/2obCDGA*) 的完整清单可以在线获得。

示例 6-8 分析应用于词项的词性标签，并将名词和名词短语标识为实体。按照数据挖掘的说法，在文本中查找实体称为实体提取或命名实体识别，具体取决于你试图完成的工作的细微差别。

示例 6-8：使用 NLTK 从文本中提取实体

```
import nltk
import json

BLOG_DATA = "resources/ch06-webpages/feed.json"

blog_data = json.loads(open(BLOG_DATA).read())

for post in blog_data:

    sentences = nltk.tokenize.sent_tokenize(post['content'])
    tokens = [nltk.tokenize.word_tokenize(s) for s in sentences]
    pos_tagged_tokens = [nltk.pos_tag(t) for t in tokens]

    # Flatten the list since we're not using sentence structure
    # and sentences are guaranteed to be separated by a special
    # POS tuple such as ('.', '.')

    pos_tagged_tokens = [token for sent in pos_tagged_tokens for token in sent]

    all_entity_chunks = []
    previous_pos = None
    current_entity_chunk = []
    for (token, pos) in pos_tagged_tokens:

        if pos == previous_pos and pos.startswith('NN'):
            current_entity_chunk.append(token)
        elif pos.startswith('NN'):

            if current_entity_chunk != []:

                # Note that current_entity_chunk could be a duplicate when appended,
                # so frequency analysis again becomes a consideration

                all_entity_chunks.append((' '.join(current_entity_chunk), pos))
            current_entity_chunk = [token]

        previous_pos = pos
```

```
# Store the chunks as an index for the document
# and account for frequency while we're at it...

post['entities'] = {}
for c in all_entity_chunks:
    post['entities'][c] = post['entities'].get(c, 0) + 1

# For example, we could display just the title-cased entities

print(post['title'])
print('-' * len(post['title']))
proper_nouns = []
for (entity, pos) in post['entities']:
    if entity.istitle():
        print('\t{0} ({1})'.format(entity, post['entities'][(entity, pos)]))
print()
```

 从 6.3.1 节可以看到，NLTK 提供了 nltk.batch_ne_chunk 函数来尝试从经词性标记的词项中提取命名实体。欢迎你直接使用这个功能，但你可能会发现，你得到的好处可能会随着 NLTK 实现时提供的即装即用的模块而变化。

这个清单的示例输出在下面有所展示，并传达了可以被用在很多方面的有意义的结果。例如，它们通过像 WordPress 插件这样的智能博客平台来给出对标签的建议。

```
The Louvre of the Industrial Age
--------------------------------
        Paris (1)
        Henry Ford Museum (1)
        Vatican Museum (1)
        Museum (1)
        Thomas Edison (2)
        Hermitage (1)
        Uffizi Gallery (1)
        Ford (2)
        Santa Rosa (1)
        Dearborn (1)
        Makerfaire (1)
        Berlin (1)
        Marc (2)
        Makerfaire (1)
        Rome (1)
        Henry Ford (1)
        Ca (1)
        Louvre (1)
        Detroit (2)
        St. Petersburg (1)
        Florence (1)
        Marc Greuther (1)
        Makerfaire Detroit (1)
        Luther Burbank (2)
        Make (1)
        Dale Dougherty (1)
        Louvre (1)
```

统计学结果通常有不同的目的和受众。文本摘要是为了阅读，而像前面那样提取的实体列表是用来快速浏览以寻找模式的。对于比这个例子更大的语料，标签云（*http://bit.ly/1a1n5pO*）是可视化数据的明显结果。

尝试从网页 *http://oreil.ly/1a1n4SO* 抓取文本来重现这个结果。

通过更加盲目地分析句子的词法特点（如大写的使用），我们就算是发现了与专有名词相同的列表了吗？也许是这样，但请记住，该技术也可以抓取没有明确表明大小写的名词和名词短语。大小写确实是文本中值得探讨的重要特征，但示例文本中也有全部是小写字母的实体（比如"chief curator""locomotives"和"lightbulbs"）。

虽然实体列表并不能像我们之前计算的摘要那样有效地传达文本的大意，但是标识这些实体对分析极其重要，因为它们有语义层次的含义，而且不是经常出现的词。事实上，在示例输出中出现的大多数专有名词的频率都很低。尽管如此，它们还是很重要的，因为它们在文本中有实质的含义——它们是人、地点、事情或想法，通常都是数据中的实质性信息。

领会人类语言数据

现在把动词考虑进去并计算（主，谓，宾）这个三元组是向前迈出的又一个重要步骤，这样你就能知道哪些实体和哪些实体交互，以及这些交互的本质。这些三元组可以帮助将文档的对象图可视化，比起原本的文档，我们可以更快地浏览。更好的是，想象采用来自文档集中的多幅对象图，并合并它们来获得更大的语料库。这项技术是非常活跃的研究领域，并且几乎能够应用于任何信息过载的问题。但需要说明的是，一般情况下，它是一个极其折磨人的问题。

假设一个词性标记器已经从句子中标识出以下词性，并生成如下输出：[('Mr.', 'NNP'), ('Green', 'NNP'), ('killed', 'VBD'),('Colonel', 'NNP'), ('Mustard', 'NNP'), ...]。存储('Mr. Green', 'killed', 'Colonel Mustard')这种格式的（主，谓，宾）三元组的索引很容易计算。然而，这种情况的实质是使用这种简单的级别，你不太可能遇到真正的经词性标记的数据——除非你是想挖掘少儿读物（对于初学者来说，这并不是一个坏主意）。例如，考虑用 NLTK 产生的本章前面的博文的第一句话的标签，并实现你想转化为对象图的部分数据：

This morning I had the chance to get a tour of The Henry Ford Museum in Dearborn, MI, along with Dale Dougherty, creator of Make: and Makerfaire, and Marc Greuther, the chief curator of the museum.

你想从上面的句子中提取出来的最简单的三元组可能是 ('I', 'get', 'tour')，但即使你得到这个结果，也不能说明 Dale Dougherty 也参加了这次参观，或者 Marc Greuther 也参加了。经词性标记的数据也能很清楚地说明得到这些解释并不那么简单，因为这句话有着非常丰富的结构：

```
[(u'This', 'DT'), (u'morning', 'NN'), (u'I', 'PRP'), (u'had', 'VBD'),
 (u'the', 'DT'), (u'chance', 'NN'), (u'to', 'TO'), (u'get', 'VB'),
 (u'a', 'DT'), (u'tour', 'NN'), (u'of', 'IN'), (u'The', 'DT'),
 (u'Henry', 'NNP'), (u'Ford', 'NNP'), (u'Museum', 'NNP'), (u'in', 'IN'),
 (u'Dearborn', 'NNP'), (u',', ','), (u'MI', 'NNP'), (u',', ','),
 (u'along', 'IN'), (u'with', 'IN'), (u'Dale', 'NNP'), (u'Dougherty', 'NNP'),
 (u',', ','), (u'creator', 'NN'), (u'of', 'IN'), (u'Make', 'NNP'), (u':', ':'),
 (u'and', 'CC'), (u'Makerfaire', 'NNP'), (u',', ','), (u'and', 'CC'),
 (u'Marc', 'NNP'), (u'Greuther', 'NNP'), (u',', ','), (u'the', 'DT'),
 (u'chief', 'NN'), (u'curator', 'NN'), (u'of', 'IN'), (u'the', 'DT'),
 (u'museum', 'NN'), (u'.', '.')]
```

在这种情况下，值得怀疑的是高质量的开源 NLP 工具是否可能会产生有意义的三元组，因为考虑到谓语 "had a chanceto get a tour" 的复杂特性，参与这次参观的其他人被列在了句子最后的短语中。

 如果你想探索构造这些三元组的方法，你应该使用较为准确的词性标记信息作为最初的尝试。操作人类语言数据的高级任务还有很多，结果都很令人满意，并且都可能产生令人欣喜若狂的结果（好的方面）。

好消息是，正如前面说的那样，通过从文本中提取实体并把它们作为分析的基础，你能做许多有趣的事情。你能够轻易地以每个句子为基础从文本中生成三元组，其中每个三元组的"谓语"是表示主语和宾语"交互"的语言关系的概念。示例 6-9 是对示例 6-8 的重构，它收集了以每个句子为基础的实体，这对使用句子作为上下文窗口计算实体间的交互非常有用。

示例 6-9：探索实体间的交互

```
import nltk
import json

BLOG_DATA = "resources/ch06-webpages/feed.json"

def extract_interactions(txt):
    sentences = nltk.tokenize.sent_tokenize(txt)
    tokens = [nltk.tokenize.word_tokenize(s) for s in sentences]
    pos_tagged_tokens = [nltk.pos_tag(t) for t in tokens]

    entity_interactions = []
    for sentence in pos_tagged_tokens:

        all_entity_chunks = []
```

```
    previous_pos = None
    current_entity_chunk = []

    for (token, pos) in sentence:

        if pos == previous_pos and pos.startswith('NN'):
            current_entity_chunk.append(token)
        elif pos.startswith('NN'):
            if current_entity_chunk != []:
                all_entity_chunks.append((' '.join(current_entity_chunk),
                        pos))
            current_entity_chunk = [token]

        previous_pos = pos

    if len(all_entity_chunks) > 1:
        entity_interactions.append(all_entity_chunks)
    else:
        entity_interactions.append([])

    assert len(entity_interactions) == len(sentences)

    return dict(entity_interactions=entity_interactions,
            sentences=sentences)

blog_data = json.loads(open(BLOG_DATA).read())

# Display selected interactions on a per-sentence basis

for post in blog_data:

    post.update(extract_interactions(post['content']))

    print(post['title'])
    print('-' * len(post['title']))
    for interactions in post['entity_interactions']:
        print('; '.join([i[0] for i in interactions]))
    print()
```

清单的结果强调了非结构化数据分析本质中非常重要的一点：它很混乱!

```
The Louvre of the Industrial Age
--------------------------------
morning; chance; tour; Henry Ford Museum; Dearborn; MI; Dale Dougherty; creator;
Make; Makerfaire; Marc Greuther; chief curator

tweet; Louvre

"; Marc; artifact; museum; block; contains; Luther Burbank; shovel; Thomas Edison

Luther Burbank; course; inventor; treasures; nectarine; Santa Rosa

Ford; farm boy; industrialist; Thomas Edison; friend

museum; Ford; homage; transformation; world
```

machines; steam; engines; coal; generators; houses; lathes; precision; lathes;
makerbot; century; ribbon glass machine; incandescent; lightbulbs; world;
combine; harvesters; railroad; locomotives; cars; airplanes; gas; stations;
McDonalds; restaurant; epiphenomena

Marc; eye; transformation; machines; objects; things

advances; engineering; materials; workmanship; design; years

years; visit; Detroit; museum; visit; Paris; Louvre; Rome; Vatican Museum;
Florence; Uffizi Gallery; St. Petersburg; Hermitage; Berlin

world; museums

Museum; Makerfaire Detroit

reach; Detroit; weekend

day; Makerfaire; day

结果中一定量的"噪声"几乎是不可避免的，但认识到结果是十分智能并且有用的——即使它们确实包含不少"噪声"——是很有价值的目标。实现几乎无噪声的原始结果需要的工作量是巨大的。事实上，大多数情况下，因为自然语言固有的复杂性和现有的大多数可用工具包（比如NLTK）的局限性，这几乎是不可能实现的。如果你能提出数据领域的某种假设或有含有"噪声"的专业知识，你或许就能设计有效的启发式方法，而不必承担某些信息丢失的风险——但这比较难以实现。

而且，这些交互确实提供了一些有价值的"要点"。例如，你对" morning; chance; tour; Henry Ford Museum;Dearborn; MI; Dale Dougherty; creator; Make; Makerfaire; Marc Greuther; chief curator"的解释会多接近原句的含义呢？

和我们之前对摘要的研究一样，显示可以直观浏览的标记也是很方便的。对示例6-9输出的简单修改，正如示例6-10中的那样，就是产生图6-6的结果所需要的全部工作了。

示例6-10：采用HTML输出对实体间的交互可视化

```
import os
import json
import nltk
from IPython.display import IFrame
from IPython.core.display import display

BLOG_DATA = "resources/ch06-webpages/feed.json"

HTML_TEMPLATE = """<html>
    <head>
        <title>{0}</title>
        <meta http-equiv="Content-Type" content="text/html; charset=UTF-8"/>
    </head>
    <body>{1}</body>
</html>"""
```

```
blog_data = json.loads(open(BLOG_DATA).read())

for post in blog_data:

    post.update(extract_interactions(post['content']))

    # Display output as markup with entities presented in bold text

    post['markup'] = []

    for sentence_idx in range(len(post['sentences'])):

        s = post['sentences'][sentence_idx]
        for (term, _) in post['entity_interactions'][sentence_idx]:
            s = s.replace(term, '<strong>{0}</strong>'.format(term))

        post['markup'] += [s]

    filename = post['title'].replace("?", "") + '.entity_interactions.html'
    f = open(os.path.join(filename), 'wb')
    html = HTML_TEMPLATE.format(post['title'] + ' Interactions',
        ' '.join(post['markup']))
    f.write(html.encode('utf-8'))
    f.close()

    print('Data written to', f.name)

    # Display any of these files with an inline frame. This displays the
    # last file processed by using the last value of f.name

    print('Displaying {0}:'.format(f.name))
    display(IFrame('files/{0}'.format(f.name), '100%', '600px'))
```

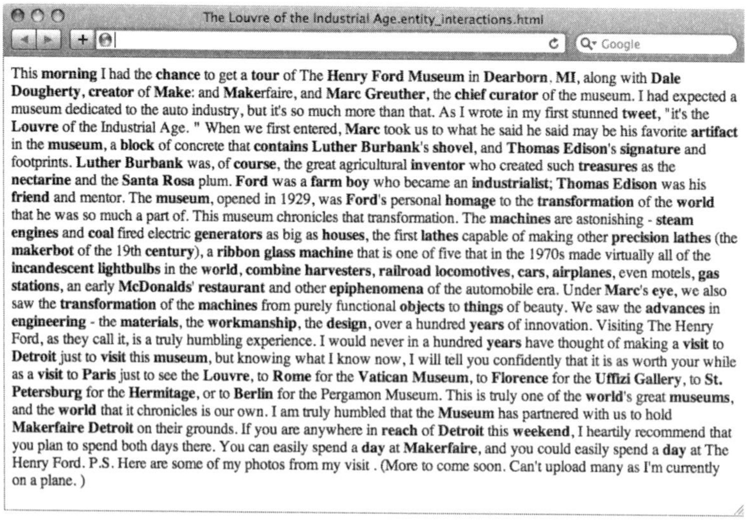

图 6-6：示例 HTML 输出，使用粗体字标识出实体，这样就可以轻易地浏览它的关键概念的内容了

标识大段文本的交互集合并查找交互中的并发事件是很有意义的。包含示例 8-16 中力导向图的代码是一个很好的可视化的开始模板，就算不了解交互的特定属性，了解主语和宾语也很有价值。如果你觉得野心勃勃，可以填上缺少的动词来完善元组。

6.5 人类语言数据处理分析的质量

就算只做了很少一部分数据挖掘的工作，你也会很想开始量化分析的质量。对句末的检测有多准确？词性标记是否准确？例如，你可能开始定制从非结构化文本中提取实体的基本算法，那你又如何知道你的算法得到的结果的质量好坏呢？尽管对于小的语料库，你可以人工检查结果并调整算法直到自己满意，但你仍然需要花时间确定你的分析在更大的语料库或不同类的文档中是否运行良好——因此，我们需要更自动化的过程。

明显的起点是：随机抽取一些文档，创建一个实体"黄金集合"，要保证你相信从它们中提取的信息并可以用来评估算法的质量。根据你对自己的要求，你可以计算样本误差，并使用叫作置信区间（*http://bit.ly/1a1n8BW*）的统计概念来预测真正的误差。然而，为了计算准确率，以你的提取结果和"黄金集合"为基础的计算到底是什么呢？一种计算准确率的很常见的计算叫作 F1 得分（F1 Score），是根据准确率和召回率[注4]两个概念所定义的：

$$F = 2 \times \frac{\text{准确率} \times \text{召回率}}{\text{准确率} + \text{召回率}}$$

其中：

$$\text{准确率} = \frac{TP}{TP + FP}$$

还有：

$$\text{召回率} = \frac{TP}{TP + FN}$$

在当前的上下文中，准确率表示误报率（False Positive，FP）正确性的度量，召回率是表示判断为真的正确率（True Positive，TP）完整性的度量。下面的列表说明了与现在的讨论相关的术语的含义，以免因你对它们不熟悉而造成混淆：

正确判断为真（TP）

被正确地标识为实体的单词。

注 4： 更确切地说，F1 被认为是准确率和召回率的调和平均数，其中任何两个数 x 和 y 的调和平均数被定义为 $H = \frac{2xy}{x+y}$。可以通过阅读调和平均数（*http://bit.ly/1a1n6tJ*）的定义来了解"调和"是什么意思。

误报（FP）

被标识为实体，却不是实体的单词。

正确判断为假（TN）

没有被标识为实体，实际上也不是实体的单词。

漏报（FN）

是实体，却没有被标识为实体的单词。

由于准确率是量化"误报率"正确性的度量，它被定义为 TP/(TP + FP)。直观地看，如果"误报"的值为 0，那这个算法就很完美，并且准确率的值是 1.0。相反，如果"误报"很高，达到或超过了"正确判断为真"，准确率就很低，这个比率也接近于 0。作为完整性的度量，召回率被定义为 TP / (TP + FN)，如果"漏报"为 0，那么召回率的值就为 1.0，表明召回率很完美。当误报率增加时，召回率会接近于 0。根据定义，当准确率和召回率都很完美时，F1 的值为 1.0；当准确率和召回率都很低时，F1 的值会接近于 0。

当然，当你想提高准确率或者召回率时需要对二者进行权衡，因为通常二者难以兼得。仔细想想，这很容易理解，因为误报和漏报是无法兼得的（见图 6-7）。

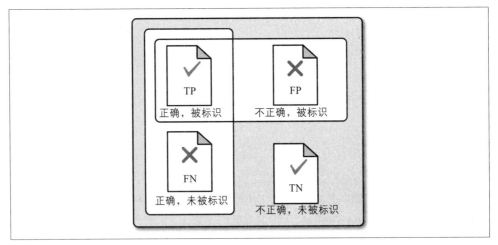

图 6-7：站在预测分析的立场上，对正确判断为真、误报、正确判断为假和漏报的直观描述

为了深入理解，让我们考虑经典的句子" Mr. Green killed ColonelMustard in the study with the candlestick"，并假设专家已经确定了这句话的关键实体是" Mr. Green"" Colonel Mustard"" study"和" candlestick"。假设你的算法只识别出了这 4 个术语，那么正确判断为真是 4，误报是 0，正确判断为假（"killed""with""the""in"和"the"）是 5，漏报是 0。这样完美的准确率和召回率产生的 F1 的值为 1.0。如果这是你第一次遇到这些术语，那么把不同的值带入准确率和召回率公式是很有价值的练习。

如果你的算法识别出的是"Mr. Green""Colonel""Mustard"和"candlestick"，那么准确率、召回率和 F1 得分分别是多少呢？

很多极具竞争力的技术栈被 NLP 领域的商业公司采用，它们使用了先进的统计模型，根据监督学习算法来处理自然语言。正如我们在本章前面讨论的那样，监督学习方法是提供包括输入和预期输出的训练样本的重要方法，这样该模型就能够较为准确地预测三元组了。棘手的部分是确保受过训练的模型能很好地推广到从未见过的输入。如果该模型在训练数据中运行良好，在从未见过的样本中无法良好运行，通常说它遇到了过拟合训练数据的问题。一种常见的度量模型效力的方法叫作交叉验证。在这种方法中，训练数据的一部分内容（比如三分之一）专门用于测试模型，剩余的数据用于训练模型。

6.6 本章小结

本章介绍了先进的非结构化数据的本质，并说明了如何使用 NLTK 将剩余的 NLP 流程和从文本中提取实体结合起来。理解人类语言数据涉及多学科交叉，虽然我们进行过很多尝试，它仍然处于起步阶段，并且这世界上大多数最常用语言的 NLP 问题仍是 21 世纪（或者说至少是 21 世纪的前 50 年）研究者争论的问题。

一旦把 NLTK 利用到了极致，当你仍想提高性能和质量时，就需要亲自深入研究一些学术著作。这刚开始确实是一项艰巨的任务，但如果你有兴趣解决它，这将非常有价值。本章能教给你的仅限于此，但它开启了巨大的可能性。开源工具是很好的起点，对于那些能掌握自然语言处理的理论和艺术的人来说，前途是非常光明的。

本章和其他章节的源代码都能在 GitHub（*http://bit.ly/Mining-the-Social-Web-3E*）中找到，并且以方便的 Jupyter Notebook 格式提供，鼓励你从自己的 Web 浏览器开始尝试。

6.7 推荐练习

- 应用本章的代码，从几百个高质量的文章或博客中收集数据并对内容进行摘要。

- 使用诸如 Google App Engine 的工具建立一个在线摘要工具的网页应用。（例如，雅虎公司已经收购了为读者总结新闻的 Summly 公司（*http://tcrn.ch/1a1n70L*），你会发现这个练习非常有启发意义。据报道，这次收购的价值接近 3000 万美元。）

- 考虑使用 NLTK 的 word-stemming 工具，参考示例 6-9 的代码，尝试计算（实体，谓语词干, 实体) 三元组。

- 学习 WordNet (*http://bit.ly/1a1n7hj*), 它是你在 NLP 过程中, 发现谓语短语的额外含义时一定会遇到的工具。

- 用标签云 (tag cloud, *http://bit.ly/1a1n5pO*) 展示从文本中提取的实体。

- 基于可以编码成规则的逻辑, 使用 `if-then` 语句, 尝试自己写一个句末检测器, 这就是一个确定的分析器。请比较和 NLTK 中的方法的区别。使用确定规则对语言建模是合适的吗?

- 使用 Scrapy 爬取少量新闻或博客数据并提取文本以供处理。

- 探索 NLTK 的贝叶斯分类器 (*http://bit.ly/1a1n9Wt*), 这是可以用来标记训练样本 (比如文档) 的监督式学习技术。你可以训练一个分类器来把用 Scrapy 抓取的文档标记为 "sports" "editorial" 和 "other" 吗? 使用 F1 得分的方法来衡量你的准确率。

- 有没有可能准确率和召回率的调和平均数很不令人满意呢? 什么时候你愿意牺牲召回率来换取更高的准确率呢? 什么时候你又愿意牺牲准确率来换取更高的召回率呢?

- 你能把本章学到的技术应用到 Twitter 的数据上吗? GATE Twitter 词性标记器 (*http://bit.ly/1a1nad2*) 和卡内基－梅隆的 Twitter NLP 及 Part-of-Speech Tagging (*http://bit.ly/1a1n84Y*) 库是很好的开始。

6.8 在线资源

下面是本章的链接清单, 对复习本章内容可能会很有帮助:

- "The Automatic Creation of Literature Abstracts" (*http://bit.ly/1a1n4Cj*)。

- "词袋" 模型 (*http://bit.ly/1a1lHDF*)。

- 贝叶斯分类器 (*http://bit.ly/1a1n9Wt*)。

- BeautifulSoup (*http://bit.ly/1a1mRit*)。

- boilerpipe3 (*http://bit.ly/2sCIFET*)。

- "Boilerplate Detection Using Shallow Text Features" (*http://bit.ly/1a1mN21*)。

- 广度优先搜索 (*http://bit.ly/1a1mYdG*)。

- 深度优先搜索 (*http://bit.ly/1a1mVPd*)。

- 卡内基－梅隆的 Twitter NLP 和词性标记器 (*http://bit.ly/1a1n84Y*)。

- Common Crawl corpus (*http://amzn.to/1a1mXXb*)。

- 置信区间 (*http://bit.ly/1a1n8BW*)。

- d3-cloud 的 GitHub 库（*http://bit.ly/1a1n5pO*）。

- GATE Twitter 词性标记器（*http://bit.ly/1a1nad2*）。

- boilerpipe 的托管版本（*http://bit.ly/1a1mSTF*）。

- HTML5（*http://bit.ly/1a1mRz5*）。

- Microdata（*http://bit.ly/1a1mRPA*）。

- NLTK book（*http://bit.ly/1a1mtAk*）。

- 宾州树库项目（*http://bit.ly/2C5ecDq*）。

- Scrapy（*http://bit.ly/1a1mG6P*）。

- 监督机器学习（*http://bit.ly/1a1mPHr*）。

- 线程池（*http://bit.ly/1a1mW5M*）。

- 图灵测试（*http://bit.ly/1a1mZON*）。

- "Unsupervised Multilingual Sentence Boundary Detection"（*http://bit.ly/2EzWCEZ*）。

- WordNet（*http://bit.ly/1a1n7hj*）。

第 7 章

挖掘邮箱：分析谁和谁说什么 以及说的频率等

邮件数据虽有争议，但也是社交网站数据和早期线上社交网络的基础。邮件数据无处不在，同时每条消息本质上都是来自社交活动的，涉及对话以及多人之间的交互。并且每条消息都包括明确的人类语言数据，含有结构化的元数据域，可以用特定的时间间隔和明确的身份描述人类语言数据。挖掘邮箱数据显然为整合你在前面章节学到的概念提供了机会，并能增加发现有价值见解的机会。

不管你是对挖掘邮箱列表很感兴趣并且想分析公司通信的趋势和模式的公司 CIO，还是只是想探寻自己邮箱的规律性模式以达到部分的自我量化（*http://bit.ly/1a1niJw*）的个人，下面的讨论都是一个好的开始。这一章介绍了一些探索邮箱的基本工具和技术，以回答以下问题：

* 谁给谁发邮件（次数 / 频率）？

* 一天中是否存在某个特定的时间（或是一周中的几天）邮件最多？

* 哪个人给别人发送的邮件最多？

* 讨论得最热烈的话题是什么？

虽然社交媒体网站积累了越来越多的接近实时的社交数据，但仍存在重大的缺点。社交网站数据是由服务提供商集中管理的，它们可以创建规则，规定访问它的方式以及你能做什么和不能做什么。而邮件数据并不是集中管理的，它以丰富的邮件列表的方式分散在网络上，包括对一连串话题的讨论，或者自己的账号中成千上万的邮件。当你回过头来想想，有效地挖掘邮件数据似乎是你的数据挖掘工具箱中最重要的能力之一了。

尽管找到能作为例证的真实的社交网站数据集并不简单，然而这一章我们将以相对备受研究的 Enron 语料库（*http://bit.ly/1a1nj01*）作为基础，以便最大化不需考虑法律[注1]和隐私问题而进行分析的机会。我们将把数据集规范化为众所周知的 Unix 邮箱（mbox）格式，这样就能使用很多常见的工具来处理数据了。最后，尽管我们可以选择处理存储在文件中的 JSON 格式的数据，但我们将利用在第 2 章中介绍的强大的 pandas（*http://bit.ly/2Fjxgwq*）数据分析库，它可以让我们对数据执行强有效的索引和查询操作。

 要经常在 GitHub（*http://bit.ly/Mining-the-Social-Web-3E*）上获取本章（或其他章）的修复了 bug 的最新源代码，并且好好利用本书附录 A 中描述的虚拟机体验，来最大化你对示例代码的使用。

7.1 概述

邮件数据异常丰富，你可以用从本书中学到的知识对邮箱数据进行分析。在本章中你将会学到：

- 将邮件数据规范化为方便处理的格式的方法。

- pandas，一个强大的 Python 数据分析库，用于对表格式数据执行操作。

- Enron 语料库，包含了 Enron 丑闻时期雇员邮箱内容的公开数据集。

- 使用 pandas 以多种方式查询 Enron 语料库。

- 用于访问和导出你自己的邮箱数据以进行分析的工具。

7.2 获取和处理邮件语料库

这一节介绍如何获取邮件语料库，将其转换为标准的 Unix mbox 格式，并将 mbox 导入 pandas DataFrame 中，它提供了通用的存储和查询数据的对象。我们将从分析小型的虚构邮箱开始，然后处理 Enron 语料库。

7.2.1 Unix 邮箱指南

mbox 是连接了很多邮件消息的大型文本文件，这些数据能够轻易地由基于文本操作的工具获得。邮件工具和协议的发展很快，在很久以前就超出了 mbox 的范畴，但很多时候你还是可以使用这种格式来简单处理数据，也可以方便地共享或分发数据。实际上，大多数

注 1： 如果你想分析邮件列表数据，要知道如果使用 API，大多数服务提供商（比如 Google、雅虎）会限制你使用这些数据，不过你能通过订阅列表并等待数据累积轻易地获取和保存邮件列表数据。你也可以让列表所有者提供给你一套存档内容作为另一种选择。

邮件客户端都提供"导出"或者"另存为"功能让你将数据导出为这种格式（尽管有时很多余），正如 7.4 节中的图 7-5 展现的那样。

下面说明详细的格式要求，每封邮件的开头都是由特殊的 From 行标记，并格式化为 From *user@example.com asctime* 模式，其中 *asctime*（*http://bit.ly/1a1nmcl*）是一种标准的固定长度的时间戳表示，比如 Fri Dec 25 00:06:42 2009 这样的形式。两封邮件的边界是由两个新行前面的（除了第一次出现）的 From 行决定的。（直观地，正如下面显示的那样，From 行前面有一个空白行。）一个虚构的 mbox 的一小部分包括两封邮件，如下所示：

```
From santa@northpole.example.org Fri Dec 25 00:06:42 2009
Message-ID: <16159836.1075855377439@mail.northpole.example.org>
References: <88364590.8837464573838@mail.northpole.example.org>
In-Reply-To: <194756537.0293874783209@mail.northpole.example.org>
Date: Fri, 25 Dec 2001 00:06:42 -0000 (GMT)
From: St. Nick <santa@northpole.example.org>
To: rudolph@northpole.example.org
Subject: RE: FWD: Tonight
Mime-Version: 1.0
Content-Type: text/plain; charset=us-ascii
Content-Transfer-Encoding: 7bit

Sounds good. See you at the usual location.
Thanks,
-S

 -----Original Message-----
From:   Rudolph
Sent:   Friday, December 25, 2009 12:04 AM
To: Claus, Santa
Subject:    FWD: Tonight

Santa -

Running a bit late. Will come grab you shortly. Stand by.

Rudy

Begin forwarded message:

> Last batch of toys was just loaded onto sleigh.
>
> Please proceed per the norm.
>
> Regards,
> Buddy
>
> --
> Buddy the Elf
> Chief Elf
> Workshop Operations
> North Pole
> buddy.the.elf@northpole.example.org
```

```
From buddy.the.elf@northpole.example.org Fri Dec 25 00:03:34 2009
Message-ID: <88364590.8837464573838@mail.northpole.example.org>
Date: Fri, 25 Dec 2001 00:03:34 -0000 (GMT)
From: Buddy <buddy.the.elf@northpole.example.org>
To: workshop@northpole.example.org
Subject: Tonight
Mime-Version: 1.0
Content-Type: text/plain; charset=us-ascii
Content-Transfer-Encoding: 7bit

Last batch of toys was just loaded onto sleigh.

Please proceed per the norm.

Regards,
Buddy

--
Buddy the Elf
Chief Elf
Workshop Operations
North Pole
buddy.the.elf@northpole.example.org
```

在前面的示例中，我们看到了两封邮件，但能够推测出还有另一封被回复的邮件可能保存在 mbox 的其他地方。按照时间顺序，第一封邮件是由一个叫作 Buddy 的人写的，并发送到 *workshop@northpole.example.org* 说玩具刚被装载好。另一封 mbox 中的邮件是 Santa 对 Rudolph 的回复。没有在示例中显示的是一封由 Rudolph 转发给 Santa 的邮件，是来自 Buddy 的中间邮件，内容是说他来晚了。尽管我们可以通过人为的阅读方式，根据邮件的上下文的内容推断出这些内容，但 Message-ID、References 和 In-Reply-To 邮件头也提供了可供分析的重要线索。

这些邮件头很直观，并且为显示同主题邮件的算法提供了基础。稍后我们会研究在电子邮件的主题聚合中使用了这些字段的一个著名算法，重点是每封邮件都有独特的邮件 ID，包含对这封正在被回复的邮件的引用而且可以在回复链中引用多封其他邮件，这样就知道这些邮件是正进行讨论的一部分了。

 因为我们会使用 Python 模块来做大部分琐碎的工作，所以我们不需要讨论电子邮件的细节，比如多部分邮件、MIME 类型（*http://bit.ly/1a1nmsJ*）、7 位内容传输编码等。

这些邮件头极为重要。即使是这个简单的例子，你也能看到当你解析一封邮件的正文时，事情会变得多么混乱：Rudolph 的客户端使用 " > " 符号引用转发的内容，但 Santa 的客户端总是什么都不引用就直接回复，不过却使用了可读的邮件头。

大多数邮件客户端都有允许查看平常无法看到的扩展邮件头的选项，当你想查看这些邮件时，如果你感兴趣的是比研究原始存储更方便的技术的话，你可以使用此选项。图 7-1 显示了 Apple Mail 的示例邮件头。

```
           From:  Matthew Russell
        Subject:  Message to self
           Date:  September 28, 2010 9:31:01 PM CDT
             To:  Matthew Russell
     Return-Path: <matthew@zaffra.com>
X-Spam-Checker-Version: SpamAssassin 3.1.9 (2007-02-13) on mail2.webfaction.com
    X-Spam-Level:
   X-Spam-Status: No, score=-2.6 required=5.0 tests=BAYES_00 autolearn=ham version=3.1.9
        Received: from smtp.webfaction.com (mail6.webfaction.com [74.55.86.74]) by
                  mail2.webfaction.com (8.13.1/8.13.3) with ESMTP id o8T2V254026699 for
                  <matthew@zaffra.com>; Tue, 28 Sep 2010 21:31:02 -0500
        Received: from [192.168.1.67] (99-0-32-163.lightspeed.nsvltn.sbcglobal.net
                  [99.0.32.163]) by smtp.webfaction.com (Postfix) with ESMTP id
                  9CE61324B7D for <matthew@zaffra.com>; Tue, 28 Sep 2010 21:31:02 -0500
                  (CDT)
      Message-Id: <D9A2277D-A6A1-4CD2-B891-C0A1E4C6C6CD@zaffra.com>
    Content-Type: text/plain; charset=US-ASCII; format=flowed
Content-Transfer-Encoding: 7bit
    Mime-Version: 1.0 (Apple Message framework v936)
        X-Mailer: Apple Mail (2.936)


Hello Matthew!


Regards - Matthew

---
http://www.linkedin.com/in/ptwobrussell
```

图 7-1：大多数邮件客户端都允许通过选项菜单查看扩展邮件头

幸运的是，无须重新实现一个邮件客户端，你可以做很多事情。另外，如果你想做的只是浏览邮箱，只需简单地将它导入邮件客户端中浏览，对吧？

 你值得花些时间探索邮件客户端是否提供以 mbox 的格式导入 / 导出数据的功能，这样你才能够使用本章的工具来操作它。

为了了解数据处理的过程，示例 7-1 给出一个程序，它对 mbox 提出了多个简化假设以引入 mailbox 包。它是 Python 标准库中的一部分。

示例 7-1：将邮箱转换为 JSON 格式

```
import mailbox # pip install mailbox
import json

MBOX = 'resources/ch07-mailboxes/data/northpole.mbox'

# A routine that makes a ton of simplifying assumptions
# about converting an mbox message into a Python object
# given the nature of the northpole.mbox file in order
# to demonstrate the basic parsing of an mbox with mail
```

```
# utilities

def objectify_message(msg):

    # Map in fields from the message
    o_msg = dict([ (k, v) for (k,v) in msg.items() ])

    # Assume one part to the message and get its content
    # and its content type

    part = [p for p in msg.walk()][0]
    o_msg['contentType'] = part.get_content_type()
    o_msg['content'] = part.get_payload()

    return o_msg

# Create an mbox that can be iterated over and transform each of its
# messages to a convenient JSON representation

mbox = mailbox.mbox(MBOX)

messages = []

for msg in mbox:
    messages.append(objectify_message(msg))

print(json.dumps(messages, indent=1))
```

尽管这个处理 mbox 文件的小脚本很简洁，并能够获得合理的结果，但解析任意邮件数据或者确定任何邮箱中对话的确切流程都很棘手。很多因素都会有影响，比如二义性、人们在回复链中回复或评论的差异、邮件客户端处理邮件和回复的不同等。

为了强调这一点，表 7-1 显示了邮件流，并且明确地包含了 *northpole.mbox* 中引用过却没有出现的第三封邮件。从脚本中截取的示例输出如下：

```
[
 {
  "From": "St. Nick <santa@northpole.example.org>",
  "Content-Transfer-Encoding": "7bit",
  "content": "Sounds good. See you at the usual location.\n\nThanks,...",
  "To": "rudolph@northpole.example.org",
  "References": "<88364590.8837464573838@mail.northpole.example.org>",
  "Mime-Version": "1.0",
  "In-Reply-To": "<194756537.0293874783209@mail.northpole.example.org>",
  "Date": "Fri, 25 Dec 2001 00:06:42 -0000 (GMT)",
  "contentType": "text/plain",
  "Message-ID": "<16159836.1075855377439@mail.northpole.example.org>",
  "Content-Type": "text/plain; charset=us-ascii",
  "Subject": "RE: FWD: Tonight"
 },
 {
  "From": "Buddy <buddy.the.elf@northpole.example.org>",
  "Subject": "Tonight",
  "Content-Transfer-Encoding": "7bit",
```

```
        "content": "Last batch of toys was just loaded onto sleigh. \n\nPlease...",
        "To": "workshop@northpole.example.org",
        "Date": "Fri, 25 Dec 2001 00:03:34 -0000 (GMT)",
        "contentType": "text/plain",
        "Message-ID": "<88364590.8837464573838@mail.northpole.example.org>",
        "Content-Type": "text/plain; charset=us-ascii",
        "Mime-Version": "1.0"
    }
]
```

表 7-1：northpole.mbox 的邮件流

时间	邮件活动
Fri, 25 Dec 2001 00:03:34 -0000 (GMT)	Buddy 向 workshop 发送了邮件
Friday, December 25, 2009 12:04 AM	Rudolph 向 Santa 转发了 Buddy 的邮件，并添加了内容
Fri, 25 Dec 2001 00:06:42 -0000 (GMT)	Santa 回复了 Rudolph

有了对邮箱的基本的理解，让我们将注意力转移到将 Enron 语料库转换成 mbox 上，这样就能最大化地利用 Python 标准库。

7.2.2 获得 Enron 数据

完整的 Enron 数据集（*http://bit.ly/1a1nmsU*）能够以多种格式获取，不过需要大量的预处理过程。我们选择从最原始的未处理数据集开始，它实际上是根据人或文件夹对一系列邮箱进行组织的文件夹集合。数据的规范化和清洗是一个常规步骤，本章将提供一些思路和做法。

如果你好好利用本书中的虚拟机体验，本章的 Jupyter Notebook 提供了将数据下载到合适位置的脚本，来让你顺利地学习这些示例。完整的 Enron 语料库压缩后大约有 450MB，你可以下载它来跟随这些练习学习。

最初的处理步骤可能需要一段时间。如果时间对你来说是很重要的因素并且不能找到合适的时机运行这个脚本，你可以跳过这些处理步骤；就像从示例 7-2 中得到的一样，处理过的数据和源代码可以在 *ipynb3e/resources/ch07-mailboxes/data/enron.mbox.bz2* 上找到。欲查看更详细的信息，参见本章 Jupyter Notebook 的注意事项。

 下载和解压文件的时间比同步大量在主机上解压的文件要快，并且写作本书时还没有一个变通的方法可以在所有的平台上对此进行加速。

下面的终端输出解释了你下载并解压后的语料库的基本结构。

如果你使用 Windows 系统而不熟悉终端操作，你可以浏览一下 *ipynb/resources/ch06-mailboxes/data* 文件夹，如果你能够利用本书中的虚拟机体验，你就能够将它同步到你的主机上。

这些数据值得你花些时间在终端中对它们进行研究从而熟悉其内容以及如何浏览它们。

```
$ cd enron_mail_20110402/maildir # Go into the mail directory

maildir $ ls # Show folders/files in the current directory

allen-p        crandell-s      gay-r          horton-s
lokey-t        nemec-g         rogers-b       slinger-r
tycholiz-b     arnold-j        cuilla-m       geaccone-t
hyatt-k        love-p          panus-s        ruscitti-k
smith-m        ward-k          arora-h        dasovich-j
germany-c      hyvl-d          lucci-m        parks-j
sager-e        solberg-g       watson-k       badeer-r
corman-s       gang-l          holst-k        lokay-m

           ...directory listing truncated...

neal-s         rodrique-r      skilling-j     townsend-j

$ cd allen-p/ # Go into the allen-p folder

allen-p $ ls # Show files in the current directory

_sent_mail      contacts             discussion_threads notes_inbox
sent_items      all_documents        deleted_items       inbox
sent            straw

allen-p $ cd inbox/ # Go into the inbox for allen-p

inbox $ ls # Show the files in the inbox for allen-p

1.  11. 13. 15. 17. 19. 20. 22. 24. 26. 28. 3.  31. 33. 35. 37. 39. 40.
42. 44. 5.  62. 64. 66. 68. 7.  71. 73. 75. 79. 83. 85. 87. 10. 12. 14.
16. 18. 2.  21. 23. 25. 27. 29. 30. 32. 34. 36. 38. 4.  41. 43. 45. 6.
63. 65. 67. 69. 70. 72. 74. 78. 8.  84. 86. 9.

inbox $ head -20 1. # Show the first 20 lines of the file named "1."

Message-ID: <16159836.1075855377439.JavaMail.evans@thyme>
Date: Fri, 7 Dec 2001 10:06:42 -0800 (PST)
From: heather.dunton@enron.com
To: k..allen@enron.com
Subject: RE: West Position
Mime-Version: 1.0
Content-Type: text/plain; charset=us-ascii
Content-Transfer-Encoding: 7bit
X-From: Dunton, Heather </O=ENRON/OU=NA/CN=RECIPIENTS/CN=HDUNTON>
X-To: Allen, Phillip K. </O=ENRON/OU=NA/CN=RECIPIENTS/CN=Pallen>
X-cc:
X-bcc:
```

```
X-Folder: \Phillip_Allen_Jan2002_1\Allen, Phillip K.\Inbox
X-Origin: Allen-P
X-FileName: pallen (Non-Privileged).pst


Please let me know if you still need Curve Shift.

Thanks,
```

终端中最后的命令说明了邮件消息被组织成了文件，包含能够和内容一起被处理的邮件头格式的元数据。这些数据的格式统一，但并不一定就是能被强大的工具处理的常见格式。所以，我们需要对数据进行预处理，把一部分转换为众所周知的 Unix 的 mbox 格式，以便更好地说明将邮件语料规范化为常见并易于处理的格式的一般过程。

7.2.3 将邮件语料转换为 Unix 邮箱

示例 7-2 演示了查找 Enron 语料库中"收件箱"文件夹的目录结构和在其中添加消息生成 en-ron.mbox 文件作为输出的方法。为了运行这个脚本，你需要下载 Enron 语料库并且解压到脚本中 MAILDIR 指定的目录下。

示例 7-2：将 Enron 语料转换为标准的 mbox 格式

```python
import re
import email
from time import asctime
import os
import sys
from dateutil.parser import parse # pip install python_dateutil

# Download the Enron corpus to resources/ch07-mailboxes/data
# and unarchive it there

MAILDIR = 'resources/ch07-mailboxes/data/enron_mail_20110402/maildir'

# Where to write the converted mbox
MBOX = 'resources/ch07-mailboxes/data/enron.mbox'

# Create a file handle that we'll be writing into
mbox = open(MBOX, 'w+')

# Walk the directories and process any folder named 'inbox'

for (root, dirs, file_names) in os.walk(MAILDIR):

    if root.split(os.sep)[-1].lower() != 'inbox':
        continue

    # Process each message in 'inbox'

    for file_name in file_names:
        file_path = os.path.join(root, file_name)
        message_text = open(file_path, errors='ignore').read()
```

```
# Compute fields for the From_ line in a traditional mbox message
_from = re.search(r"From: ([^\r\n]+)", message_text).groups()[0]
_date = re.search(r"Date: ([^\r\n]+)", message_text).groups()[0]

# Convert _date to the asctime representation for the From_ line
_date = asctime(parse(_date).timetuple())

msg = email.message_from_string(message_text)
msg.set_unixfrom('From {0} {1}'.format(_from, _date))

mbox.write(msg.as_string(unixfrom=True) + "\n\n")

mbox.close()
```

这个脚本使用了 dateutil 包来将数据转换为标准格式。我们之前并没有转换，考虑到变化消耗的空间，这比想象中要难一些。你可以使用 **pip install python_dateutil** 命令来安装这个包。(在这种特殊情况下，pip 命令安装时的包名和你在代码里导入的名字可能会略有不同。) 否则，这个脚本只是使用 Python 标准库中的一些工具将数据重组到一个 mbox。虽然从解析上来说并不是很有趣，但这个脚本提示了如何使用正则表达式以及后面将会用到的 email 包，并阐述了其他对数据处理有用的概念。确保你理解了示例 7-2 的工作原理从而扩展了你的综合应用知识和数据挖掘的工具链。

这个脚本应该会在完整的 Enron 语料库上运行 10 ~ 15 分钟，这取决于你电脑的硬件。处理数据时，Jupyter Notebook 会在界面的右上角显示"Kernel Busy"(内核繁忙) 的信息。

如果你查看刚创建的 mbox 文件，你会发现它除了遵循众所周知的规范外，还是一个单独的文件，它和你之前看到的邮件格式非常相似。

注意，如果你倾向于分析更集中的 Enron 语料库的子集，你只需简单地给每个人或是特定的一组人创建单独的 mbox 文件。

7.2.4 将 Unix 邮箱转换为 pandas DataFrame

mbox 文件非常方便，因为有很多现成的跨计算平台和编程语言的工具可以处理它。在本节中，我们会抛开示例 7-1 中的许多简单假设，这样就能使程序更加健壮地处理 Enron 邮箱，并考虑许多处理邮箱数据时会碰到的常见问题。

mbox 数据结构是相当通用的，但是为了做更有效的数据操作、数据查询和数据可视化，我们将把它转换成在第 2 章中介绍的数据结构——pandas DataFrame。

再次提醒你，pandas 是一个用 Python 编写的软件库，可以进行多用途的数据分析。它已成为每个数据科学家工具箱中的一部分。pandas 引入了一种称为 DataFrame 的数据结构，DataFrame 是一种保持标记的二维数据表的方式。你可以把它想象成电子表格，每一列都有一个名字。在同一个列表中，列的数据类型不需要完全相同。在你的 DataFrame 中，可以一列为日期类型，一列为字符串类型，还有一列为数字类型。

邮件数据可以存储在 DataFrame 中。你可以将邮件的发件人信息存储到 DataFrame 的一列中，主题行存储到另一列中，等等。一旦邮件数据被存储到 DataFrame 中并建立索引，你就可以执行查询（"哪些邮件中包含特定的关键字？"）或者统计计算（"四月共发送了多少电子邮件？"）。pandas 使上述操作的执行变得相对简单。

在示例 7-3 中，我们首先将 Enron 电子邮件语料库从 mbox 格式转换为 Python 字典形式。mbox_dict 变量将所有邮件保存为单独的键 / 值对，每个邮件本身都被构造为一个 Python 字典，其中键包含了邮件头部项（To、From、Subject 等），及邮件本身的正文内容。然后，使用 from_dict 方法将该 Python 字典轻松加载到 DataFrame 中。

示例 7-3：将 mbox 转换为 Python 字典结构然后导入 pandas DataFrame

```
import pandas as pd # pip install pandas
import mailbox

MBOX = 'resources/ch07-mailboxes/data/enron.mbox'
mbox = mailbox.mbox(MBOX)

mbox_dict = {}
for i, msg in enumerate(mbox):
    mbox_dict[i] = {}
    for header in msg.keys():
        mbox_dict[i][header] = msg[header]
    mbox_dict[i]['Body'] = msg.get_payload().replace('\n', ' ')
        .replace('\t', ' ').replace('\r', ' ').strip()

df = pd.DataFrame.from_dict(mbox_dict, orient='index')
```

可以使用 head 方法来查看 DataFrame 的前五行。图 7-2 显示了这个命令的输出。

邮件头包含很多信息。假设在 DataFrame 中每个邮件头项都拥有它自身的列。要查看列名的列表，可以使用 df.columns 命令。

对于我们的分析而言，保留所有列是没有意义的，因此挑选出其中几个，使 DataFrame 占用存储空间更小一些。只保留 From、To、Cc、Bcc、Subject 和 Body 列信息。

DataFrame 的另一个优点是我们可以选择它应该如何被索引。索引的选择将极大地影响某些查询的执行速度。如果我们能够想象自己在发送电子邮件时间的很多问题，那么将 DataFrame 的索引设置为 DatetimeIndex 可能是最有意义的。通过对日期和时间进行排序，可实现对电子邮件时间戳进行非常快速的搜索。示例 7-4 中的代码显示了如何重置 DataFrame 的索引，以及如何选择要保留 DataFrame 列的子集。

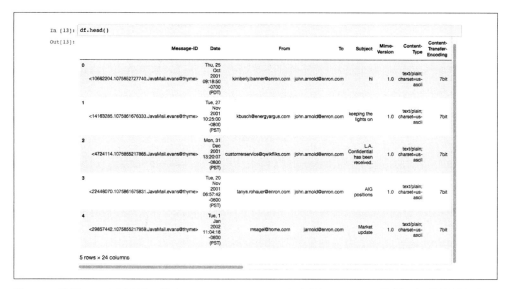

图 7-2：使用 head 方法是一种在 pandas DataFrame 上查看 DataFrame 的前五行的简便方式

示例 7-4：设置 DataFrame 的索引并选择要保留的 DataFrame 列的子集

```
df.index = df['Date'].apply(pd.to_datetime)

# Remove nonessential columns
cols_to_keep = ['From', 'To', 'Cc', 'Bcc', 'Subject', 'Body']
df = df[cols_to_keep]
```

现在用 head 方法查看 DataFrame，图 7-3 给出了显示结果。

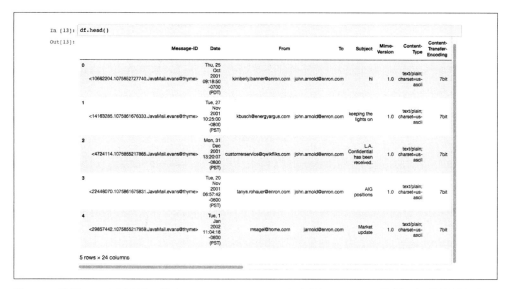

图 7-3：示例 7-4 中更改后的 head 方法输出

现在邮件数据可从 mbox 转换为 pandas DataFrame，可在 DataFrame 中选择感兴趣的列并设置 DatetimeIndex 集合，下面我们来对其进行分析。

7.3 分析 Enron 语料库

我们在将 Enron 数据转换为可以方便查询的格式的问题上投入了大量的精力，下面就开始试着去理解这些数据。正如前面的章节那样，当面临任何类型的新数据集时，计算问题是你初步探索时想要考虑的任务，因为它会让你事半功倍。这一节介绍了许多利用 pandas 来查询邮箱数据的方法，包括对不同数据字段的组合查询等。这是对应用讨论的扩展，并不会花费太多力气。

Enron 丑闻概述

虽然这不是很有必要的，不过如果你知道 Enron 丑闻，你或许想了解更多，因为这是我们所分析的邮件数据的主题。下面这些与 Enron 有关的事实对我们在本章分析数据时理解上下文有很大帮助：

- Enron 是一家位于美国得克萨斯州的能源公司，从 1985 年建立以来，它成长为了一个市值数百亿美元的公司。直到 2001 年 10 月，它的丑闻被曝光了。

- Kenneth Lay 是 Enron 公司的 CEO，也是许多有关 Enron 公司的讨论中的热门话题。

- Enron 丑闻的实质是采用财政手段（被称为 raptors）来有效地隐藏资产负债。

- Arthur Andersen 曾经是著名的会计师事务所，它在参政审计上也负有责任。在 Enron 丑闻之后很快就关闭了。

- 在丑闻被披露后的很短时间内，Enron 申请破产超过 60 亿美元；这成为当时美国历史上最大的破产企业。

维基百科中关于 Enron scandal（*http://bit.ly/1a1nuZo*）的词条对背景和关键事件做了简单易读的介绍，你只需花几分钟就能了解整个事件。如果你还想深入了解，可以观看纪录片 *Enron:The Smartest Guys in the Room*（*http://imdb.to/1a1nvwd*）。

 网站 *http://www.enron-mail.com* 是 Enron 邮件数据的一个版本，随着你开始熟悉 Enron 语料库，你会发现这是很有用的。

7.3.1 根据日期 / 时间范围查询

在示例 7-4 中，我们将 DataFrame 的索引从行号更改为发送邮件的日期和时间。这使得我们可以根据邮件的时间戳快速地从 DataFrame 中检索行，从而非常容易回答如下问题：

- 2001 年 11 月 1 日发了多少邮件？

- 哪个月的邮件量最高？

- 2002 年每周发送的邮件总数是多少？

pandas 有几个有用的索引函数（*http://bit.ly/2HGyotX*），其中最重要的是 loc 和 iloc 方法。loc 方法根据标签进行选择，它执行的查询如下：

```
df.loc[df.From == 'kenneth.lay@enron.com']
```

此命令返回 DataFrame 内 Kenneth Lay 发送的所有邮件。返回的数据结构也是 pandas DataFrame，因此可以将其分配给变量，以便以后以其他方式使用。

iloc 方法根据位置进行选择，如果你确切知道哪些行是你感兴趣的，那么 iloc 方法对你来说是一个不错的选择。它执行的查询如下：

```
df.iloc[10:15]
```

它将返回包含行 10 ~ 15 的数据集的切片。

不过，假设我们想要检索在两个确切日期之间发送或接收的所有邮件。使用 DatetimeIndex 是非常方便的。如示例 7-5 所示，我们可以轻松地检索在两个日期之间发送的所有邮件，然后在该数据切片上可便捷地执行操作，例如计算月份发送的邮件数量。

示例 7-5：使用 DatetimeIndex 检索数据，然后对每月发送的邮件计数

```
start_date = '2000-1-1'
stop_date = '2003-1-1'

datemask = (df.index > start_date) & (df.index <= stop_date)
vol_by_month = df.loc[datemask].resample('1M').count()['To']

print(vol_by_month)
```

我们在这里所做的是创建一个布尔掩码，当 DataFrame 中的一行满足在 start_date 之后且在 end_date 之前的双重约束时，该掩码返回 True。然后以一个月为时间间隔重新取样并计数。

示例 7-5 的输出看起来像这样：

```
Date
2000-12-31      1
2001-01-31      3
2001-02-28      2
2001-03-31     21
2001-04-30    720
2001-05-31   1816
2001-06-30   1423
```

```
2001-07-31    704
2001-08-31   1333
2001-09-30   2897
2001-10-31   9137
2001-11-30   8569
2001-12-31   4167
2002-01-31   3464
2002-02-28   1897
2002-03-31    497
2002-04-30     88
2002-05-31     82
2002-06-30    158
2002-07-31      0
2002-08-31      0
2002-09-30      0
2002-10-31      1
2002-11-30      0
2002-12-31      1
Freq: M, Name: To, dtype: int64
```

让我们对上述输出整理一下，使它更容易阅读。可以像过去一样使用 prettytable 来快速创建一个基于文本的表，从而简洁地表示我们的输出。具体的操作如示例 7-6 所示。

示例 7-6：使用 prettytable 表示每月邮件量

```
from prettytable import PrettyTable

pt = PrettyTable(field_names=['Year', 'Month', 'Num Msgs'])
pt.align['Num Msgs'], pt.align['Month'] = 'r', 'r'
[ pt.add_row([ind.year, ind.month, vol])
  for ind, vol in zip(vol_by_month.index, vol_by_month)]

print(pt)
```

这样产生的结果如下：

```
+------+-------+----------+
| Year | Month | Num Msgs |
+------+-------+----------+
| 2000 |    12 |        1 |
| 2001 |     1 |        3 |
| 2001 |     2 |        2 |
| 2001 |     3 |       21 |
| 2001 |     4 |      720 |
| 2001 |     5 |     1816 |
| 2001 |     6 |     1423 |
| 2001 |     7 |      704 |
| 2001 |     8 |     1333 |
| 2001 |     9 |     2897 |
| 2001 |    10 |     9137 |
| 2001 |    11 |     8569 |
| 2001 |    12 |     4167 |
| 2002 |     1 |     3464 |
| 2002 |     2 |     1897 |
| 2002 |     3 |      497 |
| 2002 |     4 |       88 |
```

```
| 2002 |     5 |        82 |
| 2002 |     6 |       158 |
| 2002 |     7 |         0 |
| 2002 |     8 |         0 |
| 2002 |     9 |         0 |
| 2002 |    10 |         1 |
| 2002 |    11 |         0 |
| 2002 |    12 |         1 |
+------+-------+-----------+
```

当然，把这张表转化成一幅图也许更好，我们可以快速地用 pandas 中的内置绘图命令来实现。示例 7-7 中的代码显示了如何快速地创建每月邮件量的水平条形图。

示例 7-7：使用水平条形图表示每月邮件量

```
vol_by_month[::-1].plot(kind='barh', figsize=(5,8), title='Email Volume by Month')
```

其输出如图 7-4 所示。

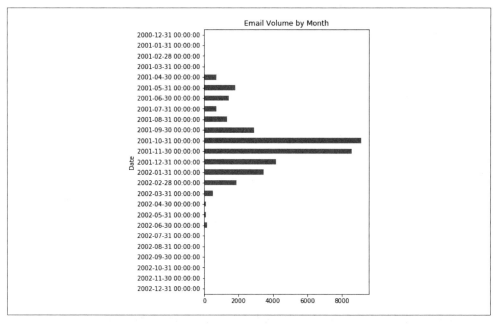

图 7-4：基于示例 7-7 中的代码的每月邮件量水平条形图

使用 *http://bit.ly/Mining-the-Social-Web-3E* 中的最新代码来跟踪相关示例是最容易的方式。在 Jupyter Notebook 环境中运行这些代码使得尝试 pandas DataFrame 的不同查询方法变得更容易。Jupyter Notebook 是一个探索数据的好工具。

7.3.2 发件人 / 收件人通信的分析模式

其他统计指标，比如某人最初写了多少封邮件、两个特定组之间发生了多少次直接通信，都是进行邮件分析的高度相关数据。在你开始分析谁和谁在交流之前，你或许需要枚举所有的发件人和收件人，也可以对查询进行限制，比如邮件的来源和发送地字段。首先，我们需要计算发送或接收的邮件地址的个数，参见示例 7-8。

示例 7-8：枚举邮件的发件人和收件人

```
senders = df['From'].unique()
receivers = df['To'].unique()
cc_receivers = df['Cc'].unique()
bcc_receivers = df['Bcc'].unique()

print('Num Senders:', len(senders))
print('Num Receivers:', len(receivers))
print('Num CC Receivers:', len(cc_receivers))
print('Num BCC Receivers:', len(bcc_receivers))
```

上面数据集的示例输出如下：

```
Num Senders: 7678
Num Receivers: 10556
Num CC Receivers: 5449
Num BCC Receivers: 5449
```

如果没有其他信息的话，这些对发件人和收件人的统计是很值得考虑的。平均来说，每封邮件发给了 1.4 个人，其中很大一部分是抄送（CC）和密送（BCC）。所以下一步就是过滤数据并使用基本的集合操作（*http://bit.ly/1a1l2Sw*）（第 1 章中有所介绍），使用不同的规则的组合来决定哪些数据是重复的。我们只需要将每个特殊值的列表投影到 set 上即可，这样我们就能使用不同类型的集合操作（*http://bit.ly/2IzBW2j*）了，包括交、差和并。表 7-2 显示了对少量发件人和收件人的基本操作，来说明集合操作在数据上是如何工作的：

发件人 = {Abe, Bob}，收件人 = {Bob, Carol}

表 7-2：集合操作示例

操作	操作名称	结果	注释
发件人 ∪ 收件人	并	Abe, Bob, Carol	所有不重复的发件人和收件人
发件人 ∩ 收件人	交	Bob	也是收件人的发件人
发件人 − 收件人	差	Abe	不是收件人的发件人
收件人 − 发件人	差	Carol	不是发件人的收件人

示例 7-9 演示了如何使用 Python 中的集合操作来计算数据。

示例 7-9：生成 Enron 语料库中最重要的邮件发件人和收件人列表

```
senders = set(senders)
receivers = set(receivers)
cc_receivers = set(cc_receivers)
bcc_receivers = set(bcc_receivers)

# Find the number of senders who were also direct receivers

senders_intersect_receivers = senders.intersection(receivers)

# Find the senders that didn't receive any messages

senders_diff_receivers = senders.difference(receivers)

# Find the receivers that didn't send any messages

receivers_diff_senders = receivers.difference(senders)

# Find the senders who were any kind of receiver by
# first computing the union of all types of receivers

all_receivers = receivers.union(cc_receivers, bcc_receivers)
senders_all_receivers = senders.intersection(all_receivers)

print("Num senders in common with receivers:", len(senders_intersect_receivers))
print("Num senders who didn't receive:", len(senders_diff_receivers))
print("Num receivers who didn't send:", len(receivers_diff_senders))
print("Num senders in common with *all* receivers:", len(senders_all_receivers))
```

下面脚本的示例输出显示了对邮件数据本质的详细理解：

```
Num senders in common with receivers: 3220
Num senders who didn't receive: 4445
Num receivers who didn't send: 18942
Num senders in common with all receivers: 3440
```

另一个有趣的问题可能是谁发送或接收的邮件最多。假设要对于上述问题在我们的语料库中列出排名靠前的发件人和收件人。我们该怎么办？可以考虑获取整个数据集，按发送方或接收方对其进行分组，然后计算每组中的邮件数量。一个组代表一个发件人发送或一个收件人接收的所有电子邮件，从而可以产生排名靠前的发件人和收件人列表。

这种类型的分组操作是关系数据库中常见的任务，并已在 pandas 中实现。在示例 7-10 中，我们使用其 groupby 操作（*http://bit.ly/2FRGnno*）来生成分组。

示例 7-10：生成 Enron 语料库中排名靠前的邮件发件人和收件人列表

```
import numpy as np

top_senders = df.groupby('From')
top_receivers = df.groupby('To')

top_senders = top_senders.count()['To']
top_receivers = top_receivers.count()['From']
```

```
# Get the ordered indices of the top senders and receivers in descending order
top_snd_ord = np.argsort(top_senders)[::-1]
top_rcv_ord = np.argsort(top_receivers)[::-1]

top_senders = top_senders[top_snd_ord]
top_receivers = top_receivers[top_rcv_ord]
```

在创建这些排序列表之后，我们可以使用 prettytable 包来输出结果。示例 7-11 展示了如何生成一个基于文本的表，该表中列出了 Enron 语料库中发件量排名前 10 的邮件发件人。

示例 7-11：找出 Enron 语料库中发件量排名前 10 的邮件发件人

```
from prettytable import PrettyTable

top10 = top_senders[:10]
pt = PrettyTable(field_names=['Rank', 'Sender', 'Messages Sent'])
pt.align['Messages Sent'] = 'r'
[ pt.add_row([i+1, email, vol]) for i, email, vol in zip(range(10),
    top10.index.values, top10.values)]

print(pt)
```

运行上述代码的输出如下：

```
+------+---------------------------------------+---------------+
| Rank |                Sender                 | Messages Sent |
+------+---------------------------------------+---------------+
|  1   |           pete.davis@enron.com        |           722 |
|  2   |      announcements.enron@enron.com    |           372 |
|  3   |            jae.black@enron.com         |           322 |
|  4   | enron_update@concureworkplace.com     |           213 |
|  5   |             feedback@intcx.com         |           209 |
|  6   |          chairman.ken@enron.com        |           197 |
|  7   |       arsystem@mailman.enron.com       |           192 |
|  8   |          mike.grigsby@enron.com        |           191 |
|  9   |           soblander@carrfut.com        |           186 |
|  10  |            mary.cook@enron.com         |           186 |
+------+---------------------------------------+---------------+
```

我们可以为邮件接收人生成一个类似的结果表。示例 7-12 显示了如何实现。

示例 7-12：找出 Enron 语料库中发件量排名前 10 的邮件发件人

```
from prettytable import PrettyTable

top10 = top_receivers[:10]
pt = PrettyTable(field_names=['Rank', 'Receiver', 'Messages Received'])
pt.align['Messages Sent'] = 'r'
[ pt.add_row([i+1, email, vol]) for i, email, vol in zip(range(10),
    top10.index.values, top10.values)]

print(pt)
```

输出结果如下所示：

```
+------+--------------------------------+-------------------+
| Rank |           Receiver             | Messages Received |
+------+--------------------------------+-------------------+
|  1   |      pete.davis@enron.com      |        721        |
|  2   |    gerald.nemec@enron.com      |        677        |
|  3   |    kenneth.lay@enron.com       |        608        |
|  4   |  sara.shackleton@enron.com     |        453        |
|  5   |    jeff.skilling@enron.com     |        420        |
|  6   | center.dl-portland@enron.com   |        394        |
|  7   |    jeff.dasovich@enron.com     |        346        |
|  8   |     tana.jones@enron.com       |        303        |
|  9   |      rick.buy@enron.com        |        286        |
|  10  |   barry.tycholiz@enron.com     |        280        |
+------+--------------------------------+-------------------+
```

7.3.3 根据关键词查找邮件

pandas 具有强大的索引能力（*http://bit.ly/2HGyotX*），它也可以用于构建搜索查询。

例如，在 mbox 中，如果要搜索邮件地址，可能需要先查询 "To" 和 "From" 字段，然后再检查 "Cc" 或 "Bcc" 字段。如果你根据关键字进行搜索，可以在主题行或邮件正文中执行字符串匹配信息。

在 Enron 事件中，从会计角度看，raptor（*http://bit.ly/1a1nFE6*）是指用来隐藏巨额债务的财政手段。如果我们正在做一个财务审计，就需要对邮件或文档的整个语料库进行快速搜索的工具。将整个语料库读入一种格式（pandas DataFrame），以便在 Python 环境中进行简单数据分析。现在我们只需要学习如何搜索特定单词，例如 "raptor"。示例 7-13 中的代码显示了实现这一过程的方式。

示例 7-13：在主题行或邮件正文中查询 pandas DataFrame 以查找搜索词并打印前 10 个结果

```python
import textwrap

search_term = 'raptor'

query = (df['Body'].str.contains(search_term, case=False) |
    df['Subject'].str.contains(search_term, case=False))

results = df[query]

print('{0} results found.'.format(query.sum()))
print('Printing first 10 results...')
for i in range(10):
    subject, body = results.iloc[i]['Subject'], results.iloc[i]['Body']
    print()
    print('SUBJECT: ', subject)
    print('-'*20)
    for line in textwrap.wrap(body, width=70, max_lines=5):
        print(line)
```

在示例 7-13 中，我们创建了一个保存在查询变量中的布尔逻辑表达式。该查询检查 DataFrame 中电子邮件的正文和主题行中包含搜索项的字符串，将其保存到 search_term 变量中。Case= False 关键字确保我们返回结果，而不考虑 "raptor" 首字母是否大写。

query 变量是一系列 True 和 False 值，当传递给 DataFrame df 后，返回与搜索查询匹配 的行（即主题或正文包含 "raptor" 一词的行）。我们将这些行存储在变量结果中。

随后在示例代码中的 for 循环打印前 10 个匹配行。我们使用 textwrap 库打印出每个匹配 邮件的前五行。这有助于我们快速检查输出。以下是截断的样本查询结果：

```
SUBJECT:  RE: Pricing of restriction on Enron stock
-------------------
Vince, I just spoke with Rakesh.  I believe that there is some
confusion regarding which part of that Raptor transaction we are
talking about.  There are actually two different sets of forwards: one
for up to 18MM shares contingently based on price as an offset to the
Whitewing forward shortfall, and the other was for 12MM shares [...]

SUBJECT:  FW: Note on Valuation
-------------------
Vince,  I have it. Rakesh  -----Original Message----- From: Kaminski,
Vince J  Sent: Monday, October 22, 2001 2:39 PM To: Bharati, Rakesh;
Shanbhogue, Vasant Cc: Kaminski, Vince J;
'kimberly.r.scardino@us.andersen.com' Subject: RE: Note on Valuation
Rakesh,  I have informed Ryan Siurek (cc Rick Buy) on Oct 4 that [...]

SUBJECT:  FW: Raptors
-------------------
I am forwarding a copy of a message I sent some time ago to the same
address. The lawyer representing the Special Committee (David Cohen)
could not locate it. The message disappeared as well form my mailbox.
Fortunately, I have preserved another copy.  Vince Kaminski
-----Original Message----- From:  VKaminski@aol.com@ENRON [...]

SUBJECT:  Raptors
-------------------
David,  I am forwarding to you, as promised, the text of the
10/04/2001  message to Ryan Siurek regarding Raptor valuations. The
message is stored on my PC at home. It disappeared from my mailbox on
the Enron system.  Vince Kaminski  **********************************
******************************************  Subj:   FW: [...]
```

在 Enron 事件谜团中，上述片段中包含了一些值得关注的信息。你现在有了工具，应该知 道如何深入挖掘和发现更多感兴趣的地方。

7.4 分析你自己的邮件数据

Enron 邮件数据在邮件分析这一章中是非常好的例子，不过你或许想试着分析自己的邮件 数据。幸运的是，许多流行的邮件客户端都提供"导出为 mbox"的功能，有了这种可供分析的格式，就让使用本章的技术来分析邮件变得很简单了。

例如，在 Apple Mail 中，你可以使用"Mailbox"菜单中的"Export Mailbox"命令以 mbox 格式导出整个邮箱。也可以通过选择单个邮件，从"File"菜单中选择"Save As"来导出邮件。在格式化选项中选择"Raw Message Source"来将邮件导出为 mbox 文件（参见图 7-5）。在网上搜索一下，就能找到大多数主流客户端是如何操作的了。

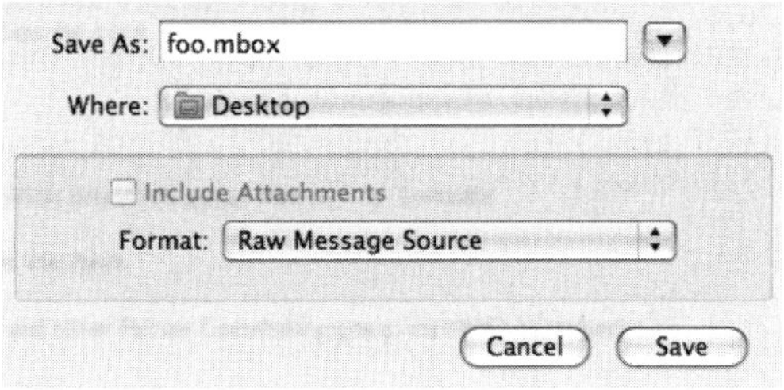

图 7-5：大多数邮件客户端提供导出你的邮件数据到 mbox 文件的选项

如果你只使用在线邮件客户端，你可以选择将你的数据传输到一个邮件客户端，并导出它。但是你可能更愿意直接从服务器中导出数据，完全自动化 mbox 文件的创建过程。几乎所有的在线邮件服务都支持 POP3（Post Office Protocol，version 3，邮局协议版本 3）（*http://bit.ly/1a1nHvx*）。大多数服务也支持 IMAP（*http://bit.ly/2MXFFvF*），导出邮件的 Python 脚本写起来并不困难。

一个非常强大的命令行工具是用 Python 编写的 getmail（*http://bit.ly/1a1nKaL*），它可以用于从任何地方导出数据。Python 标准库中包含两个模块：poplib（*http://bit.ly/1a1nI2G*）和 imaplib（*http://bit.ly/1a1nIj5*），它们提供了很好的基础。如果你在网上搜索，也可能会发现很多有用的脚本。getmail 是很容易启动和运行的。例如，为了导出你的 Gmail 收件箱数据，你只需要下载并安装它，然后使用一些基本选项来建立 getmailrc 配置文件。

下面的示例配置展示了对 *nix 环境的设置。Windows 用户需要将 [destination] 中的 path 和 [options] 中的 message_log 值改为有效路径，不过别忘了，如果你需要 *nix 环境，你可以选择在虚拟机上运行本书的脚本：

```
[retriever]
type = SimpleIMAPSSLRetriever
server = imap.gmail.com
username = ptwobrussell
password = xxx

[destination]
type = Mboxrd
path = /tmp/gmail.mbox
```

```
[options]
verbose = 2
message_log = ~/.getmail/gmail.log
```

修改好配置后，接下来只需要从终端调用 getmail 就可以了。一旦有了本地的 mbox 文件，就可以使用本章学过的技术来分析它了。下面是你的邮件数据通过使用 getmail 命令之后的示例数据：

```
$ getmail
getmail version 4.20.0
Copyright (C) 1998-2009 Charles Cazabon.  Licensed under the GNU GPL version 2.
SimpleIMAPSSLRetriever:ptwobrussell@imap.gmail.com:993:
  msg    1/10972 (4227 bytes) from ... delivered to Mboxrd /tmp/gmail.mbox
  msg    2/10972 (3219 bytes) from ... delivered to Mboxrd /tmp/gmail.mbox
  ...
```

7.4.1 通过 OAuth 访问你的 Gmail

在 2010 年早期，Google 宣布可通过 OAuth 访问 Gmail 的 IMAP 和 SMTP（*http://bit.ly/1a1nlzH*）。这非常有意义，因为这是官方将"Gmail as a plat-form"（Gmail 平台）开放出去，允许第三方开发者使用 Gmail 数据来开发应用，而不需要用户名和密码。本节不讨论 OAuth 2.0（*http://bit.ly/2GoT1Pl*）的工作细节（参见附录 B 中对 OAuth 的概述），相反，我们只是访问 Gmail 数据，这只需要简单的几步：

1. 使用 Google Developer Console（*http://bit.ly/2ImRDZM*）创建或选择项目。打开 Gmail API。

2. 选择"Credentials"选项卡，单击"Create credentials"，然后选择"OAuth client ID"。

3. 选择其他应用程序类型，输入名称"Gmail API Quickstart"，然后单击"Create"按钮。

4. 单击"OK"关闭结果对话框。

5. 单击新创建的凭据旁边的文件下载按钮，下载包含它们的 JSON 文件。

6. 将下载的 JSON 文件移动到工作目录并将其重命名为 *client_secret.json*。

接下来需要安装 Google 客户端库，用 pip 来完成上述操作是很容易的：

```
pip install --upgrade google-api-python-client
```

Google 客户端库的安装页（*http://bit.ly/2EcUP7P*）中包含辅助安装说明可供阅读。当安装了 Python API 并在本地保存了用户凭证，你就可以编写访问 Gmail API 的代码了。示例 7-14 中的代码取自连接 Gmail 的 Python 快速入门（*http://bit.ly/2GNhSvy*）指南。它被保存到一个名为 *quickstart.py* 的文件中。如果同一个工作目录中存在 *client_secrets.json* 文件，它将成功执行，启动一个 Web 浏览器，要求登录到你的 Gmail 账户，并允许读取你的邮件。示例中的代码将你的 Gmail 标签（你已经创建的标签）打印到屏幕上。

示例 7-14：通过 OAuth 连接 Gmail

```python
import httplib2
import os

from apiclient import discovery
from oauth2client import client
from oauth2client import tools
from oauth2client.file import Storage

try:
    import argparse
    flags = argparse.ArgumentParser(parents=[tools.argparser]).parse_args()
except ImportError:
    flags = None

# If modifying these scopes, delete your previously saved credentials
# at ~/.credentials/gmail-python-quickstart.json
SCOPES = 'https://www.googleapis.com/auth/gmail.readonly'
CLIENT_SECRET_FILE = 'client_secret.json'
APPLICATION_NAME = 'Gmail API Python Quickstart'


def get_credentials():
    """Gets valid user credentials from storage.

    If nothing has been stored, or if the stored credentials are invalid,
    the OAuth2 flow is completed to obtain the new credentials.

    Returns:
        Credentials, the obtained credential.
    """
    home_dir = os.path.expanduser('~')
    credential_dir = os.path.join(home_dir, '.credentials')
    if not os.path.exists(credential_dir):
        os.makedirs(credential_dir)
    credential_path = os.path.join(credential_dir,
                                   'gmail-python-quickstart.json')

    store = Storage(credential_path)
    credentials = store.get()
    if not credentials or credentials.invalid:
        flow = client.flow_from_clientsecrets(CLIENT_SECRET_FILE, SCOPES)
        flow.user_agent = APPLICATION_NAME
        if flags:
            credentials = tools.run_flow(flow, store, flags)
        else: # Needed only for compatibility with Python 2.6
            credentials = tools.run(flow, store)
        print('Storing credentials to ' + credential_path)
    return credentials

def main():
    """Shows basic usage of the Gmail API.

    Creates a Gmail API service object and outputs a list of label names
```

```
    of the user's Gmail account.
    """
    credentials = get_credentials()
    http = credentials.authorize(httplib2.Http())
    service = discovery.build('gmail', 'v1', http=http)

    results = service.users().labels().list(userId='me').execute()
    labels = results.get('labels', [])

    if not labels:
        print('No labels found.')
    else:
      print('Labels:')
      for label in labels:
        print(label['name'])


if __name__ == '__main__':
    main()
```

示例 7-14 将是你构建访问 Gmail 收件箱的更高级应用程序的开始。当你可以通过程序访问你的邮箱，下一步就是获取解析邮件数据。我们将遵循与本章前面相同的标准格式化数据并导出，这样你所有的脚本和工具都能在 Enron 语料库和自己的邮件数据中使用了!

7.4.2 获取和解析邮件

IMAP 协议比较复杂，但好消息是，如果只是查找和获取邮件，那么你并不需要了解过多的细节。另外，遵循 imaplib 的示例可以在线获得 (*http://bit.ly/1a1nJDG*)。

然而，在 Gmail 示例的基础上，你可以使用 OAuth 查询收件箱中的邮件，并提取与特定搜索词相匹配的邮件。示例 7-15 建立在示例 7-14 的基础上，并假定你已经完成了在 Google Developer Console 上对项目的设置步骤并激活了 Gmail API。

假设你想要搜索包含术语 " Alaska" 的邮件，示例 7-15 中的代码最多返回 10 个匹配结果 (你可以通过更改 max_results 变量来改变搜索结果的返回上限值)。然后，for 循环检索每个搜索结果的消息 ID 并获取与该 ID 对应的邮件。

示例 7-15：查询 Gmail 收件箱并打印邮件内容

```
import httplib2
import os

from apiclient import discovery
from oauth2client import client
from oauth2client import tools
from oauth2client.file import Storage

# If modifying these scopes, delete your previously saved credentials
# at ~/.credentials/gmail-python-quickstart.json
SCOPES = 'https://www.googleapis.com/auth/gmail.readonly'
```

```
CLIENT_SECRET_FILE = 'client_secret.json'
APPLICATION_NAME = 'Gmail API Python Quickstart'


def get_credentials():
    """Gets valid user credentials from storage.

    If nothing has been stored, or if the stored credentials are invalid,
    the OAuth2 flow is completed to obtain the new credentials.

    Returns:
        Credentials, the obtained credential.
    """
    home_dir = os.path.expanduser('~')
    credential_dir = os.path.join(home_dir, '.credentials')
    if not os.path.exists(credential_dir):
        os.makedirs(credential_dir)
    credential_path = os.path.join(credential_dir,
                                   'gmail-python-quickstart.json')

    store = Storage(credential_path)
    credentials = store.get()
    if not credentials or credentials.invalid:
        flow = client.flow_from_clientsecrets(CLIENT_SECRET_FILE, SCOPES)
        flow.user_agent = APPLICATION_NAME
        if flags:
            credentials = tools.run_flow(flow, store, flags)
        else: # Needed only for compatibility with Python 2.6
            credentials = tools.run(flow, store)
        print('Storing credentials to ' + credential_path)
    return credentials
credentials = get_credentials()
http = credentials.authorize(httplib2.Http())
service = discovery.build('gmail', 'v1', http=http)

results = service.users().labels().list(userId='me').execute()
labels = results.get('labels', [])

if not labels:
    print('No labels found.')
else:
    print('Labels:')
    for label in labels:
        print(label['name'])


query = 'Alaska'
max_results = 10

# Search for Gmail messages containing the query term
results = service.users().messages().list(userId='me', q=query,
            maxResults=max_results).execute()

for result in results['messages']:
    print(result['id'])
    # Retrieve the message itself
    msg = service.users().messages().get(userId='me', id=result['id'],
```

```
        format='minimal').execute()
    print(msg)
```

如果你想用 Gmail 信息做更多的事情，可以阅读相关的 API 文档（*http://bit.ly/2pYRRzy*）。
通过在本章所学到的技术和文档，你应该能够利用这些先进的方法来分析你的 Gmail 收件
箱。当然，根据对 IMAP 访问或 OAuth API 的支持程度，你也可以编写 Python 代码来访
问除 Gmail 之外的其他基于 Web 的邮件服务。

一旦你成功地解析了 Gmail 邮件的正文，还需要一些额外的工作来处理文本，使之能够友
好地展示或者是像第 6 章中的高级 NLP 那样。然而，对于搭配分析等的处理也并不需要
花费过多的功夫。事实上，示例 7-15 的结果可以直接提供给示例 5-9，来从搜索结果中产
生一个搭配列表。很有价值的可视化练习是创建一个图形，根据自定义的指标基于共有的
二元组个数绘制消息之间链接的强度。

7.4.3 Immersion 对电子邮件的可视化模式

分析网页邮箱有几个有用的工具包。近几年出现的一个名为 Immersion（*http://bit.
ly/2q2xUaD*）的可视化工具非常有前景，它是由 MIT 媒体实验室开发的。它承诺对你的收
件箱采取"以人为本"的态度。你可以通过它的平台连接到你的 Gmail、Yahoo！或 MS
Exchange 账户，并根据你邮件中的 To、From、Cc 和时间戳字段来进行数据可视化，显示
你和谁有联系和其他可视化效果。图 7-6 显示了一个示例截图。

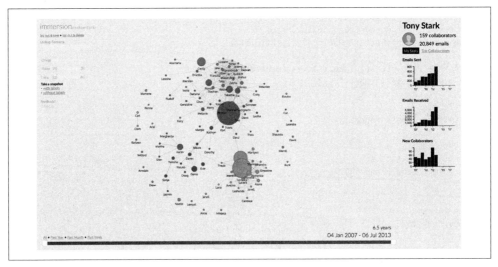

图 7-6：Immersion 邮件可视化工具的演示

你可以使用本章介绍的方法来对这个扩展提供的所有分析举一反三，比如使用 Jupyter
Notebook 中的 Javascript 的可视化库 D3.js 或者 matplotlib 的绘制工具。你的工具箱中有

很多脚本和技术都可以应用在数据域中，不管是对邮箱、网页，还是推文的集合，都可以产生精简的展示结果。你当然可以考虑设计一款综合应用，这样会提供良好的用户体验。为用户进行数据科学和分析的基本构建块已在你的掌握之中。

7.5 本章小结

本章讨论了很多基础知识，以及使用前面章节中介绍的许多工具来完成的综合结果。每一章都是建立在前一章的基础上，尝试讲解关于数据分析的故事，而我们快到书的结尾了。尽管我们只是学习了邮件数据的皮毛，你却可以利用前面章节的知识来探索更多，比如根据你的个人邮件数据探索社交联系和个人生活，这会给数据分析增添许多乐趣。

我们的焦点聚集在 mbox 上，这是一个简单而方便的文件格式。它有很高的可移植性，并能够用很多 Python 工具包来分析。当处理复杂的数据（比如邮件数据）时，你还有希望领会到使用标准的跨平台格式的价值。有很多挖掘 mbox 数据的开源技术，而 Python 是一个从不同角度分析数据的很棒的工具。对这些工具的少量投资将大大有助于你集中精力解决手头的问题。

 本章和其他章节的源代码在 GitHub（*http://bit.ly/Mining-the-Social-Web-3E*）上有方便的 Jupyter Notebook 格式，强烈建议你使用自己的 Web 浏览器去尝试一下。

7.6 推荐练习

- 从 Enron 语料库里选取一些素材分析一下。例如，通过在线阅读资料或者看纪录片来研究一下 Enron 公司的案例，然后选取 10 ～ 15 个感兴趣的邮箱，使用本章介绍的技术看看你能发现什么通信交流模式。

- 用之前章节介绍的方法对邮件内容进行文本分析。你能把他们说的话关联起来吗？与之前章节介绍的信息检索概念比起来，全文索引有什么优势和不足？

- 复习一下用于从邮箱重建邮件会话的有效的启发式算法——电子邮件聚合算法（*http://bit.ly/1a1nQ23*）。一个示例（*http://bit.ly/1a1nQ2e*）实现可以在本书第 1 版的部分（遗留下来的）源代码中找到。

- 使用 SIMILE Timeline（*http://bit.ly/1a1nQz3*）工程对上述邮件聚合算法中的聚合结果进行可视化。这个绘制邮件时间轴的示例（*http://bit.ly/2Nnj8W1*）只是一个简单的开始，查阅文档，看看如何改进。

- 在 Google Scholar 上对"Enron"（*http://bit.ly/1a1nR6c*）进行搜索，阅读并学习大量

的相关文献。这些文献会对你的自身学习有所启发。

- 回顾本书上一版本章（*http://bit.ly/2J9gVMv*）的源代码。使用 MongoDb（*https://www.mongodb.com/*）代替 pandas 对 Enron 语料库进行索引和搜索。pymongo（*http://bit.ly/2uBdISn*）库可方便地实现连接 MongoDb 数据库的接口。对比使用成熟的数据库与 pandas DataFrame 之间的优缺点。

- 据天体物理学家和数据科学家 Justin Ellis 的博文（*http://bit.ly/2Iimsiq*）显示，他决定用 pandas 来分析自己的 Gmail 数据。如果你有大量的邮件存储在 Gmail 中，你是否能再现一些与博文中相同的数据可视化结果？

- 尝试编写 Python 代码来访问你的邮件。并对你的邮件进行统计：你发送和接收的邮件在什么时间最多？一周中收发邮件最忙的一天是哪天？或者，更难些的问题是：你能否确定哪些类型的邮件最有可能收到回复？尝试对发送的不同长度的邮件或一天中不同时间发送的邮件进行对比。

7.7 在线资源

下面是本章的链接清单，对于复习本章内容可能会很有帮助：

- 下载你的 Google 数据（*https://takeout.google.com*）。

- 可下载的 Enron 语料库（*http://bit.ly/1a1nmsU*）。

- Enron 语料库（*http://bit.ly/1a1nj01*）。

- Enron 邮件语料库和数据库（公共域）（*http://www.enron-mail.com*）。

- Enron 丑闻（*http://bit.ly/1a1nuZo*）。

- Google Scholar 上的 Enron 的白皮书（*http://bit.ly/1a1nR6c*）。

- getmail（*http://bit.ly/1a1nKaL*）。

- Git for Windows（*http://bit.ly/2Hiaox1*）。

- Immersion：以人为本的电子邮件生活（*http://bit.ly/2q2xUaD*）。

- JWZ 邮件聚合算法（*http://bit.ly/1a1nQ23*）。

- MIME 类型（*http://bit.ly/2Qzxftu*）。

- SIMILE Timeline 的在线展示（*http://bit.ly/1a1nOr1*）。

- "Personal Analytics Part 1：Gmail"（*http://bit.ly/2Iimsiq*）。

- SIMILE Timeline（*http://bit.ly/1a1nQz3*）。

- 使用 OAuth 2.0 访问 Google APIs（*http://bit.ly/2GoT1Pl*）。

第 8 章

挖掘 GitHub：检查软件协同习惯、构建兴趣图谱等

GitHub 近年来演化为极其重要的社交编程平台，这是很容易理解的，它能够为开发者提供优秀的主机解决方案。该方案用来建立和维护开源软件项目，其中这些项目使用叫作 Git（*http://bit.ly/16mhOep*）的开源分布式版本控制（*http://bit.ly/1a1o1u8*）系统。不像其他的版本控制系统（比如 CVS（*http://bit.ly/1a1nZCl*）或者 Subversion（*http://bit.ly/2GZy78S*）），Git 本身并不需要像传统方式那样复制代码库。所有的副本都是工作副本（working copy），开发者可以在工作副本上提交本地的变化，而不需要连接中央服务器。

分布式版本控制模式在 GitHub 的社交概念编程中表现得尤其好，因为当开发者对一个工程的改造感兴趣时，GitHub 允许开发者派生（fork）资源库的工作副本，这样就可以立即开始对代码进行改造了，就和代码的原始拥有者的工作方式一模一样。Git 不止记录了允许资源库任意被派生的语义信息，同时也使合并派生的子资源库和父资源库的变更相对容易。通过 GitHub 用户接口，这个工作流程被称为拉取请求（pull request）。

虽然这个概念看似简单，但开发者在开销很小的工作流程中建立项目并共同协作的能力改善了许多琐碎的细节，这些细节阻碍了开源发展中的创新（一旦你理解一些 Git 工作原理的基本细节），包括超越了数据可视化和与其他系统的协作能力的一些便利。换句话说，把 GitHub 想象为开源软件开发的使用者。同样，数十年来，开发者在编程项目上都有合作，而像 GitHub 这样的主机平台促进了合作，并且采用前所未有的方式进行了创新。它将建立项目、共享源代码、维护反馈、追踪问题、接受更新和 bug 修复的补丁等都变得简单了许多。近年来，GitHub 越来越面向"无开发者"（*http://bit.ly/1a1o2OZ*），从而成为最炙手可热的主流协作社交平台之一。

为了更加清楚地说明，本章并不提供使用 Git 或者 GitHub 这个分布式版本控制系统的教

程，也不会讨论任何层面的 Git 软件架构。（可以查看许多出色的 Git 在线参考资料，比如 gitscm.com（*http://bit.ly/1a1o2hZ*）来获取这类内容。）本章尝试教你探索 GitHub 的 API 来挖掘软件开发的社交协作模式。

在 GitHub（*http://bit.ly/Mining-the-Social-Web-3E*）上可以找到本章（及所有其他章节）最新修订 bug 的源代码。同时也要利用好本书的虚拟机体验，如附录 A 中描述的，来尽可能地享用示例代码。

8.1 概述

本章提供了对 GitHub 这个社交编程平台的介绍以及使用 NetworkX 对图的分析。在本章中，你会学到如何通过建立数据的图模型利用 GitHub 丰富的数据，这在很多方面都很有用。特别地，我们会将 GitHub 用户、资源库和编程语言的关系视为兴趣图谱（interest graph）（*http://bit.ly/1a1o3Cu*），这是一种表达节点和图中的关联的方法，主要来自人以及人感兴趣的事物。这些年，黑客、企业家、网络专家对 Web 的未来是否基于兴趣图谱的某些概念进行了很多讨论，所以现在正是加入图谱的快车，了解和学习图谱知识的好时机。

总的来说，本章和前面章节的模式相同，将会涵盖以下内容：

- GitHub 开发者平台和如何发起 API 请求。

- 图模式和如何使用 NetworkX 对属性图建模。

- 兴趣图谱的概念和如何用 GitHub 数据建立兴趣图谱。

- 使用 NetworkX 请求属性图。

- 图中心度算法，包括点度中心度（degree centrality）、中介中心度（betweenness centrality）和接近中心度（closeness centrality）。

8.2 探索 GitHub 的 API

正如本书中其他社交网站的属性特征一样，GitHub 的开发者网站（*http://bit.ly/1a1o49k*）提供了其 API 的丰富文档，说明了使用这些 API、示例代码等的服务条件。尽管 API 非常丰富，但我们只会关注一小部分 API 调用，这是我们为建立兴趣图谱采集数据所需要的，与软件开发者、项目、编程语言还有软件开发的其他方面紧密相连。API 或多或少地提供了你在建立丰富的用户体验（比如 *github.com*（*http://bit.ly/1a1kFHM*）本身）时需要的东西，并且你能用这些 API 开发很多优秀且能盈利的应用。

GitHub 最基本的是用户和项目。在阅读这一页时，你可能已经拉取过本书 GitHub 项目页（*http://bit.ly/Mining-the-Social-Web-3E*）中的源代码，所以我们假设你至少已经访问过一部分 GitHub 项目页并到处浏览过，你已经对 GitHub 提供的东西有了基本的了解。

GitHub 用户会有公开的资料，通常包括一个或多个资源库，可以是自己建立的，也可以是派生别的用户的资源库得到的。比如，GitHub 用户 ptwobrussell（*http://bit.ly/1a1o4GC*）有很多 GitHub 资源库，一个叫作 Mining-the-Social-Web（*http://bit.ly/1a1o6Ow*），还有一个叫作 Mining-the-Social-Web-2nd-Edition（*http://bit.ly/1a1kNqy*）。ptwobrussell 也为开发目的派生了一些资源库来获取特定代码的快照，这些被派生的项目也在他的公开资料中显示出来了。

GitHub 很强大的地方是 ptwobrussell 可以免费地对那些派生的项目进行随心所欲的改造（遵循那些软件的许可），其他任何用户也可以对派生的项目做同样的事情。当用户派生了一个代码资源库时，他可以有效地拥有同样的工作副本并在该副本上加以改造，可以彻底地查看所有代码并建立长久的与原始项目的派生关系，甚至可以永远不和原始父资源库合并。尽管大多数派生来的项目从未进一步加入派生者自己的工作，但对于源代码管理来说，建立派生需要的工作量是微不足道的。派生的项目或者短暂地通过拉取请求合并到父代码，或者变成长期的独立项目，已经和自己的社区完全脱离了。在 GitHub 上，阻碍你为开源软件做贡献的障碍是非常小的。

除了在 GitHub 上派生项目，用户还可以收藏（bookmark）项目或给项目加星（star），并成为这个项目的观星人（stargazer）。收藏项目和收藏网页或者推文一样重要。你对这个项目很感兴趣，这个项目就会出现在你的 GitHub 收藏列表中以供快速访问。你可能会注意到的是，收藏项目的人比派生项目的人要多得多。在超过十年的网络冲浪时代，收藏是一个简单又容易理解的概念，尽管派生代码代表你可能想修改或在某种程度上对代码做贡献。在本章剩余的部分，我们主要关注使用项目的观星人列表作为建立兴趣图谱的基础。

8.2.1 建立 GitHub API 连接

和其他社交网络的属性一样，GitHub 实现了 OAuth，获得 API 访问的步骤包括建立账户，使用下面两种方式：建立一个应用作为 API 的用户，或者建立"个人"访问令牌，这会直接关联到你的账户。在本章中，我们选择使用个人访问令牌，这和在你的账户的应用程序（*http://bit.ly/1a1o7lw*）菜单中的个人访问 API 令牌项中单击一个按钮一样简单，如图 8-1 所示。(参见附录 B 来获取更多的 OAuth 知识。)

在程序中获得访问令牌而不是使用 GitHub 的用户界面来创建的方法在图 8-1 中有所展现，是 GitHub 的帮助页中"创建一个个人访问令牌供命令行使用"（Creating a personal access token for the commandline）（*http://bit.ly/1a1o7lG*）的改编。(如果你没有好好利用本书附录

A 中的虚拟机体验，你将需要在运行这个例子之前，在终端输入 **pip install requests**命令。)

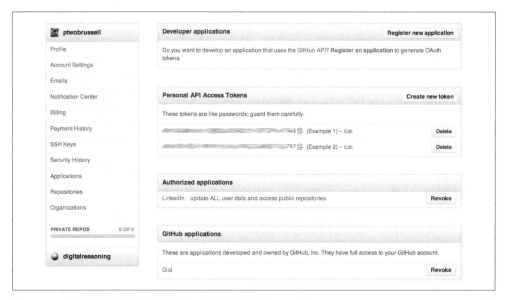

图 8-1：在你账户的应用程序菜单中创建个人访问 API 令牌（Personal API Access Token）并使用有意义的注释，这样你就能记住它的目的

示例 8-1：在程序中获得访问 GitHub API 的个人 API 访问令牌

```
import requests
import json

username = '' # Your GitHub username
password = '' # Your GitHub password

# Note that credentials will be transmitted over a secure SSL connection
url = 'https://api.github.com/authorizations'
note = 'Mining the Social Web - Mining Github'
post_data = {'scopes':['repo'],'note': note }

response = requests.post(
    url,
    auth = (username, password),
    data = json.dumps(post_data),
    )

print("API response:", response.text)
print()
print("Your OAuth token is", response.json()['token'])

# Go to https://github.com/settings/tokens to revoke this token
```

和许多其他的社交网络属性一样，GitHub API 是建立在 HTTP 协议之上的，并且可以使用

任何能够发出 HTTP 请求的编程语言来访问，包括终端的命令行工具。遵循前面章节的先例，我们选择利用 Python 库，这样就能避免一些烦琐的工作，比如构造请求、解析返回结果、处理页码标注等。在这个例子中，我们将使用 PyGithub（*http://bit.ly/1a1o7Ca*），可以毫无悬念地通过 `pip install PyGithub` 命令来安装。我们将以一些构造 GitHub API 请求的例子开始，然后过渡到图模型。

让我们以 Mining-the-Social-Web（*http://bit.ly/1a1o6Ow*）GitHub 资源库的兴趣图谱为切入点，建立它和其他观星人的联系。使用显示观星人 API（*http://bit.ly/1a1o9dd*）可以获得资源库的观星人列表。你可以尝试复制并粘贴下面的 URL 到你的浏览器中，通过这个 API 请求来了解返回类型是什么样的：*https://api.github.com/repos/ptwobrussell/Mining-the-Social-Web/stargazers*。

尽管你已在阅读本书第 3 版，但撰写这部分的时候我沿用了第 1 版的源代码资源库，它已经被验证很多次了。分析任何源代码资源库，包括本书第 2 版或第 3 版的源代码资源库，都很容易完成，只需要像示例 8-3 中介绍的那样，对原始工程的名字进行更改即可。

正如你在 API 中看到的那样，用这种方式发起一个未授权的请求非常方便，每小时 60 个未授权请求的数量限制对于探索来说足够了。你可以追加一个表单的查询字符串 `?access_token=xxx`，其中 xxx 是你的访问令牌，这样这个请求就是授权的方式了。GitHub 的授权数量限制是每小时 5000 个请求，正如访问速率上限限制（rate limiting）的开发者文档（*http://bit.ly/1a1oblo*）中描述的那样。示例 8-2 展示了一个请求和响应的例子。（记住这只是请求了结果的第一页，正如在分页的开发者文档（*http://bit.ly/1a1o9Ki*）中描述的那样，导航结果页的元数据信息被包含在 HTTP 头中。）

示例 8-2：对 GitHub 的 API 建立直接的 HTTP 请求

```
import json
import requests

# An unauthenticated request that doesn't contain an ?access_token=xxx query string
url = "https://api.github.com/repos/ptwobrussell/Mining-the-Social-Web/stargazers"
response = requests.get(url)

# Display one stargazer
print(json.dumps(response.json()[0], indent=1))
print()

# Display headers
for (k,v) in response.headers.items():
    print(k, "=>", v)
```

示例代码输出如下：

```
{
  "login": "rdempsey",
  "id": 224,
  "avatar_url": "https://avatars2.githubusercontent.com/u/224?v=4",
  "gravatar_id": "",
  "url": "https://api.github.com/users/rdempsey",
  "html_url": "https://github.com/rdempsey",
  "followers_url": "https://api.github.com/users/rdempsey/followers",
  "following_url": "https://api.github.com/users/rdempsey/following{/other_user}",
  "gists_url": "https://api.github.com/users/rdempsey/gists{/gist_id}",
  "starred_url": "https://api.github.com/users/rdempsey/starred{/owner}{/repo}",
  "subscriptions_url": "https://api.github.com/users/rdempsey/subscriptions",
  "organizations_url": "https://api.github.com/users/rdempsey/orgs",
  "repos_url": "https://api.github.com/users/rdempsey/repos",
  "events_url": "https://api.github.com/users/rdempsey/events{/privacy}",
  "received_events_url": "https://api.github.com/users/rdempsey/received_events",
  "type": "User",
  "site_admin": false
}
```

```
Server => GitHub.com
Date => Fri, 06 Apr 2018 18:41:57 GMT
Content-Type => application/json; charset=utf-8
Transfer-Encoding => chunked
Status => 200 OK
X-RateLimit-Limit => 60
X-RateLimit-Remaining => 55
X-RateLimit-Reset => 1523042441
Cache-Control => public, max-age=60, s-maxage=60
Vary => Accept
ETag => W/"b43b2c639758a6849c9f3f5873209038"
X-GitHub-Media-Type => github.v3; format=json
Link => <https://api.github.com/repositories/1040700/stargazers?page=2>;
rel="next", <https://api.github.com/repositories/1040700/stargazers?page=39>;
rel="last"
Access-Control-Expose-Headers => ETag, Link, Retry-After, X-GitHub-OTP,
X-RateLimit-Limit, X-RateLimit-Remaining, X-RateLimit-Reset,
X-OAuth-Scopes, X-Accepted-OAuth-Scopes, X-Poll-Interval
Access-Control-Allow-Origin => *
Strict-Transport-Security => max-age=31536000; includeSubdomains; preload
X-Frame-Options => deny
X-Content-Type-Options => nosniff
X-XSS-Protection => 1; mode=block
Referrer-Policy => origin-when-cross-origin, strict-origin-when-cross-origin
Content-Security-Policy => default-src 'none'
X-Runtime-rack => 0.057438
Content-Encoding => gzip
X-GitHub-Request-Id => ADE2:10F6:8EC26:1417ED:5AC7BF75
```

正如你看到的那样，很多 GitHub 返回给我们的有用信息并不是在 HTTP 返回的正文中显示，而是像开发者文档中列出的那样在 HTTP 头中显示的。你应该了解不同的头表达的意思是什么，不过很少一部分包含 status 头，它能告诉我们请求返回的是 200 状态码，即 OK 状态；包含数量限制的头，比如 x-ratelimit-remaining；还有 link 头，包含了像下面这样的值：

```
https://api.github.com/repositories/1040700/stargazers?page=2; rel="next",
https://api.github.com/repositories/1040700/stargazers?page=29; rel="last"
```

链接头的值给了我们改造后的 URL，可以用来获得下一页的结果和结果的总页数。

8.2.2 建立 GitHub API 请求

尽管使用像 `requests` 这样的库并通过解析建立请求都不复杂，但像 PyGithub 这样的库会使处理 GitHub API 的实现细节变得简单，使我们能使用纯净的 Python API。更好的是，如果 GitHub 变更了 API 的实现，我们仍然可以使用 PyGithub 且代码不会有任何问题。

在使用 PyGithub 建立请求之前，应该花些时间查看响应的内容。它包含了丰富的信息，而我们最感兴趣的域是 `login`，这是 GitHub 中正在注视（stargaze）自己感兴趣库的用户的用户名。这个信息是发起许多其他对 GitHub API（例如"被加星的库列表"（*http://bit.ly/1a1oc8X*），一个返回用户加星过的所有库列表的 API）的请求的基础。这是很关键的，因为在我们给任意一个库加星并请求获得感兴趣的用户列表之后，我们就可以查询那些用户来获得额外的感兴趣的库，并很可能有新发现。

比如，了解所有收藏了 Mining-the-Social-Web 的用户中被最多收藏的库不是很有趣吗？问题的答案或许是 GitHub 用户所希望得到智能推荐的基础，想象不同智能推荐的领域也不困难，这会（并且经常会）提高用户体验，像 Amazon 和 Netflix 一样。作为核心，兴趣图谱本身就能做智能推荐，这也是近年来兴趣图谱成为关注焦点的原因之一。

示例 8-3 提供使用 PyGithub 来获取某个库的所有观星人的例子，并为兴趣图谱打下基础。

示例 8-3：使用 PyGithub 来请求特定库的观星人

```python
from github import Github # pip install pygithub

# Specify your own access token here

ACCESS_TOKEN = ''
# Specify a username and a repository of interest for that user

USER = 'ptwobrussell'
REPO = 'Mining-the-Social-Web'
#REPO = 'Mining-the-Social-Web-2nd-Edition'

client = Github(ACCESS_TOKEN, per_page=100)
user = client.get_user(USER)
repo = user.get_repo(REPO)

# Get a list of people who have bookmarked the repo.
# Since you'll get a lazy iterator back, you have to traverse
# it if you want to get the total number of stargazers.

stargazers = [ s for s in repo.get_stargazers() ]
```

```
print("Number of stargazers", len(stargazers))
```

在后台，PyGithub 照顾到了 API 的实现细节，并且为查询操作提供了方便的对象。在这种情况下，我们同 GitHub 建立连接，使用 per_page 关键字参数来说明我们想收到的结果的最大值（100）而不是每页返回的数据默认值（30）。然后，我们获得特定用户的资源库并查询该库的观星人。可能用户的资源库会拥有相同的名称，所以通过名称来查询并不是一个好方法。因为用户名和资源库名可能重复，所以在使用 GitHub 的 API 时，如果你使用名称作为标识的话，你需要格外注意你所使用的对象的类型。在建立图时我们也会考虑到这个问题，因为也需要指明节点的名称是用户名还是资源库名。

最后，PyGithub 通常提供"延迟迭代"(lazy iterator) 作为结果，这里说明了当请求发起后，它并没有立即尝试获取所有的 29 页结果。相反，当迭代检索该页之前的数据时，它会一直等待，直到这个特定页发起请求。因此，如果想要借助 API 获得观星人的真实数目，我们需要使用列表解析来充分利用延迟迭代进行计算。

PyGithub 的文档（*http://bit.ly/2qaoCtT*）非常有用，它的 API 模仿了 GitHub 的 API，你会经常使用它的 pydoc（比如通过 Python 解释器中的 dir 和 help 函数）。另外，IPython 或 Jupyter Notebook 中的制表补全和"问号魔法"功能跟你在搞清楚哪些方法在调用哪些对象时可用的情况是一样的。花些时间在 GitHub API 和 PyGithub 上是很值得的，会让你在深入研究前熟悉更多的功能。为了测试你掌握的技能，你能迭代 Mining-the-Social-Web 的观星人（或一些子集）并做一些基础的频率分析来找到哪些其他的资源库有着相似的兴趣吗？你可能会找到 Python 的 collections.Counter 或 NLTK 的 nltk.FreqDist 来方便地计算频率数据。

8.3 使用属性图为数据建模

你可能想到了第 2 章中介绍的图，用来展示、分析并可视化 Facebook 的社交网站数据。这一节提供了更加全面的讨论，对图计算来说也是很有用的指南。尽管不易察觉，但是图对于真实世界很多现象的建模是一种很自然的抽象，所以图计算发展非常迅猛。图在数据表示上非常灵活，和其他方法（比如关系型数据库）相比，在数据实验和分析上有很大的优势。以图为中心的分析当然不是万能的，但学习如何使用图结构来对数据建模是很有用的。

 对图论的介绍超出了本章的范围，这里的讨论只是对一些关键概念的简单介绍。如果在继续之前想积累一些背景知识，你可以通过观看一个简短的 YouTube 视频"Graph Theory—An Introduction！"(*http://bit.ly/1a1odto*) 来了解。

本节剩下的内容主要介绍属性图，目的是使用 Python 包 NetworkX（*http://bit.ly/1a1ocFV*）

对 GitHub 数据建模出兴趣图谱。属性图是一种数据结构，通过节点表示实体，通过边表示实体间的关系。每个顶点都有唯一标识，属性间的映射定义为键值对和边的集合。同样，连接节点的边也是可以唯一识别的，并且包含属性。

图 8-2 展示了平凡属性图的例子，有两个唯一标识为 X 和 Y 的节点，之间有未描述出来的关系。这种图被称作有向图，因为它的边是有方向的。当边的方向性根植于所建模的领域时，上述规则才有破例。

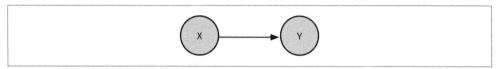

图 8-2：拥有有向边的平凡属性图

NetworkX 中的代码表达的属性图可以像示例 8-4 中那样构造。（如果你没有运用本书的虚拟机知识，你可以使用 **pip install networkx** 命令来安装这个包。）

示例 8-4：构造平凡属性图

```
import networkx as nx # pip install networkx

# Create a directed graph

g = nx.DiGraph()

# Add an edge to the directed graph from X to Y

g.add_edge('X', 'Y')

# Print some statistics about the graph

print(nx.info(g))

# Get the nodes and edges from the graph

print("Nodes:", g.nodes())
print("Edges:", g.edges())
print()

# Get node properties

print("X props:", g.node['X'])
print("Y props:", g.node['Y'])
print()

# Get edge properties

print("X=>Y props:", g['X']['Y'])
print()
```

```
# Update a node property

g.node['X'].update({'prop1' : 'value1'})
print("X props:", g.node['X'])
print()

# Update an edge property

g['X']['Y'].update({'label' : 'label1'})
print("X=>Y props:", g['X']['Y'])
```

本示例的样本输出如下：

```
    Name:
    Type: DiGraph
    Number of nodes: 2
    Number of edges: 1
    Average in degree:    0.5000
    Average out degree:   0.5000

    Nodes: ['Y', 'X']
    Edges: [('X', 'Y')]

    X props: {}
    Y props: {}
    X=>Y props: {}

    X props: {'prop1': 'value1'}

    X=>Y props: {'label': 'label1'}
```

在这个特定的例子中，有向图的 add_edge 方法会从 X 标识的节点到 Y 标识的节点间添加一条边，形成一个有两个节点和一条边的图。这些唯一标识可以通过元组 (X,Y) 来表示，因为它连接的每个节点都是唯一的。注意，添加一条从 Y 到 X 的边算是建立了图中的第二条边，并且这第二条边会包含自己边属性的集合。通常，你不会想添加这第二条边，因为你可以获得一个节点的入边或出边，并有效地在任一方向上遍历边，不过有时包含这条额外的边会更加方便。

图中一个节点的度是与该节点连接的边的个数，而对于有向图来说，由于边是有方向的，所以注意区别入度和出度。平均入度和平均出度的值为图提供了归一化的分数，代表了有入边和出边的节点的数量。在上述情况下，这个有向图只有一条有向边，所以有一个节点拥有一条出边，另一个节点拥有一条入边。

节点的入度和出度是图论的基础概念。假设你知道图中的顶点个数，平均度可以以度量图的密度：实际边的个数除以全连通图的边的个数。在全连通图中，每个节点和所有其他节点相连接，如果是有向图的话，代表每个节点都有来自所有其他节点的入边。

通过对每个节点的入度求和，再除以图中节点的总数（示例 8-4 中是 1 除以 2），就能够计算出图的平均入度。平均出度的计算方法也是这样，只不过是对每个节点的出度求和。有向图中，入边和出边的个数总是相同的，因为每条边只连接两个节点[注1]，并且平均入度和平均出度也是相同的。

通常情况下，一个图中的平均入度和出度的最大值会比节点的个数少1。想想如何证明它，可以通过考虑一个全连通图中边的个数来入手。

在下一节中，我们会使用同样的属性图原语来构造兴趣图谱，并且会展示处理真实数据所需要的方法。首先，花些时间向图中添加节点、边以及属性。如果你是第一次接触图并且想获得额外的指南，NetworkX 文档（*http://bit.ly/1a1ocFV*）提供了有用的介绍性示例。

大型图数据库的崛起

本章介绍了属性图——一种能够用于建模有节点和边的复杂网络的数据结构。我们会基于直觉根据灵活的图模式来对数据建模，对于某个狭小的专一领域，这种程序化的方法通常就足够了。在本章剩余部分我们会看到，属性图对建模并查询复杂数据的灵活性和多样性都是很好的。

NetworkX，这种本书一直使用的基于 Python 的图工具，提供了强大的工具箱来对属性图建模。请注意，NetworkX 是一种内存中的图数据库。对你做的工作的限制是和你机器上运行时消耗的内存多少成比例的。在很多情况下，你可以通过限制领域来使用数据的子集，或者使用运行内存更大的机器来避免这些限制。现在"大数据"的情况越来越多，它的新兴生态系统包括 Hadoop 和 NoSQL 数据库。不管怎样，内存中的图并不能简单地说是一种解决方案。

8.4 分析 GitHub 兴趣图谱

现在有了查询 GitHub 的 API 和对数据建模为图的技能，我们可以开始测试并创建和分析兴趣图谱了。我们将从能够代表一组 GitHub 用户的共同兴趣的库开始，使用 GitHub 的 API 来找到该库的观星人。从这里开始，我们会使用其他的 API 来对 GitHub 用户的社交关系进行建模，包括彼此关注的 GitHub 用户之间的磨合，以及他们之间可能分享的兴趣之间的磨合。

我们也会学习一些分析图的基本技术，叫作中心度度量（centrality measure）。尽管一个图的可视化界面非常有用，但许多图过大或者过于复杂，以至于无法进行有效的可视化查

注1：更抽象些的图叫作超图（hypergraph）（*http://bit.ly/1a1ocWm*），它包含可以连接任意数量的顶点的超边（hyperedge）。

看，这样中心度度量在网络结构的分析性度量方面很有帮助。(但不用担心，在本章结束之前，我们仍然会对图进行可视化。)

8.4.1 初始化一个兴趣图谱

回想一下，兴趣图谱和社交图谱 (*http://bit.ly/1a1ofl4*) 并不是一回事。尽管社交图谱的主要焦点是展现人与人间的联系，但它通常需要参与的当事人的相互关系。兴趣图谱使用单向的边来连接人和兴趣。虽然它们两个并不是完全脱离的概念，但不要混淆 GitHub 用户关注另一个 GitHub 用户的社交联系——它是"对 XX 感兴趣"的联系，因为其中并没有相互接受的标准。

 Facebook 是一个可以称为社交兴趣图谱的杂交图的经典例子。它起初是基于社交图谱概念的技术平台，但"赞"按钮的加入使之进入了称为社交兴趣图谱的混合领域。它清楚地展示了人与人之间的关系，以及人与他们感兴趣的事物之间的关系。Twitter 一直被认为是一种兴趣图谱，它有不对称的"关注"模型，这可以被解释为人和他们感兴趣的事物 (可以是其他人) 的关系。

示例 8-5 和示例 8-6 介绍了构建初始的用户和资源库的"注视"关系的代码示例，展示了如何研究出现的图结构。初始建立的图可以被称为自我图 (ego graph)，因为它有一个中心点 (自我)，这是大多数 (在这种情况下是全部) 边的基础。自我图有时称作"轴辐式图"或者"星图"，因为它很像一个有散发轮辐的轮轴，也很像视觉中呈现的星星。

从图模式的立场上来看，正如图 8-3 展示的那样，图包含了两种节点和一种边。

 我们会从图 8-3 中的图模式开始，并在本章的剩余部分中对它进行修改以让它进化。

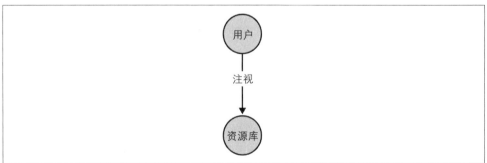

图 8-3：包含对资源库感兴趣的 GitHub 用户的图模式的基础

在数据建模中，有一个细微却重要的限制，那就是要避免命名冲突：用户名和资源库名会（并且经常会）相互冲突。比如，也许有一个 GitHub 用户名为" ptwobrussell"，还可能有许多资源库的名称也是" ptwobrussell"。回想一下，add_edge 方法使用传入的前两个参数作为唯一标识，我们可以添加"(user)"或者"(repo)"来保证所有图中的节点都是唯一的。对于使用 NetworkX 建模来说，为节点添加类型说明的方法通常可以解决这个问题。

同样，不同用户的资源库也许有相同的名字，不管他们是派生自相同的还是完全不同的代码库。不过目前我们还不必关心这个细节，但一旦我们开始添加其他 GitHub 用户注视的资源库时，这种命名冲突的概率就会提高。

允许这种冲突或者实现一种避免该冲突的构建图的策略是设计时要考虑的，并且要考虑到特定的结果。比如，不同人派生的同一个资源库最好在图中使用一个节点来表示，而不是表现为不同的资源库，但你肯定也不想让名称相同的不同项目使用同一个节点。

 鉴于该问题范围是有限的，并且它本来是针对一个特定的资源库的，所以我们选择避开命名二义性引入的复杂性问题。

有了这些，我们可以看一下示例 8-5，它建立了一个资源库和观星人的自我图。示例 8-6 介绍了一些很有用的对图的操作。

示例 8-5：建立一个资源库和观星人的自我图

```
# Expand the initial graph with (interest) edges pointing in each direction for
# additional people interested. Take care to ensure that user and repo nodes
# do not collide by appending their type.

import networkx as nx

g = nx.DiGraph()
g.add_node(repo.name + '(repo)', type='repo', lang=repo.language, owner=user.login)

for sg in stargazers:
    g.add_node(sg.login + '(user)', type='user')
    g.add_edge(sg.login + '(user)', repo.name + '(repo)', type='gazes')
```

示例 8-6：一些方便的图操作

```
# Poke around in the current graph to get a better feel for how NetworkX works

print(nx.info(g))
print()
print(g.node['Mining-the-Social-Web(repo)'])
print(g.node['ptwobrussell(user)'])
print()
print(g['ptwobrussell(user)']['Mining-the-Social-Web(repo)'])
```

```
# The next line would throw a KeyError since no such edge exists:
# print g['Mining-the-Social-Web(repo)']['ptwobrussell(user)']
print()
print(g['ptwobrussell(user)'])
print(g['Mining-the-Social-Web(repo)'])
print()
print(g.in_edges(['ptwobrussell(user)']))
print(g.out_edges(['ptwobrussell(user)']))
print()
print(g.in_edges(['Mining-the-Social-Web(repo)']))
print(g.out_edges(['Mining-the-Social-Web(repo)']))
```

下面的示例（缩减版）输出展示了基于图操作的一些可用的方法：

```
Name:
Type: DiGraph
Number of nodes: 1117
Number of edges: 1116
Average in degree:   0.9991
Average out degree:   0.9991

{'lang': u'JavaScript', 'owner': u'ptwobrussell', 'type': 'repo'}
{'type': 'user'}

{'type': 'gazes'}

{u'Mining-the-Social-Web(repo)': {'type': 'gazes'}}
{}

[]
[('ptwobrussell(user)', u'Mining-the-Social-Web(repo)')]

[(u'gregmoreno(user)', 'Mining-the-Social-Web(repo)'),
 (u'SathishRaju(user)', 'Mining-the-Social-Web(repo)'),
 ...
]
[]
```

有了初始的兴趣图谱，我们就可以富有创意地决定下一步怎样做才可能是最有趣的。我们目前了解的是，在社交网站数据挖掘中，大约有1116个用户拥有共同的兴趣，正如ptwobrussell的Mining-the-Social-Web项目的注视关系展示的一样。图中边的个数果然比节点的个数少1。原因是观星人和资源库是一一对应的（每个观星人和资源库之间必须有一条边连接）。

如果你还记得平均入度和平均出度产生的归一化值提供了对图的密度的度量，那么0.9991的值应该能证实我们的直觉。我们有1117个代表观星人的节点，每个节点的出度为1，还有一个节点代表资源库，它的入度为1117。换句话说，图中边的个数比节点的个数少1。图中边的密度非常低，因为这个例子中的平均度的最大值是1117。

考虑图的拓扑结构很有用，由于知道了它看起来像是星星，所以可以尝试建立与0.9991这个值之间的联系。我们的图中确实有一个节点和其他所有节点都有联系，但基于这个单节点尝试与大约为 1 的平均度建立联系是不对的。这和对这 1117 个节点使用别的配置来达到 0.9991 的值的方法一样简单。为了支持这个结论，我们还需要考虑一些额外的分析，比如下一节将要介绍的中心度度量。

8.4.2 计算图的中心度度量

中心度度量是图分析的基础，它提供了对图中一个特定节点的相对重要性的分析。考虑下面的中心度度量，能够帮助我们更仔细地检查图以便对网络有更好的理解：

点度中心度

在图中，节点的点度中心度是一个节点的边数。可以将中心度度量看作一种为节点上的边的频率制表的方式，目的是提供统一度量、找到有最多或最少的关联边（incident edge）的节点或者基于连接个数找到网络拓扑本质的模式。节点的点度中心度对分析节点在网络中的作用很有用，不过这只是一个方面，它还可以识别和图中其他节点的联系中的极值和异常，这是一个很好的开端。我们还能从先前的结论中得到，平均点度中心度会告诉我们整个图的密度。NetworkX 提供了 networkx.degree_centrality 方法，它是计算图的点度中心度的内置函数。它会返回一个将每个节点的 ID 映射到它的点度中心度的字典。

中介中心度

节点的中介中心度是节点连接其他图中节点的中心度度量，也就是说，处于其他节点之间。你或许将中介中心度理解为一个节点作为中介或途径来连接其他节点的关键程度。尽管不经常发生，但移除中介中心度高的节点会干扰图中能量[注2]的流动。有些情况下，移除高中介中心度的节点可以把原图分解为子图。NetworkX 提供了 networkx.betweenness_centrality 方法，它是计算图的中介中心度的内置函数。它会返回一个将每个节点的 ID 映射到它的中介中心度的字典。

接近中心度

接近中心度是一个节点与图中所有其他节点的联系紧密程度的度量。这种中心度度量可以预测图中的最短路径和一个节点与另一个特定节点的紧密程度。接近中心度并不像节点的中介中心度那样能够表达作为中介或途径与其他节点联系的完整程度，它通常在有向的联系中考虑。可以把接近度想象为节点将能量分散给其他节点的能力。NetworkX 提供了 networkx.closeness_centrality 方法，它是计算图的接近中心度的内置函数。它会返回一个将每个节点的 ID 映射到它的接近中心度的字典。

注 2：在当前的讨论中，术语"能量"是用来描述抽象图中的流的。

NetworkX 在它的在线文档中提供了许多强大的中心度度量 (*http://1.usa. gov/2MC1ZGV*)。

图 8-4 展示了 Krackhardt 风筝图 (*http://bit.ly/1a1oixa*),它是一个社交网络中被广泛研究的图。该图展示了本节介绍的不同的中心度度量。它被称为 "风筝图" 的原因是它看起来像一个风筝。

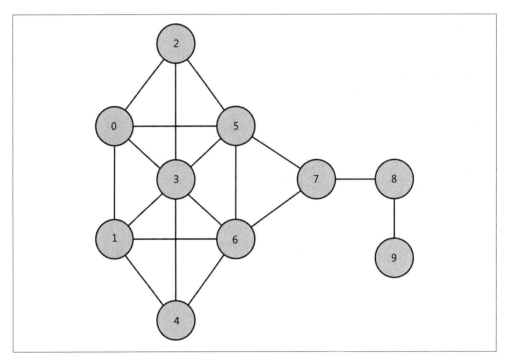

图 8-4:Krackhardt 风筝图用来展示点度中心度、中介中心度和接近中心度度量

示例 8-7 展示了从 NetworkX 中加载图并计算它的中心度度量的代码,在表 8-1 中有所再现。尽管这对计算并没有影响,请注意这个特定的图经常被用作社交网络的参考。正如上面那样,边并不是有向的,因为社交网络中的联系是相互的。在 NetworkX 中,它是 networkx.Graph 的实例,而不是 networkx.DiGraph 的。

示例 8-7:在 Krackhardt 风筝图中计算点度中心度、中介中心度和接近中心度度量

```
from operator import itemgetter
from IPython.display import HTML
from IPython.core.display import display

display(HTML('<img src="resources/ch08-github/kite-graph.png" width="400px">'))
```

```
# The classic Krackhardt kite graph
kkg = nx.generators.small.krackhardt_kite_graph()

print("Degree Centrality")
print(sorted(nx.degree_centrality(kkg).items(),
            key=itemgetter(1), reverse=True))
print()

print("Betweenness Centrality")
print(sorted(nx.betweenness_centrality(kkg).items(),
            key=itemgetter(1), reverse=True))
print()

print("Closeness Centrality")
print(sorted(nx.closeness_centrality(kkg).items(),
            key=itemgetter(1), reverse=True))
```

表 8-1：Krackhardt 风筝图的点度中心度、中介中心度和接近中心度度量（每一列的最大值都用黑体标出了，这样能更方便地和图 8-4 结合来看）

节点	点度中心度	中介中心度	接近中心度
0	0.44	0.02	0.53
1	0.44	0.02	0.53
2	0.33	0.00	0.50
3	**0.67**	0.10	0.60
4	0.33	0	0.50
5	0.55	0.2	**0.64**
6	0.55	0.2	**0.64**
7	0.33	**0.39**	0.60
8	0.22	0.22	0.43
9	0.11	0.00	0.31

在学习下一节之前，不要忘了花些时间学习 Krackhardt 的风筝图和它的中心度度量，在本章的剩余内容中，中心度度量一直是很有用的工具。

8.4.3 为用户添加"关注"边来扩展兴趣图谱

除了加星和派生资源库，GitHub 还有 Twitter 那样的"关注"其他用户的功能。在本节中，我们会使用 GitHub 的 API 向图中添加"关注"关系。基于先前关于 Twitter 兴趣图谱的讨论（比如 1.2 节），添加这种关系是捕捉更多的兴趣关系的基本方式，因为"关注"关系和"感兴趣"关系本质上是一样的。

资源库的拥有者很可能在社区中很受欢迎，因为有很多人注视他的资源库，那还有哪些人很受欢迎呢？这个问题的答案非常重要，并且为未来的分析提供了有用的基础。我们可以通过使用 GitHub 的用户粉丝 API（*http://bit.ly/1a1oixo*）来查询图中每个用户的粉丝，并添加边来展示关注关系。对于我们的图模型来说，这只是向图中增加了新的边，而不需要添加新的节点。

尽管向图中添加所有的关注关系是可行的，但现在我们将分析对象局限在对初始图中的资源库有明确兴趣的用户。示例 8-8 展示了向图中添加关注边的示例代码，图 8-5 描绘了包含关注关系的更新的图。

示例 8-8：通过 "关注" 关系向图中添加新的兴趣边

```
# Add (social) edges from the stargazers' followers. This can take a while
# because of all of the potential API calls to GitHub. The approximate number
# of requests for followers for each iteration of this loop can be calculated as
# math.ceil(sg.get_followers() / 100.0) per the API returning up to 100 items
# at a time.

import sys

for i, sg in enumerate(stargazers):

    # Add "follows" edges between stargazers in the graph if any relationships exist
    try:
        for follower in sg.get_followers():
            if follower.login + '(user)' in g:
                g.add_edge(follower.login + '(user)', sg.login + '(user)',
                           type='follows')
    except Exception as e: #ssl.SSLError
        print("Encountered an error fetching followers for", sg.login,
              "Skipping.", file=sys.stderr)
        print(e, file=sys.stderr)

    print("Processed", i+1, " stargazers. Num nodes/edges in graph",
          g.number_of_nodes(), "/", g.number_of_edges())
    print("Rate limit remaining", client.rate_limiting)
```

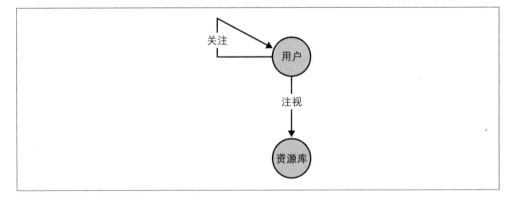

图 8-5：包含 GitHub 中对资源库感兴趣的用户以及其他用户的图模式的示例

GitHub 的授权部分限制每小时最多请求 5000 次，这样如果要超标，每分钟需要请求 80 次以上。考虑到每个请求的一些潜在因素，这么高的频率并不太可能发生，所以本章的代码示例中并不包含对频率限制的处理。

图中有了新添加的兴趣数据，分析数据变得更加有趣了。我们可以通过图中的"关注"入边的个数来计算特定用户的受欢迎程度，如示例 8-9 中展示的那样。这种分析最强大的地方是可以让我们找到在特定兴趣领域中最具影响力的用户。

示例 8-9：探索更新了"关注"边的图

```python
from operator import itemgetter
from collections import Counter

# Let's see how many social edges we added since last time
print(nx.info(g))
print()

# The number of "follows" edges is the difference
print(len([e for e in g.edges_iter(data=True) if e[2]['type'] == 'follows']))
print()

# The repository owner is possibly one of the more popular users in this graph
print(len([e
        for e in g.edges_iter(data=True)
            if e[2]['type'] == 'follows' and e[1] == 'ptwobrussell(user)']))
print()

# Let's examine the number of adjacent edges to each node
print(sorted([n for n in g.degree_iter()], key=itemgetter(1), reverse=True)[:10])
print()

# Consider the ratio of incoming and outgoing edges for a couple of users with
# high node degrees...
# A user who follows many but is not followed back by many

print(len(g.out_edges('mcanthony(user)')))
print(len(g.in_edges('mcanthony(user)')))
print()

# A user who is followed by many but does not follow back

print(len(g.out_edges('ptwobrussell(user)')))
print(len(g.in_edges('ptwobrussell(user)')))
print()

c = Counter([e[1] for e in g.edges_iter(data=True) if e[2]['type'] == 'follows'])
popular_users = [ (u, f) for (u, f) in c.most_common() if f > 1 ]
print("Number of popular users", len(popular_users))
print("Top 10 popular users:", popular_users[:10])
```

由于我们使用 Mining-the-Social-Web 资源库来构成图，所以很可能的假设是对这个话题感兴趣的用户应该对数据挖掘很感兴趣，或者对 Python 编程很感兴趣，因为我们的代码

大部分都是用 Python 写的。正如示例 8-9 那样，我们可以探索出最受欢迎的用户是否对
Python 编程感兴趣。

示例输出如下：

```
Name:
Type: DiGraph
Number of nodes: 1117
Number of edges: 2721
Average in degree:   2.4360
Average out degree:   2.4360

1605

125

[('Mining-the-Social-Web(repo)', 1116),
 ('angusshire(user)', 511),
 ('kennethreitz(user)', 156),
 ('ptwobrussell(user)', 126),
 ('VagrantStory(user)', 106),
 ('beali(user)', 92),
 ('trietptm(user)', 71),
 ('rohithadassanayake(user)', 48),
 ('mcanthony(user)', 37),
 ('daimajia(user)', 36)]

32
5

1
125

Number of popular users 270
Top 10 popular users:
[('kennethreitz(user)', 153),
 ('ptwobrussell(user)', 125),
 ('daimajia(user)', 32),
 ('hammer(user)', 21),
 ('isnowfy(user)', 20),
 ('jakubroztocil(user)', 20),
 ('japerk(user)', 19),
 ('angusshire(user)', 18),
 ('dgryski(user)', 12),
 ('tswicegood(user)', 11)]
```

我们或许可以猜到，资源库的拥有者构建了最原始的兴趣图谱，ptwobrussell（*http://
bit.ly/1a1o4GC*）是图中最受欢迎的用户，不过另一个用户（kennethreitz）的关注者比它
多，有 153 个，另外还有排名前 10 位的一些用户拥有数目较多的关注者。且不说别的，
kennethreitz（*http://bit.ly/1a1ojkT*）是流行的 Python 包 requests 的作者，这个包在整本书
中都有使用。我们也看到了 mcanthony 关注了许多人，但并没有被很多人关注。（稍后我
们会回到这个问题。）

中心度度量的应用

在进行其他的工作之前，我们需要存储一下图的内容，这样就对目前的状态有了稳定的备份，以便将来改进图或者恢复到这个版本，还能对数据进行序列化和分享。示例 8-10 展示了如何保存并使用 NetworkX 的内部方法来存储图。

示例 8-10：获得图的状态的快照（pickling）并存于磁盘中

```
# Save your work by serializing out (pickling) the graph
nx.write_gpickle(g, "resources/ch08-github/data/github.gpickle.1")

# How to restore the graph...
# import networkx as nx
# g = nx.read_gpickle("resources/ch08-github/data/github.gpickle.1")
```

把我们的工作存储于磁盘进行备份之后，现在可以将前面章节的中心度度量应用于图中，并获得结果了。由于我们知道 Mining-the-Social-Web(repo) 是图中的超节点，并且连接着大多数用户（该例中是所有用户），所以为了获得更好的可视化效果，我们将从图中移除这个点。这就只留下了 GitHub 用户和他们之间的"关注"边。示例 8-11 展示了在分析起步时的一些代码。

示例 8-11：将中心度度量应用于兴趣图谱

```
from operator import itemgetter

# Create a copy of the graph so that we can iteratively mutate the copy
# as needed for experimentation

h = g.copy()

# Remove the seed of the interest graph, which is a supernode, in order
# to get a better idea of the network dynamics

h.remove_node('Mining-the-Social-Web(repo)')

# Remove any other nodes that appear to be supernodes.
# Filter any other nodes that you can by threshold
# criteria or heuristics from inspection.

# Display the centrality measures for the top 10 nodes


dc = sorted(nx.degree_centrality(h).items(),
            key=itemgetter(1), reverse=True)

print("Degree Centrality")
print(dc[:10])
print()

bc = sorted(nx.betweenness_centrality(h).items(),
            key=itemgetter(1), reverse=True)
```

```
print("Betweenness Centrality")
print(bc[:10])
print()

print("Closeness Centrality")
cc = sorted(nx.closeness_centrality(h).items(),
            key=itemgetter(1), reverse=True)
print(cc[:10])
```

示例结果如下：

```
Degree Centrality
[('angusshire(user)', 0.45739910313901344),
 ('kennethreitz(user)', 0.13901345291479822),
 ('ptwobrussell(user)', 0.11210762331838565),
 ('VagrantStory(user)', 0.09417040358744394),
 ('beali(user)', 0.08161434977578476),
 ('trietptm(user)', 0.06278026905829596),
 ('rohithadassanayake(user)', 0.042152466367713005),
 ('mcanthony(user)', 0.03228699551569507),
 ('daimajia(user)', 0.03139013452914798),
 ('JT5D(user)', 0.029596412556053813)]

Betweenness Centrality
[('angusshire(user)', 0.012199321617913778),
 ('rohithadassanayake(user)', 0.0024989064307240636),
 ('trietptm(user)', 0.0016462150915044311),
 ('douglas(user)', 0.0014378758725072656),
 ('JT5D(user)', 0.0006630082719888302),
 ('mcanthony(user)', 0.0006042022778087548),
 ('VagrantStory(user)', 0.0005563053609377326),
 ('beali(user)', 0.0005419295788331876),
 ('LawrencePeng(user)', 0.0005133545798221231),
 ('frac(user)', 0.0004898921995636457)]

Closeness Centrality
[('angusshire(user)', 0.45124556968457424),
 ('VagrantStory(user)', 0.2824285214515154),
 ('beali(user)', 0.2801929394875192),
 ('trietptm(user)', 0.2665936169015141),
 ('rohithadassanayake(user)', 0.26460080747284836),
 ('mcanthony(user)', 0.255887045941614),
 ('marctmiller(user)', 0.2522401996811634),
 ('cwz8202(user)', 0.24927963395720612),
 ('uetchy(user)', 0.24792169042592171),
 ('LawrencePeng(user)', 0.24734423307244519)]
```

在我们前面的分析中，不出所料，用户 ptwobrussell 和 kennethreitz 是点度中心度很高的两个。不过另一个用户 angusshire 在所有的中心度度量中都位居第一。这个用户是超节点，拥有大量关注者。如果我们从图中删除该用户，则可能会改变网络的动态性。

另一个观察到的结果是接近中心度和点度中心度比中介中心度要高很多，可以通过其值为 0 看出来。在"关注"关系中，这说明图中并没有用户可以充当有效连接其他用户的中介。可以这么处理，是因为原始图中的是资源库，提供有共同的兴趣。如果做出与示例相反的假设，真的找到一个有效连接其他用户的用户中介，也未必能得到出其不意的结果。兴趣图谱的基础是特定用户，动态性可能会是不同的。

最后，尽管用户 ptwobrussell 和 kennethreitz 都是图中很受欢迎的用户，他们在接近中心度中的排名却不到前 10。反而是一些其他用户有较高的接近中心度排名，这是很有趣的。记住动态性在不同社区中是不一样的。

 对比两个不同社区的网络动态性是很有价值的，比如 Ruby on Rails 社区和 Django 社区。你可能也会尝试对比以 Microsoft 为中心的社区和面向 Linux 的社区。

向兴趣图谱中添加更多的资源库

总而言之，对图中的"关注"边的分析是很有趣的，当我们回顾兴趣图谱的种子时，世界各地吸引不同用户的资源库并不那么令人吃惊。下一步值得做的是通过遍历来努力找到图中每个用户更多的兴趣，然后把它们的加星的资源库添加到图中。添加这些加星的资源库至少会给我们两个有价值的观点：还有什么别的资源库涉及这种以社交网站数据挖掘为基础的社区（在一个较小的程度上，Python），以及在这个社区中什么编程语言比较流行，因为 GitHub 尝试索引资源库并且判定使用了哪种编程语言。

向图中添加资源库和"注视"边的过程只是对我们本章之前工作的简单扩展。GitHub 的"列出被加星的资源库列表"API（*http://bit.ly/1a1oc8X*）让找回某个特定用户加星的资源库列表变得非常容易，并且我们可以在这些结果上遍历并把与之前类型相同的节点和边加入图中。示例 8-12 是实现这种功能的示例代码。它向内存中的图添加了数量可观的数据，这需要花一些时间来执行。如果你在处理有几十个以上的观星人的资源库，那么需要一些耐心来等待。

示例 8-12：向图中添加加星的资源库

```
# Add each stargazer's additional starred repos and add edges
# to find additional interests

MAX_REPOS = 500

for i, sg in enumerate(stargazers):
    print(sg.login)
    try:
        for starred in sg.get_starred()[:MAX_REPOS]: # Slice to avoid supernodes
            g.add_node(starred.name + '(repo)', type='repo', lang=starred.language,
                    owner=starred.owner.login)
            g.add_edge(sg.login + '(user)', starred.name + '(repo)', type='gazes')
    except Exception as e: #ssl.SSLError:
        print("Encountered an error fetching starred repos for", sg.login,
```

```
                    "Skipping.")
        print("Processed", i+1, "stargazers' starred repos")
        print("Num nodes/edges in graph", g.number_of_nodes(), "/", g.number_of_edges())
        print("Rate limit", client.rate_limiting)
```

对于创建这个图还有一个小顾虑，就是尽管大多数用户会对合理数目的资源库加星，但是某些用户可能会对非常多的资源库加星，导致远远超出平均数并且向图中引入了高度失衡数目的节点和边。如之前提及的，具有很多边的边界外的离群数据节点叫作超节点。通常来说我们不希望建立带有超节点的图（尤其是内存中的图，比如使用 NetworkX 实现的图），因为在最好的情况下，它们会让遍历等分析变得非常困难；在最差的情况下，它们会引起内存溢出的错误。你可以根据自己的特殊情况和目的来决定要不要引入超节点。

一个用来避免向示例 8-12 的图中引入超节点的合理方法可以是简单地给每个用户的资源库的数目设立一个上限。在这种特殊情况下，我们通过削减在 for 循环 get_starred()[:500] 中被遍历的数据结果来限定资源库的数目为一个比较合适的较大数值（500）。如果后面我们想要重新访问超节点，那么仅需要查询具有比较多的外向边的节点来发现它们。

 Python，包括 Jupyter Notebook 服务器内核，在你向图中添加数据时会持续增加内存使用量。如果你尝试去创建一个你的操作系统无法运行的大型图，一个内核管理进程可能会结束正在进行的 Python 进程。

既然已经建立好了一个包含额外资源库的图，我们就可以开始实际查询这个图了。除了通过对数据结果进行计算来获取这个图的整体规模，我们现在还可以提出和回答一些问题，比如我们可以重点注意拥有最多资源库的用户，这可能会是很有趣的。可能最迫切的问题之一就是，除了用来创建原始的兴趣图谱的资源库外，图里使用最多的资源库是哪个。示例 8-13 展示了一个解决这个问题和提供一个未来分析出发点的示例程序。

 一些其他有用的属性来自 PyGithub 的 get_starred API 调用——对 GitHub 的"列出被加星的资源库"（*http://bit.ly/1a1oc8X*）API 的封装，你可能会为了将来的实验而考虑这些。确定你阅读了 API 文档，以便了解你在探索该方面要涉及的所有有用信息。

示例 8-13：对添加额外加星的资源库后的图进行探索

```
# Poke around: how to get users/repos
from operator import itemgetter

print(nx.info(g))
print()
```

```
# Get a list of repositories from the graph

repos = [n for n in g.nodes_iter() if g.node[n]['type'] == 'repo']

# Most popular repos

print("Popular repositories")
print(sorted([(n,d)
                for (n,d) in g.in_degree_iter()
                    if g.node[n]['type'] == 'repo'],
            key=itemgetter(1), reverse=True)[:10])
print()

# Projects gazed at by a user

print("Respositories that ptwobrussell has bookmarked")
print([(n,g.node[n]['lang'])
        for n in g['ptwobrussell(user)']
            if g['ptwobrussell(user)'][n]['type'] == 'gazes'])
print()

# Programming languages for each user

print("Programming languages ptwobrussell is interested in")
print(list(set([g.node[n]['lang']
                for n in g['ptwobrussell(user)']
                    if g['ptwobrussell(user)'][n]['type'] == 'gazes'])))
print()

# Find supernodes in the graph by approximating with a high number of
# outgoing edges

print("Supernode candidates")
print(sorted([(n, len(g.out_edges(n)))
                for n in g.nodes_iter()
                    if g.node[n]['type'] == 'user' and len(g.out_edges(n)) > 500],
            key=itemgetter(1), reverse=True))
```

示例输出如下：

```
Name:
Type: DiGraph
Number of nodes: 106643
Number of edges: 383807
Average in degree:   3.5990
Average out degree:  3.5990

Popular repositories
[('Mining-the-Social-Web(repo)', 1116),
 ('bootstrap(repo)', 246),
 ('d3(repo)', 224),
 ('tensorflow(repo)', 204),
 ('dotfiles(repo)', 196),
 ('free-programming-books(repo)', 179),
 ('Mining-the-Social-Web-2nd-Edition(repo)', 147),
 ('requests(repo)', 138),
 ('storm(repo)', 137),
```

```
  ('Probabilistic-Programming-and-Bayesian-Methods-for-Hackers(repo)', 136)]

Respositories that ptwobrussell has bookmarked
[('Mining-the-Social-Web(repo)', 'JavaScript'),
 ('re2(repo)', 'C++'),
 ('google-cloud-python(repo)', 'Python'),
 ('CNTK(repo)', 'C++'),
 ('django-s3direct(repo)', 'Python'),
 ('medium-editor-insert-plugin(repo)', 'JavaScript'),
 ('django-ckeditor(repo)', 'JavaScript'),
 ('rq(repo)', 'Python'),
 ('x-editable(repo)', 'JavaScript'),
 ...
]

Programming languages ptwobrussell is interested in
['Python', 'HTML', 'JavaScript', 'Ruby', 'CSS', 'Common Lisp',
    'CoffeeScript', 'Objective-C', 'PostScript', 'Jupyter
    Notebook', 'Perl', 'C#', 'C', 'C++', 'Lua', 'Java', None, 'Go',
    'Shell', 'Clojure']

Supernode candidates
[('angusshire(user)', 1004),
 ('VagrantStory(user)', 618),
 ('beali(user)', 605),
 ('trietptm(user)', 586),
 ('rohithadassanayake(user)', 579),
 ('zmughal(user)', 556),
 ('LJ001(user)', 556),
 ('JT5D(user)', 554),
 ('kcnickerson(user)', 549),
 ...
]
```

一个最初的观察是新图中边的数目比之前的图多 3 倍，节点数目是之前的 2 倍。这正是
由复杂的网络动态性导致分析变得很有趣的地方。但是，复杂的网络动态性也意味着
NetworkX 需要花费较长时间来建立全局图数据。请记住图在内存中并不意味着所有的计
算会很快速地进行。在这些环境下，学习一些基础计算原理的知识是有益的。

计算的考虑

 这一小节包含一些相对高级的讨论，比如运行图算法时的数学复杂性。推荐
你阅读这些内容，不过如果你是第一次阅读本章，你也可以稍后回过头来读
这部分。

对于那三种中心度的计算，我们知道对点度中心度的计算相对简单快速，只需要简单地
通过不同的节点计算关联边的数量即可。中介中心度和接近中心度却需要计算最小生成
树（minimum span-ning tree）（*http://bit.ly/1a1omgr*）。NetworkX 最小生成树算法（*http://bit.
ly/2DdURBx*）实现了 Kruskal 的算法（*http://bit.ly/1a1on3X*），是计算机科学中很基本的一

个算法。关于运行时复杂性，需要的时间为 $O(ElogE)$，E 代表图中边的个数。这个复杂的算法是很有效的，不过 100 000 × log(100 000) 大约需要 100 万个操作，所以一个完整的分析会花费很多时间。

超节点的移除对于达到合理的网络图算法的运行时间很关键，提取感兴趣的子图（*http://bit.ly/2IzO1DQ*）来更加全面地分析是值得考虑的。例如，你可以通过过滤规则（比如关注者数）选择用户，这为判断他们在整个网络中的重要性提供了基础。你也可以考虑基于最少观星人数的阈值来筛选资源库。

当分析大型图时，建议你每次检视中心度度量中的一个，这样你能更快地遍历结果。为了达到更合理的运行时间，从图中移除超节点也很关键，因为超节点在网络图算法中会占用大部分的时间。根据图的大小，有时扩大虚拟机的可用内存也是很有益的。

8.4.4 以节点为中心获得更高效的查询

另一个需要考虑的数据特性是用户使用编程语言的流行程度。用户很可能会对使用他们熟悉的编程语言来实现的项目进行加星。即使现在图中存在可以分析用户和常用编程语言的数据和工具，我们的计划仍有一个缺点。因为一种编程语言在资源库中被模拟为一种属性，所以如果需要解决一些重要的问题，我们需要扫描所有资源库节点并且根据这个属性来提取或者过滤。

例如，如果我们想要知道一个用户在当前模式中使用哪种编程语言，我们需要查找所有用户注视的资源库，提取出 `lang` 属性，然后计算出频率分布。这看起来好像不太烦琐，但是如果我们想要知道有多少用户在使用某种编程语言呢？虽然使用现在的方案结果是可计算的，但是它需要扫描所有资源库节点和计算所有的"注视"入边。通过对图的模式进行修改，回答这个问题可以和仅仅访问图中的一个节点一样简单。这个修改就是在图中为每种编程语言创建一个节点，它拥有 `programs` 入边来连接用户和编程语言，还拥有 `implements` 出边来连接资源库。

图 8-6 展示了我们最终的图的模式，它包含了编程语言，以及用户、编程语言、资源库之间的边。这种模式改变带来的总体效果就是我们从一个节点取出一个属性，然后在图中把之前隐式的关系创建成明显的关系。从完整性角度来看，没有新的数据产生，但是我们现在拥有的数据可以用于对某些查询进行更高效的计算了。虽然我们现在这种模式比较简单，但是所有可能与之相关的图可以很轻松地得到创建和挖掘，这带来的知识的量是巨大的。

示例 8-14 介绍了一些实现最终图例中改动的示例代码。由于所有用于创建额外节点和边的有用信息已经被展示在现有的图里（因为我们已经把编程语言作为一个属性储存在资源库节点中了），就没有对 GitHub API 的额外需求了。

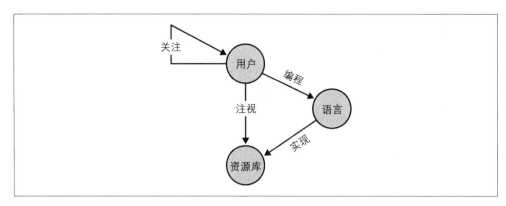

图 8-6：包含 GitHub 用户、资源库和编程语言的图例

相比于使用很多个节点拥有的属性来代表一种编程语言，使用一个单独的节点对应一种语言有很大优势，那就是一个节点是聚集的自然点。使用中央聚集点可以简化很多查询，比如找到最大值。例如，使用 NetworkX 的团检测算法（clique detection algorithm）（*http://bit.ly/2GDgBI6*）可以更有效地找到关注其他用户并使用特定编程语言的用户的最大团，因为区域内某种编程语言节点的要求严重地限制了搜索性能。

示例 8-14：升级图为包含编程语言节点的图

```
# Iterate over all of the repos, and add edges for programming languages
# for each person in the graph. We'll also add edges back to repos so that
# we have a good point to "pivot" upon.

repos = [n
        for n in g.nodes_iter()
            if g.node[n]['type'] == 'repo']

for repo in repos:
    lang = (g.node[repo]['lang'] or "") + "(lang)"

    stargazers = [u
                    for (u, r, d) in g.in_edges_iter(repo, data=True)
                        if d['type'] == 'gazes'
                    ]

    for sg in stargazers:
        g.add_node(lang, type='lang')
        g.add_edge(sg, lang, type='programs')
        g.add_edge(lang, repo, type='implements')
```

我们最终的图方案可以解决很多问题。有一些问题适合在这里提出来研究：

• 特定用户使用哪种语言编程？

• 有多少用户使用某种特定语言编程？

• 哪些用户使用多种语言编程，比如 Python 和 JavaScript？

- 哪个编程者是多基因的（用多种语言编程）？

- 特定的编程语言中存在更密切的联系吗？（比如，如果已知一个用户使用 Python 编程，那么基于图中数据，他更可能还会使用 JavaScript 还是 Go 语言？）

示例 8-15 提供了一些示例代码，可以作为回答这些问题和类似问题的一个好的起点。

示例 8-15：对最终图的示例查询

```
# Some stats

print(nx.info(g))
print()

# What languages exist in the graph?

print([n
        for n in g.nodes_iter()
            if g.node[n]['type'] == 'lang'])
print()

# What languages do users program with?
print([n
        for n in g['ptwobrussell(user)']
            if g['ptwobrussell(user)'][n]['type'] == 'programs'])

print()

# What is the most popular programming language?
print("Most popular languages")
print(sorted([(n, g.in_degree(n))
 for n in g.nodes_iter()
    if g.node[n]['type'] == 'lang'], key=itemgetter(1), reverse=True)[:10])
print()

# How many users program in a particular language?
python_programmers = [u
                        for (u, l) in g.in_edges_iter('Python(lang)')
                            if g.node[u]['type'] == 'user']
print("Number of Python programmers:", len(python_programmers))
print()

javascript_programmers = [u for
                            (u, l) in g.in_edges_iter('JavaScript(lang)')
                                if g.node[u]['type'] == 'user']
print("Number of JavaScript programmers:", len(javascript_programmers))
print()

# What users program in both Python and JavaScript?
print("Number of programmers who use JavaScript and Python")
print(len(set(python_programmers).intersection(set(javascript_programmers))))

# Programmers who use JavaScript but not Python
print("Number of programmers who use JavaScript but not Python")
print(len(set(javascript_programmers).difference(set(python_programmers))))
```

```
# Can you determine who is the most polyglot programmer?
```

示例输出如下：

```
Name:
Type: DiGraph
Number of nodes: 106643
Number of edges: 383807
Average in degree:   3.5990
Average out degree:   3.5990


['JavaScript(lang)', 'Python(lang)', '(lang)', 'Shell(lang)', 'Go(lang)',
'C++(lang)','HTML(lang)', 'Scala(lang)', 'Objective-C(lang)',
'TypeScript(lang)', 'Java(lang)', 'C(lang)', 'Jupyter Notebook(lang)',
'CSS(lang)', 'Ruby(lang)', 'C#(lang)', 'Groovy(lang)', 'XSLT(lang)',
'Eagle(lang)', 'PostScript(lang)', 'R(lang)', 'PHP(lang)', 'Erlang(lang)',
'Elixir(lang)', 'CoffeeScript(lang)', 'Matlab(lang)', 'TeX(lang)',
'VimL(lang)', 'Haskell(lang)', 'Clojure(lang)', 'Makefile(lang)',
'Emacs Lisp(lang)', 'OCaml(lang)', 'Perl(lang)', 'Swift(lang)', 'Lua(lang)',
'COBOL(lang)', 'Batchfile(lang)', 'Visual Basic(lang)',
'Protocol Buffer(lang)', 'Assembly(lang)', 'Arduino(lang)', 'Cuda(lang)',
'Ada(lang)', 'Rust(lang)', 'HCL(lang)', 'Common Lisp(lang)',
'Objective-C++(lang)', 'GLSL(lang)', 'D(lang)', 'Dart(lang)',
'Standard ML(lang)', 'Vim script(lang)', 'Coq(lang)', 'FORTRAN(lang)',
'Julia(lang)', 'OpenSCAD(lang)', 'Kotlin(lang)', 'Pascal(lang)',
'Logos(lang)', 'Lean(lang)', 'Vue(lang)', 'Elm(lang)', 'Crystal(lang)',
'PowerShell(lang)', 'AppleScript(lang)', 'Scheme(lang)', 'Smarty(lang)',
'PLpgSQL(lang)', 'Groff(lang)', 'Lex(lang)', 'Cirru(lang)',
'Mathematica(lang)', 'BitBake(lang)', 'Fortran(lang)',
'DIGITAL Command Language(lang)', 'ActionScript(lang)', 'Smalltalk(lang)',
'Bro(lang)', 'Racket(lang)', 'Frege(lang)', 'POV-Ray SDL(lang)', 'M(lang)',
'Puppet(lang)', 'GAP(lang)', 'VHDL(lang)', 'Gherkin(lang)',
'Objective-J(lang)', 'Roff(lang)', 'VCL(lang)', 'Hack(lang)',
'MoonScript(lang)', 'Tcl(lang)', 'CMake(lang)', 'Yacc(lang)', 'Vala(lang)',
'ApacheConf(lang)', 'PigLatin(lang)', 'SMT(lang)',
'GCC Machine Description(lang)', 'F#(lang)', 'QML(lang)', 'Monkey(lang)',
'Processing(lang)', 'Parrot(lang)', 'Nix(lang)', 'Nginx(lang)',
'Nimrod(lang)', 'SQLPL(lang)', 'Web Ontology Language(lang)', 'Nu(lang)',
'Arc(lang)', 'Rascal(lang)', "Cap'n Proto(lang)", 'Gosu(lang)', 'NSIS(lang)',
'MTML(lang)', 'ColdFusion(lang)', 'LiveScript(lang)', 'Hy(lang)',
'OpenEdge ABL(lang)', 'KiCad(lang)', 'Perl6(lang)', 'Prolog(lang)',
'XQuery(lang)', 'AutoIt(lang)', 'LOLCODE(lang)', 'Verilog(lang)',
'NewLisp(lang)', 'Cucumber(lang)', 'PureScript(lang)', 'Awk(lang)',
'RAML(lang)', 'Haxe(lang)', 'Thrift(lang)', 'XML(lang)', 'SaltStack(lang)',
'Pure Data(lang)', 'SuperCollider(lang)', 'HaXe(lang)',
'Ragel in Ruby Host(lang)', 'API Blueprint(lang)', 'Squirrel(lang)',
'Red(lang)', 'NetLogo(lang)', 'Factor(lang)', 'CartoCSS(lang)', 'Rebol(lang)',
'REALbasic(lang)', 'Max(lang)', 'ChucK(lang)', 'AutoHotkey(lang)',
'Apex(lang)', 'ASP(lang)', 'Stata(lang)', 'nesC(lang)',
'Gettext Catalog(lang)', 'Modelica(lang)', 'Augeas(lang)', 'Inform 7(lang)',
'APL(lang)', 'LilyPond(lang)', 'Terra(lang)', 'IDL(lang)', 'Brainfuck(lang)',
'Idris(lang)', 'AspectJ(lang)', 'Opa(lang)', 'Nim(lang)', 'SQL(lang)',
'Ragel(lang)', 'M4(lang)', 'Grammatical Framework(lang)', 'Nemerle(lang)',
'AGS Script(lang)', 'MQL4(lang)', 'Smali(lang)', 'Pony(lang)', 'ANTLR(lang)',
'Handlebars(lang)', 'PLSQL(lang)', 'SAS(lang)', 'FreeMarker(lang)',
'Fancy(lang)', 'DM(lang)', 'Agda(lang)', 'Io(lang)', 'Limbo(lang)',
```

```
'Liquid(lang)', 'Gnuplot(lang)', 'Xtend(lang)', 'LLVM(lang)',
'BlitzBasic(lang)', 'TLA(lang)', 'Metal(lang)', 'Inno Setup(lang)',
'Diff(lang)', 'SRecode Template(lang)', 'Forth(lang)', 'SQF(lang)',
'PureBasic(lang)', 'Mirah(lang)', 'Bison(lang)', 'Oz(lang)',
'Game Maker Language(lang)', 'ABAP(lang)', 'Isabelle(lang)', 'AMPL(lang)',
'E(lang)', 'Ceylon(lang)', 'WebIDL(lang)', 'GDScript(lang)', 'Stan(lang)',
'Eiffel(lang)', 'Mercury(lang)', 'Delphi(lang)', 'Brightscript(lang)',
'Propeller Spin(lang)', 'Self(lang)', 'HLSL(lang)']

['JavaScript(lang)', 'C++(lang)', 'Java(lang)', 'PostScript(lang)',
'Python(lang)', 'HTML(lang)', 'Ruby(lang)', 'Go(lang)', 'C(lang)', '(lang)',
'Objective-C(lang)', 'Jupyter Notebook(lang)', 'CSS(lang)', 'Shell(lang)',
'Clojure(lang)', 'CoffeeScript(lang)', 'Lua(lang)', 'Perl(lang)',
'C#(lang)', 'Common Lisp(lang)']

Most popular languages
[('JavaScript(lang)', 1115), ('Python(lang)', 1013), ('(lang)', 978),
('Java(lang)', 890), ('HTML(lang)', 873), ('Ruby(lang)', 870),
('C++(lang)', 866), ('C(lang)', 841), ('Shell(lang)', 764),
('CSS(lang)', 762)]

Number of Python programmers: 1013

Number of JavaScript programmers: 1115

Number of programmers who use JavaScript and Python
1013
Number of programmers who use JavaScript but not Python
102
```

虽然图模式从概念上来说很简单，但由于额外的编程语言，节点边数已经增加了近
50%！正如我们从一些示例查询的输出中看到的，有相当多的编程语言在被使用，其中
JavaScript 和 Python 最为常用。最初的感兴趣资源库的初始源代码是用 Python 编写的，
所以 JavaScript 是用户中更为常用的语言可能暗示着有一批从事网页开发的用户。当然，
JavaScript 本身就是一种常用的编程语言，并且经常会使用 JavaScript 编写客户端程序，用
Python 编写服务端的程序。'(lang)' 成为第三常用的编程语言表示着有 642 个 GitHub 无
法指明编程语言的资源库，所以把它们聚集起来归为这单独的一类。

分析表达人们对其他人、资源库中开源项目和编程语言兴趣的图潜力是巨大的。无论你
选择做什么分析，仔细考虑问题的本质然后仅从图中取出相关数据来分析——对使用
networkx.Graph.subgraph 方法提取出的一系列节点进行校正，或者根据类型或频率的阈
值来过滤出节点。

由于用户和编程语言本质的内在联系，使用二分分析（bipartite analysis）
（*http://bit.ly/1a1oooP*）会很有价值。一个二分图包含两个不相交的顶点集合，
通过两个集合间的边连接起来。此时你可以轻易地从图中删除资源库节点来极
大地提高计算全局图数据的效率（边的数目会减少超过 100 000）。

8.4.5 兴趣图谱的可视化

虽然对图的可视化很令人兴奋，一张图有时比 1000 个词还有价值，但是要记住，并不是所有的图都能很容易地进行可视化。然而，想一想，你通常可以提取出子图来可视化，直到它对你正解决问题提供了见解为止。正如你从本章中学到的，图只是一种数据结构，并且没有明确的视觉呈现方式。为了可视化，特定的布局算法会得到应用，以便将节点和边映射到二维或三维空间以便可视化。

我们会专注于本书中一直使用的关键工具，并依赖 NetworkX 导出 JSON 的功能，这就能通过 JavaScript 工具 D3（*http://bit.ly/1a1kGvo*）来呈现，不过还有很多其他的可视化工具。Graphviz（*http://bit.ly/1a1ooVG*）是可高度配置的经典工具，能将复杂的图进行布局并以位图的形式呈现。它曾经和其他的命令行工具一样在终端中配置使用，不过现在在大多数平台使用它带有界面的版本。另一种选择是 Gephi（*http://bit.ly/1a1opc5*），这是另一个流行的开源项目，它提供了强大的交互可能。Gephi 在过去几年中成长迅速，是很值得考虑的一种工具。

示例 8-16 展示了提取注视我们初始图的种子（Mining-the-Social-Web 资源库）的用户的子图和他们之间的"关注"关系。这提取出了图中有共同兴趣的用户，并对他们之间的"关注边"进行了可视化。记住本章构建的整张图非常大，包含成千上万个节点和成百上千条边，所以为了使用像 Gephi 这样的工具来进行合理的可视化，你需要花些时间来更好地理解。

示例 8-16：社交网络的初始兴趣图谱的可视化

```
import os
import json
from IPython.display import IFrame
from IPython.core.display import display
from networkx.readwrite import json_graph

print("Stats on the full graph")
print(nx.info(g))
print()

# Create a subgraph from a collection of nodes. In this case, the
# collection is all of the users in the original interest graph

mtsw_users = [n for n in g if g.node[n]['type'] == 'user']
h = g.subgraph(mtsw_users)

print("Stats on the extracted subgraph")
print(nx.info(h))

# Visualize the social network of all people from the original interest graph
d = json_graph.node_link_data(h)
json.dump(d, open('force.json', 'w'))
```

```
# Jupyter Notebook can serve files and display them into
# inline frames. Prepend the path with the 'files' prefix.

# A D3 template for displaying the graph data
viz_file = 'force.html'

# Display the D3 visualization

display(IFrame(viz_file, '100%', '500px'))
```

图 8-7 展示了运行示例代码的示例结果。

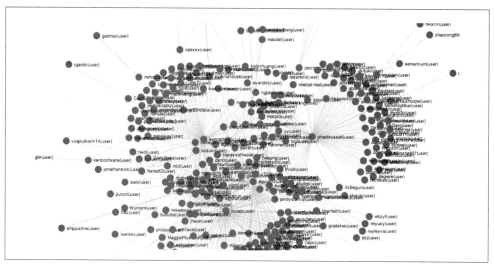

图 8-7：对 GitHub 用户的兴趣图谱中的"关注"边的交互式可视化——注意该图的可视化布局的模式符合本章前面介绍的中心度度量

8.5 本章小结

尽管本书前面章节提到过很多种类的图，但本章对它们的用途做了重要的介绍，用灵活的数据格式展示了 GitHub 用户网络和他们在特定的软件项目资源库及编程语言上的共同兴趣。GitHub 丰富的 API 和 NetworkX 简单实用的 API 对于挖掘有吸引力的和常被忽略的社交网站数据都很有用，这是很明显的广泛使用的"社交"网络属性之一。兴趣图谱的观点并不完全是新的，但它在社交网络上的应用确实是近几年才发展起来的。尽管兴趣图谱（或者类似的展示）曾经被广告商用于有效地展示广告，但它们现在被企业或软件开发者有效地利用，用来获取用户的兴趣并进行智能推荐，这可以提高产品与用户的相关性。

和本书其他章节一样，本章仅仅是图形化建模、兴趣图谱、GitHub API 还有你用这些技术能做的工作的指南。你应该可以简单地将本章的图形化建模技术应用到其他社交网络属性（比如 Twitter 或 Facebook）中，并获得引人入胜的分析结果，还可以将其他形式的分析应用到 GitHub API 提供的丰富的数据上。这通常会充满无限可能。我们最大的希望是你能在本章的练习中获得收获，并学习到你在未来的数据挖掘之路上能够用上的新知识。

 本章和其他章节的源代码在 GitHub（*http://bit.ly/Mining-the-Social-Web-3E*）中有方便的 Jupyter Notebook 格式，强烈推荐你去尝试。

8.6 推荐练习

- 重复本章的练习，但要使用不同的资源库作为开始。本章的发现大体上是正确的吗？你的试验结果是否有所不同？

- GitHub 发布了关于编程语言关系（*http://bit.ly/1a1or3Y*）的数据。回顾并探索这些数据。和你用 GitHub API 获取的数据有什么不同吗？

- NetworkX 提供了丰富的图遍历算法（*http://bit.ly/2GYXBDn*）。回顾文档并选择不同的算法运行数据。中心度度量、团和二分算法也许是一个不错的开始。你能计算出图中用户的最大团吗？能计算出有共同兴趣（比如特定的编程语言）的用户的最大团吗？

- GitHub Archive（*http://bit.ly/1a1orAK*）提供了丰富的 GitHub 全局活动数据。调查这些数据，使用推荐的"大数据"工具来探索它们。

- 对比两个相似的 GitHub 项目的数据。Mining-the-Social-Web 和 Mining-the-Social-Web-2nd-Edition 有千丝万缕的联系，所以这两个项目是很合适作为分析的开始的。哪些人收藏或派生了其中一个而不是另一个？如何比较兴趣图谱？你能创建并分析对这两个版本都感兴趣的用户的兴趣图谱吗？

- 使用相似度度量（比如 Jaccard 相似度（参见第 4 章））计算两个任意 GitHub 用户基于特征（比如加星的相同资源库、编程语言或其他能用 GitHub API 获取的特征）的相似度。

- 已知用户和已有的兴趣，你能设计一个为其他用户推荐兴趣的算法吗？可以考虑应用"A Whiz-Bang Introduction to TF-IDF"的代码，它使用了余弦相似度作为预测相关性的方法。

- 使用直方图直观地感受本章兴趣图谱的一个方面，比如编程语言的流行度。

- 探索图的可视化工具，比如 Graphviz 和 Gephi，对图的可视化进行布局。

- 探索 Friendster 社交网络和 ground-truth 社区（*http://stanford.io/1a1orRr*）数据并使用 NetworkX 算法来分析它。

8.7 在线资源

下面是本章的链接清单，对于复习本章内容可能会很有帮助：

- 二分图（*http://bit.ly/1a1oooP*）。

- 中心度度量（*http://bit.ly/1a1osEM*）。

- "Creating a personal access token for the command line"（*http://bit.ly/1a1o7lG*）。

- *D3.js*（*http://bit.ly/1a1kGvo*）。

- Friendster 社交网络和 ground-truth 社区（*http://stanford.io/1a1orRr*）。

- Gephi（*http://bit.ly/1a1opc5*）。

- GitHub 档案（*http://bit.ly/1a1orAK*）。

- GitHub 开发者（*http://bit.ly/1a1o49k*）。

- GitHub 分页的开发者文档（*http://bit.ly/1a1o9Ki*）。

- GitHub 访问速率上限限制的开发者文档（*http://bit.ly/1a1oblo*）。

- gitscm.com（在线 Git 文档，*http://bit.ly/1a1o2hZ*）。

- YouTube 视频 "Graph Theory—An Introduction!"（*http://bit.ly/1a1odto*）。

- Graphviz（*http://bit.ly/1a1ooVG*）。

- 超图（*http://bit.ly/1a1ocWm*）。

- 兴趣图谱（*http://bit.ly/1a1o3Cu*）。

- Krackhardt 风筝图（*http://bit.ly/1a1oixa*）。

- Kruskal 算法（*http://bit.ly/1a1on3X*）。

- 最小生成树（MST）（*http://bit.ly/1a1omgr*）。

- NetworkX（*http://bit.ly/1a1ocFV*）。

- NetworkX 图遍历算法（*http://bit.ly/2GYXBDn*）。

- PyGithub 的 GitHub 资源库（*http://bit.ly/1a1o7Ca*）。

## 第二部分

Twitter 数据挖掘与分析实用指南

本书的第一部分针对精选的一些社交网络资源给出了宽泛的导引，转了一圈之后，我们重回到第一部分的 Twitter。本部分组织成实用指南（cookbook），并提供超过 20 个供挖掘 Twitter 数据之用的简短代码配方（recipe）。Twitter 因其 API 与生俱来的开放性以及世界范围内的流行度，成为我们关注的理想社交网站，而本书此部分意在创造一些具有高度适应能力的基本构建块，服务于多种目的。我们让它聚焦于一些小规模问题的共用技术，这样你可以将其应用于社交网络的其他属性。为方便查阅，就像任何其他技术指南一样，这些代码配方被组织成先提出问题再给出解决方案的结构。在学习它们的过程中，你肯定能想到调整和修改它们的有趣思路。

我们强烈鼓励你好好利用这些代码配方，从中获得尽可能多的乐趣。当你提出属于你自己的任何更好的代码配方时，可以通过向其 GitHub 库（*http://bit.ly/Mining-the-Social-Web-3E*）发送拉取请求分享回本书社区、发布相关推文（如果你想转推，请提及 @SocialWebMining），或发布帖子到本书的 Facebook 页面（*http://on.fb.me/1a1kHPQ*）。

第 9 章

Twitter 数据挖掘与分析

本章是关于挖掘 Twitter 数据的代码配方的。每种解决特定问题的配方被设计得尽可能简单，这样就能方便地把多种配方组合起来，以实现更加复杂的功能。可以将每种配方想象为一块积木，尽管本身就很有用，但和其他积木组合起来会实现更加复杂的分析单元。和前面讲解多于代码的章节不同，本章并没有提供很多讲解，而是用代码来说话。本章的思想是，你可以用多种方式操作和组合代码以达到特定目标。

尽管大多数方法都是发起参数化的 API 调用并将返回结果预处理为方便操作的格式，但有些方法很简单（只有短短的几行代码），也有其他相当复杂的方法。本章会提供一些常见的问题和对应解决方案来帮助你。在有些情况下，你想要的数据可能并不总是仅通过几行代码就能得到。所提供这些代码的价值在于，你能做些简单的改造，满足自己的需求。

本章的所有方法都需要依赖一个基本的包——twitter 包，你可以使用终端的 **pip install twitter** 命令来安装。其他软件依赖会在单独的配方中进行介绍。如果你好好利用了本书的虚拟机（强烈推荐），twitter 包和其他依赖的包将会预安装好。

正如你从第 1 章学到的那样，Twitter 1.1 版本的 API 中的所有请求都需要授权，所以假定你将按照 9.1 节或 9.2 节的指示去做，首先来获得授权的 API 连接器以供其他配方使用。

 本章（和其他章节）的 bug 修复的最新源代码可以通过 *http://bit.ly/Mining-the-Social-Web-3E* 在线查看。确保你已经利用了本书的附录 A 中介绍的虚拟机体验，来最大化试验示例代码的乐趣。

9.1 访问 Twitter 的 API（开发目的）

1. 问题

你想要挖掘你自己账号的数据，或者以开发为目的使用快速且简单的 API 访问数据。

2. 解决方案

使用 twitter 包和应用设置中提供的 OAuth 2.0 证书来获得通过 API 访问你自己数据的权限，而不需要 HTTP 的重定向。

3. 讨论

Twitter 实现了 OAuth 2.0（*http://bit.ly/2IfXIYl*），这是明确设计出的授权机制，这样用户可以授权第三方访问他们的数据而不需要提供用户名和密码。你当然可以利用 Twitter 的 OAuth 实现，其中需要用户授权你的应用来访问他们的账号，你也可以使用你的应用设置中的证书来立即以开发目的访问数据或者挖掘你自己账号的数据。

使用你的 Twitter 账号在 *http://dev.twitter.com/apps* 上注册应用，记下用户账号、用户密码、访问令牌和访问令牌密码，这些构成了任意 OAuth 2.0 的四个证书——让应用最终能够访问账户。图 9-1 是 Twitter 应用设置界面的截图。有了这些证书，你可以使用任意 OAuth 2.0 库来访问 Twitter 的支持 REST 的 API（*http://bit.ly/1a1pDEq*），但是我们选择使用 twitter 包，它提供了 Python 对 Twitter 支持 REST 的 API 接口的抽象封装。当注册应用时，你不需要明确的回调地址，因为我们有效地避开了完整的 OAuth 流程，并且简单地使用证书来实现对 API 的访问。示例 9-1 展示了如何使用这些证书来建立到 API 的连接器。

示例 9-1：以开发目的访问 Twitter 的 API

```
import twitter

def oauth_login():
    # Go to http://twitter.com/apps/new to create an app and get values
    # for these credentials that you'll need to provide in place of the
    # empty string values that are defined as placeholders.
    # See https://dev.twitter.com/docs/auth/oauth for more information
    # on Twitter's OAuth implementation.

    CONSUMER_KEY = ''
    CONSUMER_SECRET = ''
    OAUTH_TOKEN = ''
    OAUTH_TOKEN_SECRET = ''

    auth = twitter.oauth.OAuth(OAUTH_TOKEN, OAUTH_TOKEN_SECRET,
                               CONSUMER_KEY, CONSUMER_SECRET)

    twitter_api = twitter.Twitter(auth=auth)
    return twitter_api
```

```
# Sample usage
twitter_api = oauth_login()

# Nothing to see by displaying twitter_api except that it's now a
# defined variable

print(twitter_api)
```

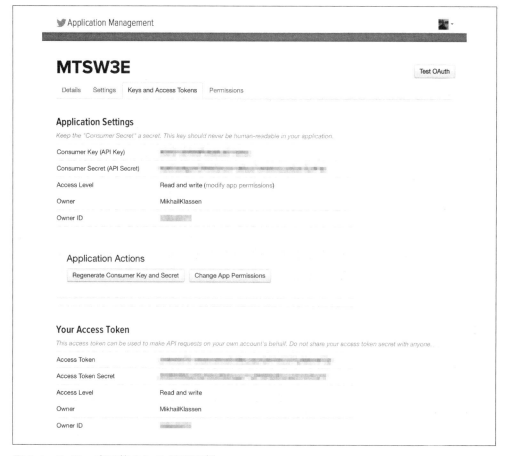

图 9-1：Twitter 应用的 OAuth 设置示例

 记住用来建立连接的证书和用户名、密码是一样有效的，所以仔细地保管好它们并在应用设置中指定访问的最低要求。只读访问对于挖掘你自己账号的数据已经足够了。

尽管访问自己的数据很方便，但这种捷径对于写一个客户端来访问别人的数据来说并没有用。这种情况下，你需要执行完整的 OAuth 流程，正如示例 9-2 展示的那样。

9.2 使用 OAuth 访问 Twitter 的 API（产品目的）

1. 问题

你想使用 OAuth 使你的应用能够访问其他用户的数据。

2. 解决方案

使用 twitter 包实现"OAuth 舞蹈"。

3. 讨论

twitter 包提供了所谓的 OAuth 舞蹈的内部实现，是为控制台应用服务的。对于不在浏览器中运行的应用，它通过实现带外的（out of band，oob）OAuth 流程（比如 Python 程序），能够安全地获得这四个证书来访问 API 并允许你简单地请求访问特定用户的数据，作为标准的"带外的"功能。然而，如果你想要写一个网页应用来访问其他用户的数据，你需要简单地改造这种实现方式。

虽然真正从 Jupyter Notebook 实现一个 OAuth 舞蹈并没有很多实用的理由（除非你可能在运行被别人使用的托管 Jupyter Notebook 服务），这种方法使用 Flask 作为嵌入式网站服务器，使用和本书剩余章节相同的工具链来展示这个过程。由于概念相同，它很容易被改造，以适应你选择的任意网页应用框架。

图 9-1 是 Twitter 应用设置页面的截图。在 OAuth 2.0 流程中，9.1 节介绍的用户账号和用户密码的值能够唯一标识你的应用。当请求访问用户数据时，你需要提供这些值，这样 Twitter 就能提示用户关于你的请求类型的信息。假设用户授权了你的应用，Twitter 会重定向到你在应用设置中指定的回调 URL 并包含 OAuth 验证器，它将替换成访问令牌和访问令牌密码，它们和用户账号、用户密码结合使用，就能最终让你的应用访问到用户的数据。（对于 oob OAuth 流程，并不需要回调 URL，Twitter 为用户提供了 PIN 码作为 OAuth 验证器，它必须被人为复制 / 粘贴回应用中。）可以参考附录 B 来获取更多关于 OAuth 2.0 流程的信息。

示例 9-2 展示了如何使用用户账号、用户密码和 twitter 包通过 OAuth 来访问用户的数据。访问令牌和访问令牌密码被写在磁盘上，以便简化将来的授权。根据 Twitter 的开发者问题集（Twitter's Devel-opers FAQ）（*http://bit.ly/2Lzux3x*），目前 Twitter 的访问令牌并不会到期，这说明你可以放心大胆地将它们存储起来并用来无限期地代表用户，只需遵循相应的服务条款（*http://twitter.com/en/tos*）即可。

示例 9-2：以产品为目的通过 OAuth 来访问 Twitter 的 API

```
import json
from flask import Flask, request
import multiprocessing
```

```python
from threading import Timer
from IPython.display import IFrame
from IPython.display import display
from IPython.display import Javascript as JS

import twitter
from twitter.oauth_dance import parse_oauth_tokens
from twitter.oauth import read_token_file, write_token_file

# Note: This code is exactly the flow presented in the _AppendixB notebook

OAUTH_FILE = "resources/ch09-twittercookbook/twitter_oauth"

# Go to http://twitter.com/apps/new to create an app and get values
# for these credentials that you'll need to provide in place of the
# empty string values that are defined as placeholders.
# See https://developer.twitter.com/en/docs/basics/authentication/overview/oauth
# for more information on Twitter's OAuth implementation, and ensure that
# *oauth_callback* is defined in your application settings as shown next if
# you are using Flask in this Jupyter Notebook.

# Define a few variables that will bleed into the lexical scope of a couple of
# functions that follow
CONSUMER_KEY = ''
CONSUMER_SECRET = ''
oauth_callback = 'http://127.0.0.1:5000/oauth_helper'

# Set up a callback handler for when Twitter redirects back to us after the user
# authorizes the app

webserver = Flask("TwitterOAuth")
@webserver.route("/oauth_helper")
def oauth_helper():

    oauth_verifier = request.args.get('oauth_verifier')

    # Pick back up credentials from ipynb_oauth_dance
    oauth_token, oauth_token_secret = read_token_file(OAUTH_FILE)

    _twitter = twitter.Twitter(
        auth=twitter.OAuth(
            oauth_token, oauth_token_secret, CONSUMER_KEY, CONSUMER_SECRET),
        format='', api_version=None)

    oauth_token, oauth_token_secret = parse_oauth_tokens(
        _twitter.oauth.access_token(oauth_verifier=oauth_verifier))

    # This web server only needs to service one request, so shut it down
    shutdown_after_request = request.environ.get('werkzeug.server.shutdown')
    shutdown_after_request()

    # Write out the final credentials that can be picked up after the following
    # blocking call to webserver.run()

    write_token_file(OAUTH_FILE, oauth_token, oauth_token_secret)
    return "%s %s written to %s" % (oauth_token, oauth_token_secret, OAUTH_FILE)
```

```
# To handle Twitter's OAuth 1.0a implementation, we'll just need to implement a
# custom "oauth dance" and will closely follow the pattern defined in
# twitter.oauth_dance

def ipynb_oauth_dance():

    _twitter = twitter.Twitter(
        auth=twitter.OAuth('', '', CONSUMER_KEY, CONSUMER_SECRET),
        format='', api_version=None)

    oauth_token, oauth_token_secret = parse_oauth_tokens(
            _twitter.oauth.request_token(oauth_callback=oauth_callback))

    # Need to write these interim values out to a file to pick up on the callback
    # from Twitter that is handled by the web server in /oauth_helper
    write_token_file(OAUTH_FILE, oauth_token, oauth_token_secret)

    oauth_url = ('http://api.twitter.com/oauth/authorize?oauth_token=' + oauth_token)

    # Tap the browser's native capabilities to access the web server through a new
    # window to get user authorization
    display(JS("window.open('%s')" % oauth_url))

# After the webserver.run() blocking call, start the OAuth dance that will
# ultimately cause Twitter to redirect a request back to it. Once that request
# is serviced, the web server will shut down and program flow will resume
# with the OAUTH_FILE containing the necessary credentials.
Timer(1, lambda: ipynb_oauth_dance()).start()

webserver.run(host='0.0.0.0')

# The values that are read from this file are written out at
# the end of /oauth_helper
oauth_token, oauth_token_secret = read_token_file(OAUTH_FILE)

# These four credentials are what is needed to authorize the application
auth = twitter.oauth.OAuth(oauth_token, oauth_token_secret,
                           CONSUMER_KEY, CONSUMER_SECRET)

twitter_api = twitter.Twitter(auth=auth)

print(twitter_api)
```

你应该观察到了你的应用检索到的访问令牌和访问令牌密码与应用设置中的相同，这并不是巧合。仔细保存好这些值，因为它们和用户名、密码的组合一样有效。

9.3 探索流行话题

1. 问题

你想知道在一个特定的地域（比如一个国家、一组国家，甚至是整个世界）内，Twitter 上流行什么话题。

2. 解决方案

Twitter 的 Trends API（*http://bit.ly/2jSxPmY*）使你能够获得特定地域内的流行话题。这些地域是最初由 GeoPlanet 公司定义并且随后由雅虎维护的 Where On Earth（WOE）ID（*http://bit.ly/2jVIcXo*）来指定的。

3. 讨论

地点（place）是 Twitter 开发平台中很重要的一个概念，因为流行话题会被地理位置约束，这样才能提供更好的 API 来查询流行话题（正如示例 9-3 中那样）。和其他 API 类似，该 API 返回的流行话题是 JSON 格式的，并能够转换为标准的 Python 对象，然后可以使用列表推导式（list comprehension）或相似的技术来操作数据。这说明探索 API 的返回结果是相当容易的事情。你可以尝试多种多样的 WOE ID 来对比不同地域的流行话题。比如，对比两个不同国家的流行话题，或者对比特定国家和整个世界的流行话题。

示例 9-3：探索流行话题

```
import json
import twitter

def twitter_trends(twitter_api, woe_id):
    # Prefix ID with the underscore for query string parameterization.
    # Without the underscore, the twitter package appends the ID value
    # to the URL itself as a special-case keyword argument.
    return twitter_api.trends.place(_id=woe_id)

# Sample usage

twitter_api = oauth_login()

# See https://bit.ly/2pdi0tS
# and http://www.woeidlookup.com to look up different Yahoo! Where On Earth IDs

WORLD_WOE_ID = 1
world_trends = twitter_trends(twitter_api, WORLD_WOE_ID)
print(json.dumps(world_trends, indent=1))
US_WOE_ID = 23424977
us_trends = twitter_trends(twitter_api, US_WOE_ID)
print(json.dumps(us_trends, indent=1))
```

9.4 查找推文

1. 问题

你想通过特定的关键字和查询条件来查找 Twitter 中的推文。

2. 解决方案

使用搜索 API 进行个性化查询。

3. 讨论

你能够使用搜索 API（*http://bit.ly/2IcgdRL*）来对整个 Twitter 虚拟空间（Twitterverse）进行个性化查询。和搜索引擎的工作原理类似，Twitter 的搜索 API 分批返回结果，并且你可以通过 count 关键字参数配置每次返回的数目（最多为 200）。很可能你的查询结果大于 200（或者你自己用 count 指定的最大值），根据 Twitter 的 API 的要求，你将需要使用 cursor 来定位到下一批结果。

cursor（*http://bit.ly/2IEOvfI*）是在 Twitter API 1.1 版本中新增加的，它提供了比 1.0 版本中的分页模式更加健壮的模式。原来的分页模式需要指定页码以及每页的结果限制。cursor 模式中关键的一点是它能够更好地适应 Twitter 平台的动态和实时性。例如，Twitter API 的 cursor 在设计时考虑了在你定位一批结果时，数据实时更新的可能性。换句话说，在你定位一批结果时，可能出现更多你想要的相关数据，这些数据会包含在你当前的结果中，你并不需要再次发起一个新的查询。

示例 9-4 展示了如何使用搜索 API 并通过返回结果中的 cursor 来获取多批结果。

示例 9-4：查找推文

```
def twitter_search(twitter_api, q, max_results=200, **kw):

    # See http://bit.ly/2QyGz0P and https://bit.ly/2QyGz0P
    # for details on advanced search criteria that may be useful for
    # keyword arguments

    # See https://dev.twitter.com/docs/api/1.1/get/search/tweets
    search_results = twitter_api.search.tweets(q=q, count=100, **kw)

    statuses = search_results['statuses']

    # Iterate through batches of results by following the cursor until we
    # reach the desired number of results, keeping in mind that OAuth users
    # can "only" make 180 search queries per 15-minute interval. See
    # https://developer.twitter.com/en/docs/basics/rate-limits
    # for details. A reasonable number of results is ~1000, although
    # that number of results may not exist for all queries.

    # Enforce a reasonable limit
    max_results = min(1000, max_results)

    for _ in range(10): # 10*100 = 1000
        try:
            next_results = search_results['search_metadata']['next_results']
        except KeyError as e: # No more results when next_results doesn't exist
            break
```

```
# Create a dictionary from next_results, which has the following form:
# ?max_id=313519052523986943&q=NCAA&include_entities=1
kwargs = dict([ kv.split('=')
                    for kv in next_results[1:].split("&") ])

search_results = twitter_api.search.tweets(**kwargs)
statuses += search_results['statuses']

if len(statuses) > max_results:
    break

return statuses

# Sample usage

twitter_api = oauth_login()

q = "CrossFit"
results = twitter_search(twitter_api, q, max_results=10)

# Show one sample search result by slicing the list...
print(json.dumps(results[0], indent=1))
```

9.5 构造方便的函数调用

1. 问题

你想要绑定某些参数到函数调用中,并将引用传递到函数中以简化你的编程模式。

2. 解决方案

使用 Python 的 functools.partial 来构造完整或部分的绑定函数,使之能够直接获得参数传递并被其他代码使用,而不需要传递额外的参数。

3. 讨论

尽管 functools.partial 并不是针对 Twitter API 时才专有的设计模式,但它是与 twitter 包以及本实用指南和你编写过的其他 Python 程序中的许多模式相结合的非常方便的函数。比如,你可能觉得向需要授权的 Twitter API 连接器 (twitter_api,正如这些方法中展示的那样,是大多数函数的第一个参数) 连续传递引用很麻烦,所以你会想构造一个仅满足部分参数的函数,这样你通过简单地传递剩下的参数就能调用该函数了。类似地,如果你厌倦了按照常规键入 json.dumps({…},indent=1),你可以尝试并部分应用关键字参数,然后将函数重命名为更短的名称,如 pp (pretty print),以节省一些重复键入信息的时间。

另一个例子展示了绑定部分参数的便利,你也许想在 Trends API 中绑定 Twitter API 连接器和地域的 WOE ID,这样函数调用就能简单地传递剩下的参数了。其他的可能性还有很多,尽管你可能选择 Python 的 def 关键字来定义函数,但有时使用 functools.partial

会更简单。示例 9-5 展示了一些有用的实例。

示例 9-5：构造方便的函数调用

```
from functools import partial

pp = partial(json.dumps, indent=1)

twitter_world_trends = partial(twitter_trends, twitter_api, WORLD_WOE_ID)

print(pp(twitter_world_trends()))

authenticated_twitter_search = partial(twitter_search, twitter_api)
results = authenticated_twitter_search("iPhone")
print(pp(results))

authenticated_iphone_twitter_search = partial(authenticated_twitter_search, "iPhone")
results = authenticated_iphone_twitter_search()
print(pp(results))
```

9.6 使用文本文件存储 JSON 数据

1. 问题

你想要存储从 Twitter API 获取的少量数据，以便重复分析或存档。

2. 解决方案

将数据以方便的 JSON 格式存储于文本文件中。

3. 讨论

虽然文本文件并不适用于所有情况，但如果你只是想把一些数据存储在磁盘上以便实验和分析的话，这是很方便的选择。事实上，这种方式也是一种最佳实践，因为你可以最小化请求 Twitter API 的次数，避免可能遇到的频率限制问题。毕竟，一遍又一遍地获取重复的数据并没有什么意义。

示例 9-6 展示了 Python 的 io 包的使用，以确保你读 / 写的所有数据都是使用 UTF-8 编解码的，这样可以避免（经常令人担忧又不容易被发现的）UnicodeDecodeError 异常，这种异常经常出现在 Python 应用对文本数据的序列化和反序列化当中。

示例 9-6：使用文本文件存储 JSON 数据

```
import io, json

def save_json(filename, data):
    with open('resources/ch09-twittercookbook/{0}.json'.format(filename),
            'w', encoding='utf-8') as f:
        json.dump(data, f, ensure_ascii=False)
```

```
def load_json(filename):
    with open('resources/ch09-twittercookbook/{0}.json'.format(filename),
            'r', encoding='utf-8') as f:
        return json.load(f)

# Sample usage

q = 'CrossFit'

twitter_api = oauth_login()
results = twitter_search(twitter_api, q, max_results=10)

save_json(q, results)
results = load_json(q)

print(json.dumps(results, indent=1, ensure_ascii=False))
```

9.7 使用 MongoDB 存储和访问 JSON 数据

1. 问题

你想要存储和访问 Twitter API 返回的 JSON 数据。

2. 解决方案

使用文档型数据库（比如 MongoDB）以方便的 JSON 格式存储数据。

3. 讨论

虽然一个包含一小部分正确编码 JSON 文件的文件夹可以用来存储数据，但你很快就会积累许多文件，这种方式就不合适了。幸运的是，文档型数据库（比如 MongoDB）是理想的存储 Twitter API 返回数据的方式，因为这种数据库就是为了高效地存储 JSON 数据而设计的。

MongoDB 是一个健壮的文档型数据库，不管对少量还是大量数据来说。它提供了强大的查询操作和索引机制，这样就大幅简化了需要对 Python 代码进行的分析。

 MongoDB 可以被安装到大多数平台（*http://bit.ly/2jUeG3Z*）上，并且存在出色的在线文档（*http://bit.ly/2Ih7bmn*），内容包括安装 / 配置和查询 / 索引操作。

在大多数情况下，检索和查询数据时，MongoDB 的索引机制和磁盘上的高效 BSON （*http://bit.ly/1a1pG34*）表现会比你个性化的操作更好。示例 9-7 展示了如何连接运行的 MongoDB 数据库来存储和装载数据。

本书的第 2 版在第 7 章中对 MongoDB 做了相当大量的讲解，内容涉及存储（电子邮箱的 JSON 格式）数据和使用 MongoDB 的聚合框架（*http://bit.ly/1a1pGjv*）来反复查询它们。本书作者认为 pandas 数据分析库是数据科学家工具包的重要组成部分，值得花费时间去学习，从而删除了 MongoDB 的章节。解决任一问题总会有多种方法，并且任何人都有自己喜欢的工具。

示例 9-7：使用 MongoDB 存储和访问 JSON 数据

```
import json
import pymongo # pip install pymongo

def save_to_mongo(data, mongo_db, mongo_db_coll, **mongo_conn_kw):

    # Connects to the MongoDB server running on
    # localhost:27017 by default

    client = pymongo.MongoClient(**mongo_conn_kw)

    # Get a reference to a particular database

    db = client[mongo_db]

    # Reference a particular collection in the database

    coll = db[mongo_db_coll]

    # Perform a bulk insert and  return the IDs
    try:
        return coll.insert_many(data)
    except:
        return coll.insert_one(data)

def load_from_mongo(mongo_db, mongo_db_coll, return_cursor=False,
                    criteria=None, projection=None, **mongo_conn_kw):

    # Optionally, use criteria and projection to limit the data that is
    # returned as documented in
    # http://docs.mongodb.org/manual/reference/method/db.collection.find/
    # Consider leveraging MongoDB's aggregations framework for more
    # sophisticated queries

    client = pymongo.MongoClient(**mongo_conn_kw)
    db = client[mongo_db]
    coll = db[mongo_db_coll]

    if criteria is None:
        criteria = {}

    if projection is None:
        cursor = coll.find(criteria)
    else:
        cursor = coll.find(criteria, projection)
```

```
    # Returning a cursor is recommended for large amounts of data

    if return_cursor:
        return cursor
    else:
        return [ item for item in cursor ]

# Sample usage

q = 'CrossFit'

twitter_api = oauth_login()
results = twitter_search(twitter_api, q, max_results=10)

ids = save_to_mongo(results, 'search_results', q)

load_from_mongo('search_results', q)
```

或者，如果你想用 pandas DataFrame 的形式存储 Twitter 数据，那么也是完全可以实现的。示例 9-8 提供了一个例子。对于中小型数据挖掘项目，这个例子可能工作得很好，但是当处理的数据超过了计算机随机存取存储器（RAM）的容量，就需要寻找其他解决方案。当你收集的数据量超过计算机硬盘的容量时，你就需要开始研究用分布式数据库来处理数据。毕竟这已经属于大数据的范畴了。

示例 9-8：用 pandas 保存和访问 JSON 数据

```
import json
import pickle
import pandas as pd

def save_to_pandas(data, fname):
    df = pd.DataFrame.from_records(data)
    df.to_pickle(fname)
    return df


def load_from_mongo(fname):
    df = pd.read_pickle(fname)
    return df


# Sample usage

q = 'CrossFit'

twitter_api = oauth_login()
results = twitter_search(twitter_api, q, max_results=10)

df = save_to_pandas(results, 'search_results_{}.pkl'.format(q))

df = load_from_mongo('search_results_{}.pkl'.format(q))

# Show some sample output, but just the user and text columns
df[['user','text']].head()
```

9.8 使用信息流 API 对 Twitter 数据管道抽样

1. 问题

你想要分析用户实时发表的推文,而不是通过搜索 API 查询可能稍微(或非常)过时的信息。或者,你想要积累一个特定话题数据,以便将来进行分析。

2. 解决方案

使用 Twitter 的信息流 API(*http://bit.ly/2rDU17W*)对 Twitter 数据管道的公共数据抽样。

3. 讨论

Twitter 中有 1% 的推文可以通过随机抽样技术实时获取,该技术展示了更多的推文,并通过信息流 API 获得它们。除非你想要访问 Twitter 的企业 API(*http://bit.ly/2KZ1mrJ*)或通过第三方提供商(比如 DataSift(*http://bit.ly/1a1pGQE*))获取(大多数情况下它都值得你付费)。尽管你可能觉得 1% 微不足道,但你要认识到在峰值时期,每秒就会有成千上万条推文发出。对于很广泛的话题,存储所有抽样得到的推文比你想象中麻烦。访问 1% 的公共推文是非常庞大的工作。

虽然用搜索 API 查询"历史"信息(考虑到流行产生和消失的速度,在 Twitter 虚拟空间中"历史"信息代表几分钟或几小时前的信息)更加简单,但信息流 API 提供了更接近于实时地从世界范围的信息中抽样的方法。twitter 包使用更简单的方法调用信息流 API,你可以根据关键字限制过滤掉数据管道,这是方便直观的访问数据的方法。与构造 **twitter.Twitter** 连接器不同,你构造的是 **twitter.TwitterStream** 连接器,它使用与 9.1 节和 9.2 节中介绍的 **twitter.oauth.OAuth** 相同类型的关键字参数。

示例 9-9 展示了如何使用 Twitter 的信息流 API。

示例 9-9:使用信息流 API 对 Twitter 数据抽样

```
# Find topics of interest by using the filtering capabilities the API offers

import sys
import twitter

# Query terms

q = 'CrossFit' # Comma-separated list of terms

print('Filtering the public timeline for track={0}'.format(q), file=sys.stderr)
sys.stderr.flush()

# Returns an instance of twitter.Twitter
twitter_api = oauth_login()
```

```
# Reference the self.auth parameter
twitter_stream = twitter.TwitterStream(auth=twitter_api.auth)

# See https://developer.twitter.com/en/docs/tutorials/consuming-streaming-data
stream = twitter_stream.statuses.filter(track=q)

# For illustrative purposes, when all else fails, search for Justin Bieber
# and something is sure to turn up (at least, on Twitter)

for tweet in stream:
    print(tweet['text'])
    sys.stdout.flush()

    # Save to a database in a particular collection
```

9.9 采集时序数据

1. 问题

你想要定期查询 Twitter API 来获取特定的结果或者流行的话题，并且存储数据以便进行时序分析。

2. 解决方案

如果 9.8 节介绍的信息流 API 无法使用的话，就使用 Python 内置的 `time.sleep` 函数，放在无限循环中以发起查询并将数据存储于数据库（比如 MongoDB）中。

3. 讨论

虽然在特定时间内对特定关键字的逐点查询很简单，但抽样从一段时间采集的数据和查找流行趋势的能力让我们得以使用经常被忽视的强大的分析形式。每次回过头来我们总会说："我希望我知道……"这是潜在的能够让你先发制人地收集将来可能有用的数据或者预测未来（如果可以的话）的机会。

Twitter 数据的时序分析非常有趣，因为可以了解流行的消失、话题的变化和更新等。尽管很多情况下，从数据管道抽样并把结果存储在文档型数据库（比如 MongoDB）中很有用，但有时定期发起查询并将结果按照时间间隔记录更加简单。例如，你可能会查询很多地域全天的流行话题、度量话题的变化率、对比不同地域的变化率，并找到长时间流行的话题和短时间流行的话题等。

关于 Twitter 中表达的观点和股市的关系，是另一个被活跃探索的有趣主题。放大关键字、主题标签、流行话题然后将这些数据和真实的股市变化联系起来很简单。这可能是预测市场和商品的初始步骤。

示例 9-10 是 9.1 节、示例 9-3 和示例 9-7 中的代码的灵活运用，展示了如何使用原子性的方法来构造复杂的方法，这只需要一点点创新和复制 / 粘贴。

示例 9-10：采集时序数据

```
import sys
import datetime
import time
import twitter

def get_time_series_data(api_func, mongo_db_name, mongo_db_coll,
                         secs_per_interval=60, max_intervals=15, **mongo_conn_kw):

    # Default settings of 15 intervals and 1 API call per interval ensure that
    # you will not exceed the Twitter rate limit.

    interval = 0

    while True:

        # A timestamp of the form "2013-06-14 12:52:07"
        now = str(datetime.datetime.now()).split(".")[0]

        response = save_to_mongo(api_func(), mongo_db_name,
                                 mongo_db_coll + "-" + now, **mongo_conn_kw)

        print("Write {0} trends".format(len(response.inserted_ids)), file=sys.stderr)
        print("Zzz...", file=sys.stderr)
        sys.stderr.flush()

        time.sleep(secs_per_interval) # seconds
        interval += 1

        if interval >= 15:
            break

# Sample usage

get_time_series_data(twitter_world_trends, 'time-series', 'twitter_world_trends')
```

9.10 提取推文实体

1. 问题

你想要提取实体（比如提及的用户 @*username*、主题标签以及推文中的 URL）以进行分析。

2. 解决方案

从推文的 entities 域中提取推文实体。

3. 讨论

Twitter 的 API 现在提供了推文实体作为大多数 API 返回结果中都有的域。示例 9-11 中提到的 entities 域，包括提及的用户、主题标签、URL 的引用、媒体对象（图片或视频），还有财务信息（比如股票行情）。目前，并不是所有的域在所有情况下都会出现。比如，media 域只会当用户使用 Twitter 客户端嵌入媒体时才会出现，该客户端使用特定的 API 来嵌入内容。简单地复制 / 粘贴 YouTube 的视频链接是不会出现 media 域的。

示例 9-11：提取推文实体

```python
def extract_tweet_entities(statuses):

    # See https://bit.ly/2MELMkm
    # for more details on tweet entities

    if len(statuses) == 0:
        return [], [], [], [], []

    screen_names = [ user_mention['screen_name']
                        for status in statuses
                            for user_mention in status['entities']['user_mentions'] ]

    hashtags = [ hashtag['text']
                    for status in statuses
                        for hashtag in status['entities']['hashtags'] ]

    urls = [ url['expanded_url']
                for status in statuses
                    for url in status['entities']['urls'] ]

    # In some circumstances (such as search results), the media entity
    # may not appear
    medias = []
    symbols = []
    for status in statuses:
        if 'media' in status['entities']:
            for media in status['entities']['media']:
                medias.append(media['url'])
        if 'symbol' in status['entities']:
            for symbol in status['entities']['symbol']:
                symbols.append(symbol)

    return screen_names, hashtags, urls, medias, symbols

# Sample usage

q = 'CrossFit'

statuses = twitter_search(twitter_api, q)

screen_names, hashtags, urls, media, symbols = extract_tweet_entities(statuses)

# Explore the first five items for each...

print(json.dumps(screen_names[0:5], indent=1))
print(json.dumps(hashtags[0:5], indent=1))
print(json.dumps(urls[0:5], indent=1))
```

```
print(json.dumps(media[0:5], indent=1))
print(json.dumps(symbols[0:5], indent=1))
```

参考该 API 文档（*http://bit.ly/2wD3VfB*）获取更多的信息，包括每个类型的实体中包含的其他域的信息。比如，对于 URL 来说，Twitter 提供了一些变量，包括缩短或扩展的形式，还有某些情况下在用户界面中能够更友好展示的值。

9.11 在特定的推文范围内查找最流行的推文

1. 问题

你想要在查询推文的部分结果（或者其他一些推文，比如某个用户的推文）中查找最流行的推文。

2. 解决方案

分析推文的 retweet_count 域，看看这个推文有没有被转推以及被转推的次数。

3. 讨论

像示例 9-12 那样，分析 retweet_count 域，这或许是最直观的分析流行度的方法了，因为流行的推文总会被分享给别人。根据对"流行"的解释，另一个应该考虑的值是 favorite_count，它代表了用户对该推文点赞的次数。比如，对于既被转推也被点赞的推文，你可能给 retweet_count 分配 1.0 的权重，给 favorite_count 分配 0.1 的权重。权重如何分配完全取决于解决特定问题时你认为哪个值更加重要。另一种可能性是，指数级衰减（exponential decay）（*http://bit.ly/1a1pHEe*）会受时间影响，时间越新的推文越活跃，这在有些分析中需要注意。

 同时参考 9.14 节和 9.15 节以获取更多讨论信息，这可能有助于在分析和应用转推属性时进行查找，这可能比刚开始看起来要复杂一些。

示例 9-12：在特定的推文范围内查找最流行的推文

```
import twitter

def find_popular_tweets(twitter_api, statuses, retweet_threshold=3):

    # You could also consider using the favorite_count parameter as part of
    # this heuristic, possibly using it to provide an additional boost to
    # popular tweets in a ranked formulation

    return [ status
                for status in statuses
```

```
                 if status['retweet_count'] > retweet_threshold ]

# Sample usage

q = "CrossFit"

twitter_api = oauth_login()
search_results = twitter_search(twitter_api, q, max_results=200)

popular_tweets = find_popular_tweets(twitter_api, search_results)

for tweet in popular_tweets:
    print(tweet['text'], tweet['retweet_count'])
```

 推文中的 `retweeted` 属性并不是告诉你推文有没有被转推的捷径。所谓的 "perspectival" 属性可以告诉你授权的用户（如果你在分析自己的数据，那么该用户就是你）被转推的状态，这使得在用户界面中快速标记很方便。它被称为 perspectival 属性是因为它提供了授权用户的信息。

9.12 在特定的推文范围内查找最流行的推文实体

1. 问题

你想要查找有没有流行的推文实体，比如提及的用户 @*username*、主题标签或 URL，这会让你看到推文的本质。

2. 解决方案

提取推文实体并列出，对它们进行计数并过滤掉那些没有达到最小阈值的推文实体。

3. 讨论

Twitter 的 API 提供了直接对推文实体元数据值的访问，它是通过 `entities` 域实现的，9.10 节中有提到。提取实体之后，可以计算每个实体的频率，并通过 collections.Counter（见示例 9-13）简单地提取常见的实体，这是 Python 的标准库中主要的功能，在用 Python 进行频率分析时非常方便。有了排序过的推文实体的集合，剩下的就是对推文集合进行过滤或使用其他阈值标准，以便找到特定的推文实体。

示例 9-13：在特定的推文范围内查找最流行的推文实体
```
import twitter
from collections import Counter

def get_common_tweet_entities(statuses, entity_threshold=3):

    # Create a flat list of all tweet entities
```

```
tweet_entities = [  e
                    for status in statuses
                        for entity_type in extract_tweet_entities([status])
                            for e in entity_type
                   ]

c = Counter(tweet_entities).most_common()

# Compute frequencies
return [ (k,v)
         for (k,v) in c
             if v >= entity_threshold
        ]

# Sample usage

q = 'CrossFit'

twitter_api = oauth_login()
search_results = twitter_search(twitter_api, q, max_results=100)
common_entities = get_common_tweet_entities(search_results)

print("Most common tweet entities")
print(common_entities)
```

9.13 对频率分析制表

1. 问题

你想要对频率分析的结果制表，以便轻松地浏览某些结果或者使结果以更方便阅读的格式展示。

2. 解决方案

使用 prettytable 包可以轻易地建立能够加载一行一行的信息的对象，每列还能以固定宽度展示表格。

3. 讨论

prettytable 包使用起来非常方便，尤其是在构造易读的能够复制/粘贴到报表或文本文件（参考示例 9-14）中的文本输出方面非常有用。使用 **pip install prettytable** 命令来安装这个包。一起使用 prettytable.PrettyTable 和 collections.Counter 或其他从三元组列表中提取的数据结构很方便，这些三元组能够被排序以便分析。

 如果你对电子制表软件的数据存储感兴趣，可以查看 csv 包的文档（*http://bit. ly/2KmFsgz*）。然而，你需要注意那些已知的问题（正如记载的那样）——关于对 Unicode 的支持的问题。

示例 9-14：对频率分析制表

```
from prettytable import PrettyTable

# Get some frequency data
twitter_api = oauth_login()
search_results = twitter_search(twitter_api, q, max_results=100)
common_entities = get_common_tweet_entities(search_results)

# Use PrettyTable to create a nice tabular display

pt = PrettyTable(field_names=['Entity', 'Count'])
[ pt.add_row(kv) for kv in common_entities ]
pt.align['Entity'], pt.align['Count'] = 'l', 'r' # Set column alignment
pt._max_width = {'Entity':60, 'Count':10}
print(pt)
```

9.14 查找转推了状态的用户

1. 问题

你想查找所有曾经转推过某条状态的用户。

2. 解决方案

使用 GET retweeters/ids API 来查找哪些用户曾经转推过某条状态。

3. 讨论

尽管 GET retweeters/ids API（*http://bit.ly/2jRvjNQ*）返回转推过某个状态的用户的 ID，但有些东西你还是需要了解的。特别地，你要记住这个 API 返回的用户只是那些使用 Twitter 的原生转推 API 转推状态的用户，而不是复制/粘贴推文并在前面使用"RT"，并附加上"(via *@username*)"属性或其他常见东西的用户。

大部分 Twitter 应用（包括 *twitter.com* 的用户界面）使用原生的转推 API，但有些用户可能选择通过"迂回"（working around）原生 API 来分享状态，目的是附加额外的评论或将它们自己插入作为中介来广播的对话中。比如，用户可能以"< AWESOME!"作为推文的后缀，以表达自己的态度。尽管他们可能把这视为转推，但在 Twitter API 的角度，他们是在引用这个推文。至少引用和转推存在混乱的部分原因是 Twitter 并不经常提供原生的转推 API。事实上，转推的概念是演化出来的现象，Twitter 最终在 2010 年底通过提供优秀的 API 支持来做出回应。

下面的说明或许能够讲清楚这个技术细节：假设 @fperez_org 发表了一个状态，然后 @SocialWebMining 转推了这条状态。这时，@fperez_org 发表的状态的 retweet_count 值会变为 1，@SocialWebMining 会在其状态中包含这条状态，这表明了对 @fperez_org 的状态的转推。

现在让我们假设 @jyeee 在 *twitter.com* 中或者 TweetDeck（*http://bit.ly/1a1pIbh*）这样的应用中，通过 @SocialWebMining 的转推注意到了 @fperez_org 的状态，并且转发了这条状态。这时，@fperez_org 的状态中，`retweet_count` 的值会变为 2，@jyeee 也会在自己的状态中包含这条状态（和 @SocialWebMining 的最后一条状态一样），这表明了对 @fperez_org 的转推。

一个需要理解的重要部分是：对任何浏览 @jyeee 状态的用户来说，@SocialWebMining 作为中介对 @fperez_org 和 @jyeee 的联系就会消失。换句话说，@fperez_org 会收到原始推文的属性，任何包含状态的多重中介的反应链都会被抵消。

有了任何转推推文的用户的 ID，使用 `GET users/lookup` API 获取用户信息是非常简单的。参考 9.17 节获取更多的信息。

虽然示例 9-15 可能无法完全满足你的需求，但你要认真考虑 9.15 节中额外的步骤，这样你才能找到状态的广播者。如果你在处理历史推文或者想要检查属性信息的内容，它提供了使用正则表达式分析推文内容并提取被引用推文的属性信息的示例。

示例 9-15：查找转推了状态的用户

```
import twitter

twitter_api = oauth_login()

print("""User IDs for retweeters of a tweet by @fperez_org
that was retweeted by @SocialWebMining and that @jyeee then retweeted
from @SocialWebMining's timeline\n""")
print(twitter_api.statuses.retweeters.ids(_id=334188056905129984)['ids'])
print(json.dumps(twitter_api.statuses.show(_id=334188056905129984), indent=1))
print()

print("@SocialWeb's retweet of @fperez_org's tweet\n")
print(twitter_api.statuses.retweeters.ids(_id=345723917798866944)['ids'])
print(json.dumps(twitter_api.statuses.show(_id=345723917798866944), indent=1))
print()
print("@jyeee's retweet of @fperez_org's tweet\n")
print(twitter_api.statuses.retweeters.ids(_id=338835939172417537)['ids'])
print(json.dumps(twitter_api.statuses.show(_id=338835939172417537), indent=1))
```

 一些 Twitter 用户故意引用推文，而不是使用转推 API，是为了将他们自己加入对话并且转推自己，使用 *RT* 和 *via* 功能也都很常见。事实上，流行的应用（比如 TweetDeck）包括辨别"Edit &RT"还有原生的"Retweet"（转推）功能，见图 9-2。

图 9-2：流行的应用（比如 Twitter 的 TweetDeck）提供了 "Edit&RT" 功能来 "引用" 推文，还有更新和原生的 "Retweet"（转推）功能

9.15 提取转推的属性

1. 问题

你想要查看推文的原始属性。

2. 解决方案

使用分析推文内容的正则表达式启发式方法来分析 " RT @SocialWebMining" 或 "(via @SocialWebMining)" 这样的展示形式。

3. 讨论

探索 9.14 节中描述的 Twitter 的原生转推 API 的结果，这能提供推文的一些原始属性，但肯定不是全部。有时使用这种方法的用户会因为一些原因把自己加入对话，所以为了探索原始的属性，很有必要分析某些特定的推文。示例 9-16 展示了如何使用 Python 的正则表达式来探索常用的展示形式。这些形式在 Twitter 原生的转推 API 发布之前就采用了，现在还很常见。

示例 9-16：提取转推的属性

```
import re

def get_rt_attributions(tweet):
```

```
# Regex adapted from Stack Overflow (http://bit.ly/1821y0J)

rt_patterns = re.compile(r"(RT|via)((?:\b\W*@\w+)+)", re.IGNORECASE)
rt_attributions = []

# Inspect the tweet to see if it was produced with /statuses/retweet/:id.
# See https://bit.ly/2BHBEaq

if 'retweeted_status' in tweet:
    attribution = tweet['retweeted_status']['user']['screen_name'].lower()
    rt_attributions.append(attribution)

# Also, inspect the tweet for the presence of "legacy" retweet patterns
# such as "RT" and "via", which are still widely used for various reasons
# and potentially very useful. See https://bit.ly/2piMo6h
# for information about retweets

try:
    rt_attributions += [
                    mention.strip()
                    for mention in rt_patterns.findall(tweet['text'])[0][1].split()
                   ]
except IndexError as e:
    pass

# Filter out any duplicates

return list(set([rta.strip("@").lower() for rta in rt_attributions]))

# Sample usage
twitter_api = oauth_login()

tweet = twitter_api.statuses.show(_id=214746575765913602)
print(get_rt_attributions(tweet))
print()
tweet = twitter_api.statuses.show(_id=345723917798866944)
print(get_rt_attributions(tweet))
```

9.16 创建健壮的 Twitter 请求

1. 问题

在收集用于分析的数据的过程中，你会碰到一些需要按实际情况来处理的意想不到的
HTTP 错误，从超出访问速率上限限制（429 错误）到常见的"fail whale"（503 错误）。

2. 解决方案

编写一个通用的 API 封装函数来提供可以有效控制各种 HTTP 错误代码的抽象逻辑。

3. 讨论

即使 Twitter 的频率限制对于多数应用来说是够用的，但是对于数据挖掘却是不够的，所

以通常来说你需要控制一段固定时间内的请求数目并且考虑其他种类的 HTTP 错误，例如常见的"fail whale"或者其他突发网络故障。如示例 9-17 所展示的，一个解决方案就是编写一个封装函数来把这种混乱的逻辑抽象化，以允许你简单地编写脚本，就像频率限制和 HTTP 错误在大部分情况下不存在。

参见 9.5 节来了解如何使用标准库中的 `functools.partial` 函数来简化某些情况下封装函数的编写。同样，请参考所有的 Twitter HTTP 错误码 (*http://bit.ly/2rFAjZw*)。9.19 节将提供可以说明如何使用名为 `make_twitter_request` 的函数来简化你在获取 Twitter 数据过程中可能遇到的 HTTP 错误的具体实现。

示例 9-17：创建健壮的 Twitter 请求

```python
import sys
import time
from urllib.error import URLError
from http.client import BadStatusLine
import json

import twitter

def make_twitter_request(twitter_api_func, max_errors=10, *args, **kw):

    # A nested helper function that handles common HTTPErrors. Returns an updated
    # value for wait_period if the problem is a 500-level error. Blocks until the
    # rate limit is reset if it's a rate-limiting issue (429 error). Returns None
    # for 401 and 404 errors, which require special handling by the caller.
    def handle_twitter_http_error(e, wait_period=2, sleep_when_rate_limited=True):

        if wait_period > 3600: # Seconds
            print('Too many retries. Quitting.', file=sys.stderr)
            raise e

        # See https://developer.twitter.com/en/docs/basics/response-codes
        # for common codes

        if e.e.code == 401:
            print('Encountered 401 Error (Not Authorized)', file=sys.stderr)
            return None
        elif e.e.code == 404:
            print('Encountered 404 Error (Not Found)', file=sys.stderr)
            return None
        elif e.e.code == 429:
            print('Encountered 429 Error (Rate Limit Exceeded)', file=sys.stderr)
            if sleep_when_rate_limited:
                print("Retrying in 15 minutes...ZzZ...", file=sys.stderr)
                sys.stderr.flush()
                time.sleep(60*15 + 5)
                print('...ZzZ...Awake now and trying again.', file=sys.stderr)
                return 2
            else:
                raise e # Caller must handle the rate-limiting issue
```

```
            elif e.e.code in (500, 502, 503, 504):
                print('Encountered {0} Error. Retrying in {1} seconds'\
                        .format(e.e.code, wait_period), file=sys.stderr)
                time.sleep(wait_period)
                wait_period *= 1.5
                return wait_period
            else:
                raise e

        # End of nested helper function

        wait_period = 2
        error_count = 0

        while True:
            try:
                return twitter_api_func(*args, **kw)
            except twitter.api.TwitterHTTPError as e:
                error_count = 0
                wait_period = handle_twitter_http_error(e, wait_period)
                if wait_period is None:
                    return
            except URLError as e:
                error_count += 1
                time.sleep(wait_period)
                wait_period *= 1.5
                print("URLError encountered. Continuing.", file=sys.stderr)
                if error_count > max_errors:
                    print("Too many consecutive errors...bailing out.", file=sys.stderr)
                    raise
            except BadStatusLine as e:
                error_count += 1
                time.sleep(wait_period)
                wait_period *= 1.5
                print("BadStatusLine encountered. Continuing.", file=sys.stderr)
                if error_count > max_errors:
                    print("Too many consecutive errors...bailing out.", file=sys.stderr)
                    raise

# Sample usage

twitter_api = oauth_login()

# See http://bit.ly/2Gcjfzr for twitter_api.users.lookup

response = make_twitter_request(twitter_api.users.lookup,
                                screen_name="SocialWebMining")

print(json.dumps(response, indent=1))
```

9.17 获取用户档案信息

1. 问题

你想要根据一个或多个用户的 ID 或昵称获取他们的档案信息。

2. 解决方案

通过 GET users/lookup API，一次使用 100 个 ID 或昵称来获取用户的完整档案。

3. 讨论

许多 API（比如 GET friends/ids 和 GET followers/ids）需要用户名或其他档案信息来返回含糊的 ID 值，以便进行有意义的分析。Twitter 提供的 GET users/lookup（*https://bit.ly/2Gcjfzr*）API 可以每次获取 100 个 ID 或昵称，并且可以使用简单的模式来遍历大量的数据。尽管它在逻辑上稍增加了一些复杂性，但可以构造一个接受用户名或 ID 的关键字参数的简单函数来获取用户档案。示例 9-18 展示了能够应用于很多场合的函数，并提供了在你想获得用户 ID 的情况下的附加支持。

示例 9-18：获取用户档案信息

```
def get_user_profile(twitter_api, screen_names=None, user_ids=None):

    # Must have either screen_name or user_id (logical xor)
    assert (screen_names != None) != (user_ids != None), \
        "Must have screen_names or user_ids, but not both"

    items_to_info = {}

    items = screen_names or user_ids

    while len(items) > 0:

        # Process 100 items at a time per the API specifications for /users/lookup.
        # See http://bit.ly/2Gcjfzr for details.

        items_str = ','.join([str(item) for item in items[:100]])
        items = items[100:]

        if screen_names:
            response = make_twitter_request(twitter_api.users.lookup,
                                            screen_name=items_str)
        else: # user_ids
            response = make_twitter_request(twitter_api.users.lookup,
                                            user_id=items_str)

        for user_info in response:
            if screen_names:
                items_to_info[user_info['screen_name']] = user_info
            else: # user_ids
                items_to_info[user_info['id']] = user_info

    return items_to_info

# Sample usage

twitter_api = oauth_login()
```

```
print(get_user_profile(twitter_api,
    screen_names=["SocialWebMining", "ptwobrussell"]))
#print(get_user_profile(twitter_api, user_ids=[132373965]))
```

9.18 从任意的文本中提取推文实体

1. 问题

你想要分析任意文本并且提取推文实体，例如提及的用户 @*username*、主题标签以及其中可能出现的 URL。

2. 解决方案

使用第三方的包（比如 `twitter_text`）来从任意文本中提取推文实体（比如历史推文档案）可能不像现在 v1.1 API 提供的那样，它不包含推文实体。

3. 讨论

Twitter 并没有一直提取推文实体，但是你可以通过名为 `twitter_text` 的第三方包来轻易获得，正如示例 9-19 中展示的那样。你可以使用 pip 命令的 **pip install twitter_text** 来安装 `twitter_text`。

示例 9-19：从任意的文本中提取推文实体

```
# pip install twitter_text
import twitter_text

# Sample usage

txt = "RT @SocialWebMining Mining 1M+ Tweets About #Syria http://wp.me/p3QiJd-1I"

ex = twitter_text.Extractor(txt)

print("Screen Names:", ex.extract_mentioned_screen_names_with_indices())
print("URLs:", ex.extract_urls_with_indices())
print("Hashtags:", ex.extract_hashtags_with_indices())
```

9.19 获得用户的所有好友和关注者

1. 问题

你想要获得 Twitter 用户（可能是很受欢迎的用户）的所有好友和关注者。

2. 解决方案

使用 9.16 节介绍的 `make_twitter_request` 函数，因为有时关注者人数可能超过预先定义的限制，所以简化对 ID 获取的处理。

3. 讨论

GET followers/ids 和 GET friends/ids 提供了能够导航到特定用户的所有好友和关注者 ID 的 API，但由于每个 API 请求每次最多会返回 5000 个 ID，所以获取所有 ID 的逻辑并不是非常简单。尽管大多数用户不会有 5000 个好友或关注者，但一些让人有兴趣分析的名人用户会有成百上千甚至百万个关注者。获取所有的 ID 很有挑战性，因为我们需要用 cursor 遍历每次返回的结果，还要考虑到这个过程中可能出现的 HTTP 错误。幸运的是，应用 make_twitter_request 并像前面介绍的那样使用 cursor 系统来获取所有的 ID 并不是很难。

示例 9-20 介绍的类似技术可以和 9.17 节提供的模板结合，来构造一个健壮的函数。该函数提供中间步骤，比如通过用户名获取 ID 的子集（或所有 ID）。建议将结果存储在文档型数据库（比如 9.7 节介绍的 MongoDB）中，这样在操作大量数据时，就不会有数据因不可预料的错误而丢失了。

有时最好通过像 DataSift（*http://bit.ly/1a1pKje*）这样的第三方服务来更加快速地访问某些特定的数据，比如名人用户（如 @ladygaga）的所有关注者的完整档案。在尝试收集大量数据之前，你至少要想出算法并了解这需要花费多久，考虑这个长时间运行的过程中可能发生的（不可预料的）错误，并想想从其他途径获取数据会不会更好。花费金钱往往会节省你的时间。

示例 9-20：获得用户的所有好友和关注者

```
from functools import partial
from sys import maxsize as maxint

def get_friends_followers_ids(twitter_api, screen_name=None, user_id=None,
                              friends_limit=maxint, followers_limit=maxint):

    # Must have either screen_name or user_id (logical xor)
    assert (screen_name != None) != (user_id != None), \
        "Must have screen_name or user_id, but not both"

    # See http://bit.ly/2GcjKJP and http://bit.ly/2rFz90N for details
    # on API parameters

    get_friends_ids = partial(make_twitter_request, twitter_api.friends.ids,
                              count=5000)
    get_followers_ids = partial(make_twitter_request, twitter_api.followers.ids,
                                count=5000)

    friends_ids, followers_ids = [], []

    for twitter_api_func, limit, ids, label in [
                    [get_friends_ids, friends_limit, friends_ids, "friends"],
                    [get_followers_ids, followers_limit, followers_ids, "followers"]
                ]:
```

```
    if limit == 0: continue

    cursor = -1
    while cursor != 0:

        # Use make_twitter_request via the partially bound callable
        if screen_name:
            response = twitter_api_func(screen_name=screen_name, cursor=cursor)
        else: # user_id
            response = twitter_api_func(user_id=user_id, cursor=cursor)

        if response is not None:
            ids += response['ids']
            cursor = response['next_cursor']

        print('Fetched {0} total {1} ids for {2}'.format(len(ids),
                label, (user_id or screen_name)),file=sys.stderr)

        # You may want to store data during each iteration to provide an
        # additional layer of protection from exceptional circumstances

        if len(ids) >= limit or response is None:
            break

# Do something useful with the IDs, like store them to disk
return friends_ids[:friends_limit], followers_ids[:followers_limit]

# Sample usage

twitter_api = oauth_login()

friends_ids, followers_ids = get_friends_followers_ids(twitter_api,
                                             screen_name="SocialWebMining",
                                             friends_limit=10,
                                             followers_limit=10)

print(friends_ids)
print(followers_ids)
```

9.20 分析用户的好友和关注者

1. 问题

你想要通过对用户的好友和关注者进行比较来进行基本的分析。

2. 解决方案

使用集合操作，例如求交集和求差集，分析用户的好友和关注者。

3. 讨论

获得用户的所有好友和关注者后，你可以只使用 ID 值本身进行集合操作，比如求交集和求差集，来进行一些基本的分析，如示例 9-21 所示。

给定两个集合，则集合的交集返回它们共有的条目，而集合间的差集是把在一个集合中出现的条目都从另一个集合中移除，留下不同的条目。回想一下，求交集是一个可交换操作，而求差集却是不可交换操作[注1]。

在分析好友和关注者这一任务下，两个集合的交集可以解释成"互为好友"或一个用户关注的人他们也关注，而两个集合的差集根据操作数的次序可以解释成一个用户未关注的人或者他们关注的人而反过来未关注他们。

给定一份好友和关注者 ID 的完整列表，计算这些集合操作是一种很自然的切入点，也可以是后续分析的跳板。例如，它可能不需要使用 GET users/lookup 类的 API 来获取数以百万计关注者的档案作为分析的中间过程。你可能反而选择计算集合操作的结果，如互为好友（其中有可能存在更强的亲密性），并在进一步扩大范围之前专注于这些用户 ID 的档案。

示例 9-21：分析用户的好友和关注者

```python
def setwise_friends_followers_analysis(screen_name, friends_ids, followers_ids):

    friends_ids, followers_ids = set(friends_ids), set(followers_ids)

    print('{0} is following {1}'.format(screen_name, len(friends_ids)))

    print('{0} is being followed by {1}'.format(screen_name, len(followers_ids)))

    print('{0} of {1} are not following {2} back'.format(
            len(friends_ids.difference(followers_ids)),
            len(friends_ids), screen_name))

    print('{0} of {1} are not being followed back by {2}'.format(
            len(followers_ids.difference(friends_ids)),
            len(followers_ids), screen_name))

    print('{0} has {1} mutual friends'.format(
            screen_name, len(friends_ids.intersection(followers_ids))))

# Sample usage

screen_name = "ptwobrussell"

twitter_api = oauth_login()

friends_ids, followers_ids = get_friends_followers_ids(twitter_api,
                                                screen_name=screen_name)
setwise_friends_followers_analysis(screen_name, friends_ids, followers_ids)
```

注 1：一个可交换操作是指操作数的次序不影响操作的结果，即操作数可交换。如加法和乘法都是可交换的操作。

9.21 获取用户的推文

1. 问题

你想要获得所有用户的最新推文，以备分析之用。

2. 解决方案

使用 GET statuses/user_timeline 的 API 入口来检索一个用户的多达 3200 条最近推文。考虑到这一系列 API 请求可能会超出访问速率上限或者会在过程中遇到 HTTP 错误，最好有一个强大的 API 包装函数（如 make_twitter_request）来协助（如 9.16 节所介绍的）。

3. 讨论

时间轴是 Twitter 开发者生态系统的一个基本概念，并且 Twitter 提供了一个方便的 API 入口来通过"用户时间轴"获取用户的推文。如示例 9-22 所示，获取用户的推文是一个有意义分析的切入点，因为推文是这个生态系统中最基本的组成单元。收集得到的某一特定用户的大量推文，为推断这个人所谈论（进而关心）的事物提供了令人难以置信的洞察力。借助某用户的数百个推文档案，你往往需要发起很少的 API 访问就可以进行几十个实验。把推文存储在文档级别的数据库（例如 MongoDB）中，在实验过程中可以很方便地存储和访问数据。对于注册时间更长的 Twitter 用户，执行时间序列分析来探索兴趣或情绪随时间变化的规律可能是值得尝试的练习。

示例 9-22：获取用户的推文

```
def harvest_user_timeline(twitter_api, screen_name=None, user_id=None,
    max_results=1000):

    assert (screen_name != None) != (user_id != None), \
    "Must have screen_name or user_id, but not both"

    kw = {  # Keyword args for the Twitter API call
        'count': 200,
        'trim_user': 'true',
        'include_rts' : 'true',
        'since_id' : 1
        }

    if screen_name:
        kw['screen_name'] = screen_name
    else:
        kw['user_id'] = user_id

    max_pages = 16
    results = []

    tweets = make_twitter_request(twitter_api.statuses.user_timeline, **kw)
```

```
    if tweets is None: # 401 (Not Authorized) - Need to bail out on loop entry
        tweets = []

    results += tweets

    print('Fetched {0} tweets'.format(len(tweets)), file=sys.stderr)

    page_num = 1

    # Many Twitter accounts have fewer than 200 tweets so you don't want to enter
    # the loop and waste a precious request if max_results = 200.

    # Note: Analogous optimizations could be applied inside the loop to try and
    # save requests (e.g., don't make a third request if you have 287 tweets out of
    # a possible 400 tweets after your second request). Twitter does do some post-
    # filtering on censored and deleted tweets out of batches of 'count', though,
    # so you can't strictly check for the number of results being 200. You might get
    # back 198, for example, and still have many more tweets to go. If you have the
    # total number of tweets for an account (by GET /users/lookup/), then you could
    # simply use this value as a guide.

    if max_results == kw['count']:
        page_num = max_pages # Prevent loop entry

    while page_num < max_pages and len(tweets) > 0 and len(results) < max_results:

        # Necessary for traversing the timeline in Twitter's v1.1 API:
        # get the next query's max-id parameter to pass in.
        # See http://bit.ly/2L0jwJw.
        kw['max_id'] = min([ tweet['id'] for tweet in tweets]) - 1

        tweets = make_twitter_request(twitter_api.statuses.user_timeline, **kw)
        results += tweets

        print('Fetched {0} tweets'.format(len(tweets)),file=sys.stderr)

        page_num += 1

    print('Done fetching tweets', file=sys.stderr)

    return results[:max_results]

# Sample usage

twitter_api = oauth_login()
tweets = harvest_user_timeline(twitter_api, screen_name="SocialWebMining",
                               max_results=200)

# Save to MongoDB with save_to_mongo or a local file with save_json
```

9.22 爬取好友关系图

1. 问题

你想要获取用户的关注者的 ID、关注者的关注者的 ID、关注者的关注者的那些关注者的 ID，以此类推，作为网络分析的一部分。本质上也就是要爬取一个 Twitter 上的"关注"好友关系图。

2. 解决方案

使用广度优先搜索策略，系统地获取好友信息，可以相当容易地解释为网络分析中的图。

3. 讨论

广度优先搜索是一种常用于图搜索的技术，是你切入问题并建立关于关系的多级语境的标准做法之一。给定一个起点和一个深度，一个广度优先遍历系统地探索空间，使得它可以保证最终返回此深度下的所有节点，并且在搜索空间时，在每个深度完成探索之后才进入下一深度的探索（见示例 9-23）。

示例 9-23：爬取一个好友关系图

```
def crawl_followers(twitter_api, screen_name, limit=1000000, depth=2,
                    **mongo_conn_kw):

    # Resolve the ID for screen_name and start working with IDs for consistency
    # in storage

    seed_id = str(twitter_api.users.show(screen_name=screen_name)['id'])

    _, next_queue = get_friends_followers_ids(twitter_api, user_id=seed_id,
                                              friends_limit=0, followers_limit=limit)

    # Store a seed_id => _follower_ids mapping in MongoDB

    save_to_mongo({'followers' : [ _id for _id in next_queue ]}, 'followers_crawl',
                  '{0}-follower_ids'.format(seed_id), **mongo_conn_kw)

    d = 1
    while d < depth:
        d += 1
        (queue, next_queue) = (next_queue, [])
        for fid in queue:
            _, follower_ids = get_friends_followers_ids(twitter_api, user_id=fid,
                                                        friends_limit=0,
                                                        followers_limit=limit)

            # Store a fid => follower_ids mapping in MongoDB
            save_to_mongo({'followers' : [ _id for _id in follower_ids ]},
                          'followers_crawl', '{0}-follower_ids'.format(fid))

            next_queue += follower_ids
```

```
# Sample usage

screen_name = "timoreilly"

twitter_api = oauth_login()

crawl_followers(twitter_api, screen_name, depth=1, limit=10)
```

请记住，很可能在探索 Twitter 的好友关系图时遇到超节点。超节点是那些具有很高出度的节点，它很容易消耗计算机资源以及 API 请求，这些请求会计入你的速率限制，以致到达访问速率上限的速度很快。至少在初始分析时，你控制图中每个待获取用户的关注者的最大数量是可取的。因此你可以知道你面对的困难是什么，并可以断定在解决特定问题时，那些超节点是否值得付出时间和精力。探索一个未知的图是一项复杂的（和令人兴奋的）问题，并且其他类型的多种工具（如采样技术）可以巧妙地结合进来以进一步提高搜索的效率。

9.23 分析推文内容

1. 问题

给定一组推文，你想要针对每个内容做一些粗略的分析，以更好地理解讨论主旨以及推文本身表达的观点。

2. 解决方案

使用简单的统计方法（如词汇丰富性和每个推文的平均词数）初步了解所谈论的内容，这是理解所使用语言本质的第一步。

3. 讨论

除了分析推文实体内容并简单地分析常用词的频率，你也可以检查推文的词汇丰富性以及计算其他简单的统计量，如每个推文的平均词长，以更好地理解数据（参见示例 9-24）。词汇丰富性是一个简单的统计量，定义为不同的词数除以语料中全部词数。根据定义，词汇丰富性为 1.0 意味着语料中所有词都是不同的，而词汇丰富性接近 0.0 意味着有更多的重复词。

示例 9-24：分析推文内容

```
def analyze_tweet_content(statuses):

    if len(statuses) == 0:
        print("No statuses to analyze")
        return

    # A nested helper function for computing lexical diversity
```

```
def lexical_diversity(tokens):
    return 1.0*len(set(tokens))/len(tokens)

# A nested helper function for computing the average number of words per tweet
def average_words(statuses):
    total_words = sum([ len(s.split()) for s in statuses ])
    return 1.0*total_words/len(statuses)

status_texts = [ status['text'] for status in statuses ]
screen_names, hashtags, urls, media, _ = extract_tweet_entities(statuses)

# Compute a collection of all words from all tweets
words = [ w
      for t in status_texts
          for w in t.split() ]

print("Lexical diversity (words):", lexical_diversity(words))
print("Lexical diversity (screen names):", lexical_diversity(screen_names))
print("Lexical diversity (hashtags):", lexical_diversity(hashtags))
print("Averge words per tweet:", average_words(status_texts))


# Sample usage

q = 'CrossFit'
twitter_api = oauth_login()
search_results = twitter_search(twitter_api, q)

analyze_tweet_content(search_results)
```

根据语境的不同，词汇丰富性可以有稍微不同的解释。例如，文学语境下，比较两位作者的词汇丰富性可以衡量和对比他们语言的丰富性和表现力。虽然通常就其本身而言，这不是最终目标，但是它对考察词汇丰富性往往提供了宝贵的初始见解（通常与频率分析相结合），可以用来更好地了解可能的后续步骤。

在 Twitter 虚拟空间中，如果比较两个 Twitter 用户，则词汇丰富性可能以类似的方式解释，但它也可能暗示了很多关于正在讨论的整体内容的相对丰富性，可能是跟一个人谈论技术而跟另一个人谈论更广泛的主题。在类似于多个作者发布同一主题的一组推文的语境下（如在检查由搜索 API 或信息流 API 返回的推文集合的情况下），远低于预期的词汇丰富性也可能意味着有很多"集体思维"正在涌现。另一种可能性是很多转推，其中相同的信息被或多或少地复述。与任何其他的分析类似，任何统计量都无法脱离语境进行孤立地解释。

9.24 提取链接目标摘要

1. 问题

你想要粗略地理解链接目标（如提取推文实体的 URL）所表达的内容，以获得推文的本质和 Twitter 用户兴趣上的见解。

2. 解决方案

将链接指向的内容概括为几句话，达到不用阅读整个网页即可快速浏览（或从另外角度进行更扼要的分析）的目的。

3. 讨论

在尝试理解网页中的人类语言数据时，只有你想不到，没有你做不到。示例 9-25 尝试提供一个处理和提取网页内容为简洁形式的模板，从而可以快速浏览或者采用其他手段予以分析。简而言之，它展示了如何获取一个网页，分割出网页中的有意义内容（与页眉、页脚、侧边栏等大量公式化内容不同），移除残留其中的 HTML 标记并借助简单的摘要技术分离出内容中最重要的句子。

示例 9-25：提取链接目标摘要

```python
import sys
import json
import nltk
import numpy
import requests
from boilerpipe.extract import Extractor

def summarize(url=None, html=None, n=100, cluster_threshold=5, top_sentences=5):

    # Adapted from "The Automatic Creation of Literature Abstracts" by H.P. Luhn
    #
    # Parameters:
    # * n  - Number of words to consider
    # * cluster_threshold - Distance between words to consider
    # * top_sentences - Number of sentences to return for a "top n" summary

    # Begin - nested helper function
    def score_sentences(sentences, important_words):
        scores = []
        sentence_idx = -1

        for s in [nltk.tokenize.word_tokenize(s) for s in sentences]:

            sentence_idx += 1
            word_idx = []

            # For each word in the word list...
            for w in important_words:
                try:
                    # Compute an index for important words in each sentence

                    word_idx.append(s.index(w))
                except ValueError as e: # w not in this particular sentence
                    pass
```

```
        word_idx.sort()

        # It is possible that some sentences may not contain any important words
        if len(word_idx)== 0: continue

        # Using the word index, compute clusters with a max distance threshold
        # for any two consecutive words

        clusters = []
        cluster = [word_idx[0]]
        i = 1
        while i < len(word_idx):
            if word_idx[i] - word_idx[i - 1] < cluster_threshold:
                cluster.append(word_idx[i])
            else:
                clusters.append(cluster[:])
                cluster = [word_idx[i]]
            i += 1
        clusters.append(cluster)

        # Score each cluster. The max score for any given cluster is the score
        # for the sentence.

        max_cluster_score = 0
        for c in clusters:
            significant_words_in_cluster = len(c)
            total_words_in_cluster = c[-1] - c[0] + 1
            score = 1.0 * significant_words_in_cluster \
                * significant_words_in_cluster / total_words_in_cluster

            if score > max_cluster_score:
                max_cluster_score = score

        scores.append((sentence_idx, score))

    return scores

# End - nested helper function

extractor = Extractor(extractor='ArticleExtractor', url=url, html=html)

# It's entirely possible that this "clean page" will be a big mess. YMMV.
# The good news is that the summarize algorithm inherently accounts for handling
# a lot of this noise.

txt = extractor.getText()

sentences = [s for s in nltk.tokenize.sent_tokenize(txt)]
normalized_sentences = [s.lower() for s in sentences]

words = [w.lower() for sentence in normalized_sentences for w in
        nltk.tokenize.word_tokenize(sentence)]

fdist = nltk.FreqDist(words)

top_n_words = [w[0] for w in fdist.items()
        if w[0] not in nltk.corpus.stopwords.words('english')][:n]
```

```
scored_sentences = score_sentences(normalized_sentences, top_n_words)

# Summarization Approach 1:
# Filter out nonsignificant sentences by using the average score plus a
# fraction of the std dev as a filter

avg = numpy.mean([s[1] for s in scored_sentences])
std = numpy.std([s[1] for s in scored_sentences])
mean_scored = [(sent_idx, score) for (sent_idx, score) in scored_sentences
               if score > avg + 0.5 * std]

# Summarization Approach 2:
# Return only the top N ranked sentences

top_n_scored = sorted(scored_sentences, key=lambda s: s[1])[-top_sentences:]
top_n_scored = sorted(top_n_scored, key=lambda s: s[0])

# Decorate the post object with summaries

return dict(top_n_summary=[sentences[idx] for (idx, score) in top_n_scored],
            mean_scored_summary=[sentences[idx] for (idx, score) in mean_scored])

# Sample usage
sample_url = 'http://radar.oreilly.com/2013/06/phishing-in-facebooks-pond.html'
summary = summarize(url=sample_url)

# Alternatively, you can pass in HTML if you have it. Sometimes this approach may be
# necessary if you encounter mysterious urllib2.BadStatusLine errors. Here's how
# that would work:

# sample_html = requests.get(sample_url).text
# summary = summarize(html=sample_html)

print("-----------------------------------------------")
print("              'Top N Summary'")
print("-----------------------------------------------")
print(" ".join(summary['top_n_summary']))
print()
print()
print("-----------------------------------------------")
print("             'Mean Scored' Summary")
print("-----------------------------------------------")
print(" ".join(summary['mean_scored_summary']))
```

自动摘要技术基于如下基本假设：按时序表述时，最重要的句子能够很好地总结内容，并且，你可以通过辨识那些频繁出现的搭配紧密的词来发现最重要的句子。尽管这种自动摘要做法有点粗糙，它却在相对规范的网页内容上出奇地好用。

9.25 分析用户收藏的推文

1. 问题

你想要通过检查一个人收藏的推文，了解更多关于人们在意的事的见解。

2. 解决方案

使用 GET favorites/list API 入口获取一个用户收藏的推文，随后使用技术手段来检测、提取和计算推文实体以刻画其内容。

3. 讨论

考虑到并不是所有的 Twitter 用户都以书签方式收藏喜欢的推文，所以你在专注于获得感兴趣内容和主题时，不能认为它是完全可靠的技术。但如果碰到了习惯把喜欢的推文予以收藏的 Twitter 用户，那你就太幸运了，你将常常发现井然有序的内容宝库。尽管示例 9-26 给出一个基于之前配方来创建推文实体表的分析，但你可以应用更高级的技术到推文自身。一些思路可能包括把内容分离到不同主题、分析一个人的喜好是如何随时间变化或者演化的，或者绘制出一个人在何时以及多久收藏一次推文等规律。

示例 9-26：分析用户收藏的推文

```
def analyze_favorites(twitter_api, screen_name, entity_threshold=2):

    # Could fetch more than 200 by walking the cursor as shown in other
    # recipes, but 200 is a good sample to work with
    favs = twitter_api.favorites.list(screen_name=screen_name, count=200)
    print("Number of favorites:", len(favs))

    # Figure out what some of the common entities are, if any, in the content

    common_entities = get_common_tweet_entities(favs,
                                                 entity_threshold=entity_threshold)

    # Use PrettyTable to create a nice tabular display

    pt = PrettyTable(field_names=['Entity', 'Count'])
    [ pt.add_row(kv) for kv in common_entities ]
    pt.align['Entity'], pt.align['Count'] = 'l', 'r' # Set column alignment

    print()
    print("Common entities in favorites...")
    print(pt)


    # Print out some other stats
    print()
    print("Some statistics about the content of the favorites...")
    print()
    analyze_tweet_content(favs)

    # Could also start analyzing link content or summarized link content, and more

# Sample usage

twitter_api = oauth_login()
analyze_favorites(twitter_api, "ptwobrussell")
```

记住，除了收藏行为，所有被用户转推的推文也是有潜力的分析候选，甚至可供分析一些特殊行为模式，比如用户是否喜欢转推（以及转推频率）、收藏推文（以及收藏频率）或者两者都喜欢，这本身就是很有启发意义的调研。

9.26 本章小结

相较于成百上千处理和挖掘 Twitter 数据的代码配方而言，这个实用指南真的只算乏善可陈，希望它为你提供了一个很好的跳板和一些想法的雏形，你可以在此基础上以多种形式好好吸取经验并善用它们。你可以利用 Twitter 数据（和大多数其他社交数据）做广泛、强大、充满趣味的事情。

 热烈欢迎和鼓励你拉取请求其他一些代码配方（以及对这些配方的增强），它的批准比较宽松。请从 GitHub 的资料库（*http://bit.ly/Mining-the-Social-Web-3E*）派生本书的源代码、提交一个代码配方到本章的 Jupyter Notebook 并提交拉取请求！希望这个代码配方集合将不断增长，为社交数据挖掘者提供宝贵的切入点并围绕它形成一个充满活力的社区。

9.27 推荐练习

- 深入研究 Twitter 平台 API（*http://bit.ly/1a1kSKQ*）。是否有什么 API 的出现（或未出现）是让你感到惊奇的？

- 分析所有你曾经转推的推文。你是否对你曾经转推的内容或者你的兴趣如何随时间演化而大吃一惊？

- 对比你原创的推文与转推的推文。它们一般属于同一主题吗？

- 写一个代码配方，让它从 MongoDB 载入好友关系图数据，并使用 NetworkX 转成一个真正的图表示，然后采用 NetworkX 的内置算法（如中心度度量或团分析）进行图挖掘。第 8 章提供了 NetworkX 的概述，你会发现先复习这部分内容再完成本练习会大有裨益。

- 写一个代码配方，改写前面章节的可视化代码，用于显示 Twitter 数据。例如，改变图可视化可以显示好友关系图，采用 Jupyter Notebook 以显示推文的模式或者某个用户的趋势的直方图，再或者使用推文内容填充一个标签云（如 Word Cloud Layout，*http://bit.ly/1a1n5pO*）。

- 写一个代码配方，根据推文内容辨识那些关注你又值得你去关注的人。4.3.2 节介绍了几个相似度度量，可能是不错的切入点。

- 写一个代码配方来基于两个用户的推文的内容计算他们的相似度。

- 回顾 Twitter 的列表 API，特别要看 /lists/list（*http://bit.ly/2L0fSzd*）和 /lists/ memberships（*http://bit.ly/2rE3mwD*）API 入口，它们分别告诉你一个用户订阅的列表和一个其成员已被其他用户添加了的列表。你能从订阅列表中获知用户的什么信息？你又能从被其他用户添加的列表获知用户的哪些信息呢？

- 尝试运用技术来处理推文中的人类语言。卡耐基－梅隆有一个 Twitter 的 NLP 和词性标记项目（*http://bit.ly/1a1n84Y*），它是一个很好的切入点。

- 如果你关注许多 Twitter 账户，对你来说不太可能跟上所有的动态。写一个算法，按照推文的重要性而不是时间顺序排序在你的主页时间轴上。你是否能够有效滤除噪声并获得更强的信号？你能否根据你个人的兴趣对一天中排在最前面的推文计算一个有意义的摘要？

- 开始积累其他社交网站（如 Facebook、LinkedIn）的代码配方。

9.28 在线资源

下面是本章的链接清单，对于复习本章内容可能会很有帮助：

- BSON（*http://bit.ly/1a1pG34*）。

- d3-cloud GitHub 资源库（*http://bit.ly/1a1n5pO*）。

- 指数级衰减（*http://bit.ly/1a1pHEe*）。

- MongoDB 的数据聚合框架（*http://bit.ly/1a1pGjv*）。

- OAuth 2.0（*https://oauth.net/2/*）。

- Twitter API 文档（*http://bit.ly/1a1kSKQ*）。

- Twitter API HTTP 错误码（*http://bit.ly/2rFAjZw*）。

- Twitter 自然语言处理和词性标记项目（*http://bit.ly/1a1n84Y*）。

- Twitter 信息流 API（*http://bit.ly/2rDU17W*）。

- Where On Earth（WOE）ID 查找（*http://bit.ly/2jVIcXo*）。

第三部分

附录

本附录展示了一些丰富的材料，它对前面的很多内容进行了扩展。

- 附录 A：简述贯穿本书的虚拟机体验技术，并简要讨论虚拟机的使用范围及目的。

- 附录 B：简要讨论开放授权（OAuth），它是一个工业协议，支持使用一个 API 从几乎所有著名的社交网站中读取社交数据。

- 附录 C：简述你在本书的源代码中遇到的一些常见的 Python 风格，强调关于 Jupyter Notebook 的一些细节。了解它们会对你很有帮助。

关于本书虚拟机体验的信息

正如本书的每一章都有相应的 Jupyter Notebook，每个附录也有相应的 Jupyter Notebook，所有的 Notebook 都保存在本书的 GitHub 源代码库（*http://bit.ly/Mining-the-Social-Web-3E*）中。可以将本附录与 Jupyter Notebook 进行参照，以了解如何方便地使用 Docker 安装和配置书中的虚拟机。

建议你使用与本书相关的 Docker 映像作为开发环境，而不是用任意 Python 安装环境。有一些重要的配置管理问题涉及安装 Jupyter Notebook 和科学计算所需要的全部依赖。为支持使用不同平台的用户，本书前后共使用了各种不同的第三方 Python 包，而这只会加剧基本环境搭建及运行的复杂度。

GitHub 源代码库（*http://bit.ly/Mining-the-Social-Web-3E*）包含最新的入门指导说明、如何安装 Docker 和启动本书中使用的所有软件的"容器化"映像。即使你对 Python 开发工具非常熟悉，你仍然会想在第一次阅读本书的过程中通过利用本书的虚拟机来节省时间。试一下，你会很高兴使用它。

 附录 A（*http://bit.ly/2H0nbUu*）的只读 Jupyter Notebook 保存在本书 GitHub 源代码库（*http://bit.ly/Mining-the-Social-Web-3E*）中，并且包含了如何开始的一步一步的指导。

附录 B

OAuth 入门

本附录可以与 Jupyter Notebook 互相参照，Jupyter Notebook 提供的代码示例展示了交互式 OAuth 的过程，它涉及明确的用户授权，如果你要实现面向用户的应用就需要该授权。

本附录的剩下部分意在提供对 OAuth 的简明讨论。对于像 Twitter、Facebook 和 LinkedIn 这样流行网站的 OAuth 使用样例代码在相应的 Jupyter Notebook 中，可以在本书的源代码中找到。

 和其他附录一样，本附录也有相应的 Jupyter Notebook（*http://bit.ly/2xnKpUX*），你可以在线阅读。

概述

OAuth 表示"开放授权"，它通过一个 API 为用户提供了一个途径来授权应用读取他们的账户数据，而不需要交出像用户名和密码这样敏感的认证信息。虽然 OAuth 被放在社交网络的背景下，但是记住，在任何用户想要授权应用代表他们来进行具体操作的时候，该规范都可广泛使用。总的来说，用户可以控制第三方应用读取数据的权限（取决于供应商实现的 API 对权限的划分）并且可以在任何时候收回这个权限。例如，考虑 Facebook 的例子，该例中实现了极其细致的权限设定，让用户可以允许第三方应用访问一些十分具体的敏感账户信息。

考虑如 Twitter、Facebook、LinkedIn 和 Instagram 这些大受欢迎的平台和在这些社交网络平台上开发的第三方应用的大量工具，不出所料，它们已经采用 OAuth 的途径来开放平台。然而，就像任何其他规范或协议一样，不同社交网络内容的 OAuth 实现在规范版本上存在区别，并且有时在一些特定的实现中会出现一些个人风格。本节剩余部分提供了

OAuth 1.0a (如 RFC 5849 (*http://bit.ly/1a1pWio*) 定义的) 和 OAuth 2.0 (如 RFC 6749 (*http://bit.ly/1a1pWiz*) 定义的) 的简要概述，当你在挖掘社交网络和进行一些其他平台 API 编码时，你就会遇到 OAuth。

OAuth 1.0a

OAuth 1.0[注1] 定义了一个协议，它可以让网络客户读取服务器上资源所有者保护的资源，该协议在 OAuth 1.0 指南 (*http://bit.ly/1a1pYHe*) 中有十分详尽的描述。正如你已经知道的，该协议的存在就是为了避免用户 (资源拥有者) 将密码共享给网络应用的问题，尽管其在相当受限的范围内定义，但它在其声明的事情上做得确实很好。正如它所证明的，开发者对 OAuth 1.0 的主要不满 (起初阻碍了协议的实施) 是它实施起来冗长乏味，因为考虑到 OAuth 1.0 没有假定信任证书是使用 HTTPS 协议通过安全的 SSL 连接来进行交换的，它会涉及多种加密的细节 (例如 HMAC 签名 (*http://bit.ly/1a1pZeI*))。换句话说，OAuth 1.0 用信息加密来保证通过电线传输过程中的安全性。

尽管我们在这里的讨论不够正式，但是你要知道在 OAuth 的语法中，请求读取数据的应用程序通常叫作客户端 (有时也叫作消费者)，装载受保护资源的社交网站或服务叫作服务器 (有时也叫作服务供应商)，授权他人读取数据的用户叫作资源所有者。由于在这个协议中涉及 3 种角色，它们之间的一系列变化通常称为"三角流动"，或者更通俗地说叫作"OAuth 舞蹈"。尽管协议的实现及其安全的细节有些复杂，但实质上来看在 OAuth 舞蹈中只有一些基本的步骤，这些步骤最终可以使客户端代表资源所有者读取服务器上受保护的数据：

1. 客户端从服务供应商获得未被授权的请求令牌。

2. 资源所有者授权请求令牌。

3. 客户端用请求令牌换取访问令牌。

4. 客户端用访问令牌代表资源所有者读取受保护的资源。

就其详细的认证信息来说，客户端从用户账号和密码开始，到"OAuth 舞蹈"末尾，获取访问令牌和令牌密码来读取受保护的资源。整体考虑，OAuth 1.0 开始是使客户端应用程序从资源所有者那里安全地获得授权，进而从服务器上读取用户的资源，尽管可能会有一些冗长的实现细节，但它提供了一个广泛接受的协议，能够很好地达到目的。OAuth 1.0 可能暂时看起来够用了。

注1：在本次讨论中，考虑到 OAuth 1.0 修订版 A 淘汰了 OAuth 1.0 并已成为广泛采用的标准，我们所用的"OAuth 1.0"一词从技术上来讲就是指"OAuth 1.0a"。

Rob Sober 的"Introduction to OAuth (in Plain English)"(*http://bit.ly/1a1pXD7*)阐述了终端用户（资源所有者）如何授权一个短网址的服务（例如 bit.ly（客户端））自动将链接发布到 Twitter（服务供应商）上。本节出现的抽象概念值得回味并深刻理解。

OAuth 2.0

鉴于 OAuth 1.0 可以对网络上的应用程序提供实用的授权流程（尽管范围有限），OAuth 2.0 的初衷是通过在安全方面完全依靠 SSL 为网页应用开发者提供大大简化的实现细节，并满足更广泛的用例。这样的用例范围包括从支持移动设备到满足企业的需求，甚至"物联网"的需求，例如可能出现在你家里的设备。

Facebook 是其早期的使用者，它应用 OAuth 2.0 的计划要追溯到 2011 年 OAuth 2.0 的早期草稿（*http://bit.ly/1a1pYa9*），它也是很快完全依靠部分 OAuth 2.0 协议的平台。尽管 Twitter 的标准的基于用户的授权仍然直接依靠 OAuth 1.0a，但是它在 2013 年初实现了基于应用程序的授权（*http://bit.ly/2GZEa9a*），该方法是在 OAuth 2.0 协议的客户证书授权（*http://bit.ly/1a1q3KT*）流程上建立的模型。正如你所看到的，对 OAuth 2.0 的反应各有不同，并不是所有的社交网站都在 OAuth 2.0 发布的时候立即争抢着去实现。

OAuth 2.0 是否会像起初设想的那样成为新的工业标准，现在仍旧不明朗。一个题为"OAuth 2.0 and the Road to Hell"（*http://bit.ly/2Jege7m*）的博客（它相应的 Hacker News 讨论（*http://bit.ly/1a1q2Xg*））总结了许多问题，值得阅读。该博客是由 Eran Hammer 所写的，他在从事 OAuth 的工作多年后，在 2012 年年中辞去了 OAuth 2.0 协议的首席作者和编辑的职位。看起来好像在大的开放性企业问题上，"设计委员会"模式打消了开发组的一些热情并阻碍了它的发展，尽管该协议在 2012 年末发布，但关于它是否能够提供一个实际的说明或蓝图还不清楚。在 OAuth 1.0 的开发中，访问 API 是让开发者感到痛苦的，幸运的是，在过去的几年中，出现了许多极好的 OAuth 框架，缓解了大多数的痛苦。尽管受到 OAuth 1.0 初始的牵绊，开发者仍旧坚持创新。对于本书前面章节所使用的 Python 包，你不需要知道或者关心任何涉及 OAuth 1.0a 实现的复杂细节，只需要明白它工作的要旨。然而，尽管我们在 OAuth 2.0 上裹足不前和行动迟缓，但能清楚地看到的是它的几个流程看起来已经定义良好，以至于大的社交网络供应商正在趋向于使用它们。

正如你现在知道的，OAuth 1.0 含有相当严格的实现步骤，而 OAuth 2.0 的实现根据特定的用例可以有些不同。然而，一个典型的 OAuth 2.0 流程确实利用了 SSL，并且在足够高的层面上实质上只包含一些改变，这些改变和我们之前提到的涉及 OAuth 1.0 流程的一系列步骤看来也差不多。例如，Twitter 的应用程序唯一授权（*http://bit.ly/2GZEa9a*）仅涉及应用程序用其用户账号和密码来换取安全的 SSL 链接的访问令牌。重申一下，其实现步骤会根据用例情况而变化，并且尽管其实现不是那么容易读懂，但是如果你对它的一些细节感兴趣，OAuth 2.0 规范第 4 节（*http://bit.ly/1a1q3uv*）是相当易懂的。回顾该内容时，只要记住 OAuth 1.0 和 OAuth 2.0 的一些术语是不同的，因此专注于理解一个规范会比同时学习两个更容易些。

 Jonathan LeBlanc 所写的 *Programming Social Application*（*http://oreil.ly/18I8YTc*）(O'Reilly) 一书在第 9 章针对建立社交网络应用需求很好地讨论了 OAuth 1.0 和 OAuth 2.0。

OAuth 的特性、OAuth 1.0 和 OAuth 2.0 潜在的实现流程对于进行社交网站数据挖掘的你来说并不是那么重要。这里只是简单地讨论了一些相关的背景，这样你就对涉及的一些关键概念有了一个基本的理解，并且如果你想进一步学习和研究，这些内容是不错的起点。正如你可能已经知道的，细节才是真正的难点。幸运的是，好用的第三方函数库大大降低了我们要对那些细节知晓的程度，尽管有时这些细节迟早会用到。本附录的在线代码既有关于 OAuth 1.0 流程的也有关于 OAuth 2.0 流程的，你可以用它们来钻研所有你想知道的细节。

附录 C

Python 和 Jupyter Notebook 的使用技巧

本附录可以用来和 Jupyter Notebook 互相参考，Jupyter Notebook 保存在本书的 GitHub 源代码库（*http://bit.ly/Mining-the-Social-Web-3E*）中，它还包括了 Python 的一些常用语法和使用 Jupyter Notebook 的使用技巧。

 本附录（*http://bit.ly/2IUWWVm*）的 Jupyter Notebook 包括了附加的常见 Python 用法的例子，这对你的学习是很有用的。它还包括了一些使用 Jupyter Notebook 时有用的技巧，这会帮你节省一些时间。

即使经常听说 Python 是"可执行的伪代码"，但是对于不熟悉 Python 的读者来说，将 Python 作为通用编程语言来简单回顾一下会很有帮助。如果你感觉会从 Python 编程语言的通用介绍中受益，请考虑依照 Python 教程（*http://bit.ly/2LHjGph*）的前 8 节学习。Python 值得你花时间进行学习，它会让你更好地体验学习本书的乐趣。

作者简介

Matthew A. Russell（@ptwobrussell）是从美国田纳西州中部走出的技术领袖。在工作中，他努力成为优秀的领导者，帮助他人成长为领导者，并组建高效团队来解决难题。在工作之余，他追寻终极真理，崇尚自由，并尝试研发超能机器人。

Mikhail Klassen（@MikhailKlassen）是初创公司 Paladin AI 的首席数据科学家，该公司主要开发自适应训练技术。他拥有麦克马斯特大学的计算天体物理学博士学位，本科毕业于哥伦比亚大学的应用物理学专业。他对人工智能以及如何善用数据科学工具充满热情。工作之余，他喜欢读书和旅行。

封面简介

本书封面上的动物是土拨鼠（学名 Marmota monax），又称美洲旱獭（woodchuck）（该名字源自其 Algonquin 叫法"wuchak"）。土拨鼠与美国/加拿大 2 月 2 日的土拨鼠节相关。民俗认为，如果这一天土拨鼠从它的洞里出来，而且能看到它的影子的话，那么冬天还会持续 6 周。该说法的支持者说，啮齿动物预测的准确率为 75% ~ 90%。很多城市中都有著名的土拨鼠天气预报员，包括美国宾夕法尼亚州庞克瑟托克小镇上的菲尔（比尔·默瑞于 1993 年在电影 Groundhog Day 中扮演的主角）。

这个传说可能源于"土拨鼠是整个冬季都冬眠的少数几个物种之一"。作为食草动物，土拨鼠主要依靠植物、浆果、坚果、昆虫和人类园林作物在夏天贮存脂肪，这也导致很多人认为它们属于害虫。它们会在冬天挖洞穴，从 10 月到来年的 3 月一直待在里面（但在温带地区，它们可能会早点出来，如果它们早出来，将成为土拨鼠节的关注焦点）。

土拨鼠是松鼠家族中最大的成员，长 16 ~ 26 英寸（40 ~ 66 厘米），重 4 ~ 9 磅（1.8 ~ 4.1 千克）。它们带弯的厚爪子是理想的挖掘工具；它们有两层皮毛为自身提供保护，内层为密集的灰色绒毛，外层则长着更长的浅色毛发。

土拨鼠分布在加拿大大部分地区和美国北部地区的空地与林地的交汇处。它们会爬树和游泳，但通常能在距离它们为睡觉、养育后代和躲避捕食者而挖的洞穴不远的地面上发现它们。这些洞穴通常有 2 到 5 个入口，以及长达 46 英尺（约 14 米）的隧道。

很多 O'Reilly 书籍封面的动物已经濒临灭绝，它们每一个对于这个世界来说都是很重要的。如果你愿意知道如何提供帮助，请访问 animals.oreilly.com 获知。

封面图片来自 Wood 的 Animate Creatures。

推荐阅读

机器学习实战：基于Scikit-Learn、Keras和TensorFlow（原书第2版）

作者：Aurélien Géron ISBN：978-7-111-66597-7 定价：149.00元

机器学习畅销书全新升级，基于TensorFlow 2和Scikit-Learn新版本

Keara之父、TensorFlow移动端负责人鼎力推荐

"美亚"AI+神经网络+CV三大畅销榜冠军图书

从实践出发，手把手教你从零开始构建智能系统

这本畅销书的更新版通过具体的示例、非常少的理论和可用于生产环境的Python框架来帮助你直观地理解并掌握构建智能系统所需要的概念和工具。你会学到一系列可以快速使用的技术。每章的练习可以帮助你应用所学的知识，你只需要有一些编程经验。所有代码都可以在GitHub上获得。

机器学习算法（原书第2版）

作者：Giuseppe Bonaccorso ISBN：978-7-111-64578-8 定价：99.00元

本书是一本使机器学习算法通过Python实现真正"落地"的书，在简明扼要地阐明基本原理的基础上，侧重于介绍如何在Python环境下使用机器学习方法库，并通过大量实例清晰形象地展示了不同场景下机器学习方法的应用。